装饰材料
设计与应用

（第二版）

田 原 杨冬丹 编著

中国建筑工业出版社

图书在版编目（CIP）数据

装饰材料设计与应用／田原，杨冬丹编著. —2版.
北京：中国建筑工业出版社，2018.9（2020.12重印）
ISBN 978-7-112-22587-3

Ⅰ.① 装… Ⅱ.① 田… ② 杨… Ⅲ.① 建筑材料−装
饰材料 Ⅳ.① TU56

中国版本图书馆CIP数据核字（2018）第195664号

责任编辑：费海玲　焦　阳
责任校对：芦欣甜

装饰材料设计与应用（第二版）
田　原　杨冬丹　编著
＊
中国建筑工业出版社出版、发行（北京海淀三里河路9号）
各地新华书店、建筑书店经销
北京锋尚制版有限公司制版
北京利丰雅高长城印刷有限公司印刷
＊
开本：889×1194毫米　1/20　印张：12　字数：418千字
2018年12月第二版　　2020年12月第四次印刷
定价：**98.00**元
ISBN 978-7-112-22587-3
（32678）

前言

　　回顾以往的教学，学生苦于得不到系统的建筑装饰材料图例，教师又很难在有限的课堂教学中讲清这些道理。改革开放以来，我国建筑装饰材料业和建筑装饰业发展十分迅速，涌现出大量的新型装饰材料，改变了20世纪80年代装饰材料大量靠进口的局面，装饰材料的品种日益增多，建筑装饰业空前繁荣。高档装饰材料在家庭装修中也十分普遍，装饰材料知识普及势在必行。针对这种情况，我多年前就产生了这样的念头：编一本有关环境艺术装饰材料方面图文并茂的书，供学生和在职的设计工作人员参考。

　　编写工作一开始就面临这样的问题：为初学者着想，书的内容应当通俗浅显一些；为在职的建筑室内设计人员进一步提高着想，书的内容又应当具有一定的理论深度。为两全，只好采取折中的方法：从比较基本的知识入手，经过分析综合，从而形成系统的理论观点。建筑装饰材料的发展趋势是高性能装饰材料，将研制轻质、高强度、高耐久性、高防火性、高抗震性、高吸声性、优异的防水环保建筑装饰材料。研究材料复合化、多功能化、预制化，利用复合技术生产多功能材料、特殊性能材料及高性能的装饰材料。这对提高建筑物的艺术效果、使用功能、经济性及加快施工速度等有着十分重要的作用。

　　本书在介绍传统室内外装饰材料的基础上，重点介绍了新型室内外装饰材料的性质与应用，主要包括常用天然装饰石材、混凝土及装饰砂浆、石膏装饰材料、木材装饰制品、玻璃制品、陶瓷与瓦材制品、装饰塑料制品、金属装饰材料、装饰涂料、装饰织物与制品、装饰辅助材料、常用室内装修小五金、常用室内照明灯具、室内装饰工程施工主要机具、装饰材料的装饰部位分类的应用、材料的装饰用法、装饰材料的选购等。为方便教学与工程应用，书中配备了大量的图片和实例研究。

　　在后期的材料搜集与补充中，作者的研究生们付出了艰辛的努力，在此非常感谢吴人杰、孙恺翊、李晓涵、杨艺、曹文婉、李康，感谢他们的辛勤劳动，为本书的出版与更新做了大量的基础性工作。也感谢出版编辑们的督促和积极的配合，促成了本书的出版。

　　因限于水平，难免存在错漏，希望广大读者批评指正。

目 录

绪 论

地球上人类居住的历史已有一百多万年了。在绝大部分时期，人类并不在意建筑物的风格或体系，但他们肯定关心过自己的住处，而远古时期的住处往往是天然的洞穴，或天然的遮蔽处所。

位于法国拉斯科（Lascaux）的洞穴群，迄今已有两万年了，一些最早的记载显示，遗存下来的还有一些构筑物，如巨石碑、纪念碑、祖坟墓。巨石建筑物中最简单的形式是直立式石柱。最著名的新石器时期的宏伟建筑遗迹乃是石栏。早期英国人在近一千年的历史时期里曾修建并重建过这一建筑——他们似乎将它当作天文观测所了。原始的住房将芦苇捆在一起，这些形式和方法留传给我们较永久的建筑。不过，一旦遮蔽风雨的问题得到解决，人们就致力于解决公共生活的需求问题。这方面最大的成就往往是建成一些具有神圣特征的建筑物、礼拜场所，或墓地和纪念性建筑。因此，建筑风格史便是铭记在土坯、混凝土、钢材、玻璃、木材和石材上的一部文明史。

在远古文明中，当地材料几乎总是仅有的容易获得的材料，而这些材料又对每一后继的建筑风格产生影响。最基本的早期建筑材料是木头、茅草和芦苇、各种石头、土坯和砖。此后，人们用碎石、砂和石灰粘合的毛石制成了混凝土和水泥。泥浆和砖建成的房子，其墙体又大又厚，而门窗口却很小，这些形式又传承给宏伟的石材建筑物。在古代波斯和美索不达米亚，建筑用的石材相当缺乏，因此更多使用砖结构。但是，从一开始，砖结构的表面就有石质的或陶质的贴画，起到装饰和耐久的双重作用。从西班牙到印度的有贴画的建筑，最初都起源于古代美索不达米亚的黏土砖城镇建筑传统。

石头是最古老的建筑材料之一。最早的石造建筑物，也许是石窟。这些石窟通常是扩大原有的天然洞穴，以便成为某种室内空间。早期的石屋，系收集散石块而砌成，同时对基地起清理平整的作用。在世界各地，都出现过类似于早期木质棚屋的卵石棚屋。此后，石质建筑仍旧采用粗糙的石材，就地雕琢，好像这些是天然岩石。在历史上，一种衰亡的或者被征服的文明的石质建筑，往往成

为后来文明方便取用的原材料。古罗马人沿用了伊特鲁里亚人的建材，后来人又抢了古罗马人，如此继续下去是帕拉第奥建筑中固有的组成部分，不仅在文艺复兴时期的欧洲，而且在英格兰和美洲，亦复如是。流行的复古风格的古典建筑大多采用石砌结构。所有早期文化都为他们的宏伟建筑开采石材，哥特式建筑则采用较小型的、雕刻过的石材单元，以期实现肃穆庄严的效果。但是，这些依然属于以重力为主来保持平衡的建筑。

当木材料被采用时，梁柱结构便成为普遍采用的建筑方法，这种做法甚至在出现了以其他材料代替木质原型之时，仍然被沿用。人们用石头复制了原先木结构制成的典型的希腊庙宇，甚至连大多数典雅的细部都做得让人看起来似乎源于真正的木结构模型。在中国和日本，木材依旧是普遍的建筑材料，除非是用作城堡工事，而梁柱式做法则经过演变而成了复杂的支持屋顶的斗栱系统。

每种材料都有它各自独特的设计语汇，它们表现在建筑物之中。此外，材料的其他元素是它的质感和修饰效果。共有五大类材料，即石质材料，由石头和黏土构成，可以在大地上找到的自然状态的土石；有机材料，诸如各种木材；金属材料，又被制造成精炼的产品，诸如钢和铝、铜等其他金属的合金；合成材料，包括玻璃和塑料；混合材料，如钢筋混凝土和其他两种或多种材料的结合。

每种建筑材料都有各自适宜的尺寸。砖块是一种标准尺寸的砖结构单位，其大小足以被一只手抓起。混凝土块则大一些，但它们往往只能用两只手抬起来。木头的纹理和颜色，可以提供人们熟悉的与人体尺度相关的式样和质地，而不管木材的大小。混凝土有极大的适应性和多样化，能够浇注成很美丽的雕塑。预制混凝土装饰板相对较小的尺寸也与人体尺度有关。露钢结构给人尺度感。当然，当同一座建筑中采用了各种不同的材料时，大小和性质是变化的。它们彼此影响和相互加强，或者相互结合，或者相互对比。

钢筋混凝土是一种人工的整体材料——来源于钢筋和混凝土的混合。这种材料像石头一样坚固，但相对而言，

既有弹性、可塑性，生产起来又十分经济。它具有无需饰面，可快速施工和防火等长处。20世纪建筑设计中，采用钢筋混凝土施工的做法，使旧有的建筑方法彻底改变。用这种材料进行建设，建筑物的表面朴实，而且不宜施加装饰面，这样导致了不加修饰的一代建筑物的诞生。

20世纪建筑所采用的材料为设计师表现创意开辟了诸多的可能性。例如，悬挂式斜坡墙，以及像处理雕塑一样的做法。现代建筑师还认识到了仅仅借助材料就能实现的效果：即粗犷的混凝土结构能突出墙体的有力，而玻璃幕墙则使墙体不显眼。如今可供选用的建筑材料种类极其繁多，不同材料的创造性结合，极大程度地扩大了设计的选择范围。从远古文明起，材料运用就是建筑设计的内在组成部分，某些形式则是材料设计语言的内在组成部分，材料与形式的融合是建筑设计的理想目标。设计中最致命的错误是把适合于某种材料的设计形式用到了另一种材料上面。材料和设计的紧密统一似乎是成功建筑的必然结果，因此，越来越难于确定，到底设计是材料的结果，还是材料被选中用来表现设计意图。

第一章　装饰材料的性质

一、装饰材料的选用原则

选用建筑装饰材料的原则是装饰效果要好并且耐久、经济。丹麦设计大师卡雷·克林特（Kaar Klint）明确提出，只有"用正确的方法去处理正确的材料，才能以率真和美的方式去解决人类的需要"（Honest materials honestly used solved human needs with directness and beauty）。

选择建筑装饰材料时，首先应从建筑物的使用要求出发，结合建筑物的造型、功能、用途、所处的环境（包括周围的建筑物）、材料的使用部位等，并充分考虑建筑装饰材料的装饰性质及材料的其他性质，最大限度地表现出所选各种建筑装饰材料的装饰效果，使建筑物获得良好的装饰效果和使用功能。其次，所选建筑装饰材料应具有与所处环境和使用部位相适应的耐久性，以保证建筑装饰工程的耐久性。最后，应考虑建筑装饰材料与装饰工程的经济性，不但要考虑一次投资，也应考虑维修费用，因而在关键性部位上应适当加大投资，延长使用寿命，以保证总体上的经济性。

二、装饰材料的装饰性质

（一）材料的颜色、光泽、透明性

颜色是材料对光谱选择吸收的结果。一种染料、颜料、涂料或其他物质，据其主导光波长、亮度、色调和光泽，经眼睛传给受体的综合信息。

不同的颜色给人以不同的感觉，如红色、橘红色给人一种温暖、热烈的感觉，绿色、蓝色给人一种宁静、清凉、寂静的感觉（图1-1）。

图1-1

光泽是材料表面的方向性反射光线。材料表面越光滑，则光泽度越高。当为定向反射时，材料表面具有镜面特征，又称镜面反射。不同的光泽度，可改变材料表面的明暗程度，并可扩大视野或造成不同的虚实对比（图1-2）。

透明性是光线透过材料的能力。一般的木料分为透明体（可透光、透视）、半透明体（透光，但不透视）、不透明体（不透光、不透视）。利用不同的透明度可隔断或调整光线的明暗，造成特殊的光学效果，也可使物象清晰或朦胧。透明材料的特性使其传播光线的能力强，看起来物体或景象好像没有隔着材料，或者说，材质开放性好，以至于从一侧很容易看到另一侧的物体。半透明材料的特性使它传播光线时形成的漫反射足以消除人们对另一边清楚景象的任何直觉。

图1-2

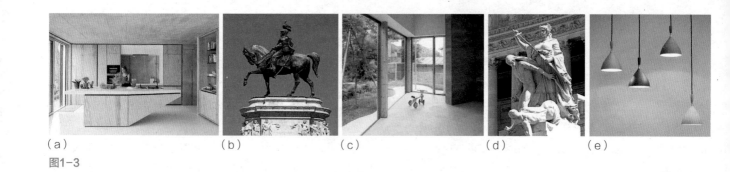

（a）　　　　　　　　　（b）　　　　　　　　（c）　　　　　　　　　（d）　　　　　　　（e）

图1-3

（二）花纹图案、形状、尺寸

在生产或加工材料时，利用不同的工艺，将材料的表面做成各种不同的表面组织，如粗糙、平整、光滑、镜面、凹凸、麻点等；或将材料的表面制作成各种花纹图案（或拼镶成各种图案），如山水风景画、人物画、仿木花纹、陶瓷壁画、拼镶马赛克等。

建筑装饰材料的形状和尺寸对装饰效果有很大的影响。改变装饰材料的形状和尺寸，并配合花纹、颜色、光泽等可拼镶出各种线型和图案，从而获得不同的装饰效果，以满足不同建筑形体和线型的需要，最大限度地发挥材料的装饰性（图1-3）。

（三）质感、映像

质感是材料的表面组织结构、花纹图案、颜色、光泽、透明性等给人的一种综合感觉。如钢材、陶瓷、木材、玻璃、呢绒等材料在人的感官中的软硬、轻重、粗犷、细腻、冷暖等感觉。组成相同的材料可以有不同的质感，如普通玻璃与压花玻璃、镜面花岗石板材与剁斧石。相同的表面处理形式往往具有相同或类似的质感，但有时并不完全相同，如人造花岗石、仿木纹制品。一般材料均没有天然的花岗石和木材亲切、真实，而略显得单调、呆板。

建筑材料的质地，可用来制造多样的设计效果，从大理石的冷感，到木材的暖意；从混凝土的粗糙，到玻璃的平滑。材料还能表现出富丽或质朴的不同感觉。可以通过运用自然材料混合运用的手法来实现。比如，把石料和砖对比使用，常用条带式对比。许多现代材料可以结合使用，以产生有趣的样式和质感。

玻璃可以部分反射出室外景象。可为全镜面反射，也可通过透明的玻璃将室外景象带入室内。混凝土运用得自然，会造成某种坚固耐久的效果。石料可以利用其平滑、粗糙或经过抛光的质感。而木材则能使建筑物与自然环境有机地联系起来。

视觉上的质感，依赖于光影效果。随着观察者接近，对表面特征的认识也逐渐深刻。远看，图案可能像纹理，图案与纹理两者间相互影响。所以，质感不仅依靠材料表面本身，而且还与材料的接缝做法有关（图1-4）。

映像是落在表面上的光经反射在物体表面上发生的作用。有意地用反射造成的虚像面来完成任何形式或图像的视觉表现意图。可以选择建筑材料面发挥其反射性能，或取其低反射性，而重视材料本身。提高反射性能，会使建筑本身相对不明显，却反射出其邻近环境（图1-5）。

（四）耐沾污性、易洁性与耐擦性

材料表面抵抗污物保持其原有颜色和光泽的性能称为材料的耐沾污性。

材料表面易于清洗洁净的性能称为材料的易洁性，它包括在风、雨等作用下的易洁性（又称自洁性）以及在人工清洗作用下的易洁性。

良好的耐沾污性和易洁性是建筑装饰材料经久常新，长期保持其装饰效果的重要保证。用于地面、台面、外墙以及卫生间、厨房等的装饰材料有时须考虑材料的耐沾污性和易洁性。

图1-4

图1-5

图1-6

材料的耐擦性实质是材料的耐磨性，分为干擦（称为耐干擦性）和湿擦（称为耐洗刷性）。耐擦性越高，材料的使用寿命越长。内墙涂料常要求具有较高的耐擦性（图1-6）。

三、材料的技术特性

对装饰材料的掌握，主要还得依赖产品说明书中所提供的各项性能指标。本节简要地对材料的技术性能加以论述，以便为讨论、比较、研究各种材料的性能打下基础。

（一）表观密度

表观密度是材料在自然状态下，单位表观体积内的质量，俗称容重。材料的质量，一般应采用气干重量。材料经烘干至恒重后测得的表观密度，称为绝干表观密度。此外，当材料处于不同的含水状态时，尚有数值不同的一系列表观密度值。

（二）孔隙率

孔隙率是材料体积内孔隙所占体积与材料总体积（表观体积）之比。孔隙率与材料的结构和性能有着非常密切的关系。孔隙率越大，则材料的密实度越小，而孔隙率的变化，也必然引起材料的其他性能（如强度、吸水率、导热系数等）的变化。

（三）强度

强度是指材料在受到外力作用时抵抗破坏的能力。根据外力的作用方式，材料的强度有抗拉、抗压、抗剪、抗弯（抗折）等不同的形式。

（四）硬度

硬度所描述的是材料表面的坚硬程度，即材料表面抵抗其他物体在外力作用下刻划、压入其表面的能力。通常是用刻痕法和压痕法来测定和表示。

（五）耐磨性

耐磨性是材料表面抵抗磨损的能力。

材料的耐磨性能，除与受磨时的质量损失有关外，还与材料的强度、硬度等性能有关。此外，与材料的组成和结构亦有密切的关系。表示材料耐磨性能的另一参数是磨光系数，它反映的是材料的防滑性能。

（六）吸水率

吸水率所反映的是材料能在水中（或能在直接与液态的水接触时）吸水的性质。

（七）孔隙水饱和系数

材料内部孔隙被水充满的程度，即材料的孔隙水饱和系数，是用以反映和判断材料其他性能的一个极为有用的参数。例如，从孔隙水饱和系数相对较大，可以推知材料的抗冻性相对较差，等等。

（八）含水率

含水率是具体反映材料吸湿性大小的一项指标。通常将材料在潮湿空气中吸收空气中水份的性能定义为材料的吸湿性。由于此时材料中所吸入的水份的数量，是随着空气湿度的大小而变化的，因此，含水率的数值也应是随空气湿度的变化而变化的。在通常情况下所说的含水率，是指当材料中所含水份与空气湿度相平衡时的含水率，即平衡含水率值。

（九）软化系数

材料耐水性能的好坏，通常用软化系数来表示。

（十）导热系数

当材料的两个表面存在温度差时，热量从材料的一面通过材料传至另一面的性能，通常用导热系数（λ）来表示。

（十一）辐射指数

辐射指数所反映的是材料的放射性强度。有些建筑材料在使用的过程中会释放出各种放射线，这是由于这些材料所用原料中的放射性核素含量较高，或是在生产过程中某些因素使得这些材料的放射性活度被提高。当这些放射

从实际选用材料的角度来说，更具意义的是掌握材料导热系数的变化规律。这方面的规律主要有：

〔1〕当材料发生相变时，材料的导热系数也要相应地产生变化；

〔2〕材料内部结构的均质化程度越高，则导热系数越大；

〔3〕材料的表观密度越大，其导热系数也越大（但是，对于一些表观密度值很小的纤维状材料，有时存在例外的情况）；

〔4〕一般来说，材料的孔隙率越大，则导热系数越小；

〔5〕若材料表面具有开放性的孔结构，且孔径较大，孔隙之间相互联通，则导热系数也越大；

〔6〕一般地说，如果湿度变大，温度升高，那么材料的导热系数也将随之变大；

〔7〕对于各向异性的材料，导热系数还与热流的方向有关。

线的强度和辐射剂量超过一定限度时，就会对人体造成损害。特别值得一提的是，由建筑材料这类放射性强度较低的辐射源所产生的损害属于低水平辐射损害（如引发或导致遗传性疾病），且这种低水平辐射损害的发生率是随剂量的增加而增加的。因此，在选用材料时，应注意其放射性，尽可能将这种损害减至最低限度，是具有非常实际的意义的。

（十二）耐火性

耐火性是指材料抵抗高热或火的作用，保持其原有性质的能力。金属材料、玻璃等虽属于不燃性材料，但在高温或火的作用下短时间内就会变形、熔融，因而不属于耐火材料。建筑材料或构件的耐火极限通常用时间来表示，即按规定方法，从材料受到火的作用时间起，直到材料失去支持能力，完整性被破坏，或失去隔火作用的时间，以h或min计。如无保护层的钢柱，其耐火极限仅有0.25h。

（十三）耐久性

耐久性是材料长期抵抗各种内外破坏、腐蚀介质的作用，保持其原有性质的能力。材料的耐久性是材料的一项综合性质，一般包括耐水性、抗渗性、抗冻性、耐腐蚀性、抗老化性、耐热性、耐溶蚀性、耐磨性或耐擦性、耐光性、耐沾污性、易洁性等。对装饰材料而言，主要要求颜色、光泽、外形等不发生显著的变化。

影响耐久性的主要因素如下：

1. 内部因素是造成装饰材料耐久性下降的根本原因。内部因素主要包括材料的组成结构与性质。

2. 外部因素也是影响耐久性的主要因素。外部因素主要有：

① 化学作用，包括各种酸、碱、盐及其水溶液，各种腐蚀性气体对材料具有化学腐蚀作用或氧化作用。

② 物理作用，包括光、热、电、温度差、湿度差、干湿循环、冻融循环、溶解等，可使材料的结构发生变化，如内部产生微裂纹或孔隙率增加。

③ 机械作用，包括冲击、疲劳荷载，各种气体、液体及固体引起的磨损与磨耗等。

④ 生物作用，包括菌类、昆虫等，可使材料产生腐朽、虫蛀等而破坏。

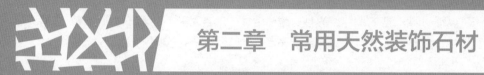

第二章　常用天然装饰石材

天然岩石必须经过定形切削或定尺寸，才能用于建筑或园林建造、装饰等。

石材是相对较重的材料，因此与木材和砖相比，需要更多的处理技术。石材是防火的，而且根据不同的品种，从多孔的到极坚固的，应有尽有。

有三种基本类型的石头：火成岩，如花岗岩，是相当坚固耐用的；沉积岩，如石灰岩，系由有机物躯体组成；由于压力和高热或两者兼有的原因而变质的火成岩或沉积岩为变质岩。大理石就是其中的典型之一。

石材的特性使其未能充分用于建筑和装饰。坚硬的石头适合展现朴实的风格，而较软的石头则需要雕饰和修饰（图2-1）。

直到近代，石材才成为豪华的材料，因为采石和砌石的成本日益高昂，使得人们不敢问津。如今，石头被用来当作饰面，还出现了许多仿石材料。混凝土几乎完全取代了石材，石材仍充当高层建筑的饰面，并且在许多钢结构建筑中作镶板。

饰面石材分天然与人造两种。前者指从天然岩体中开采出来，并经加工形成的块状或板状材料的总称。后者是以前者石渣为骨料制成的板块总称。天然石材无论是否经机械加工都称为天然石材。天然石材是人类历史上应用最早的建筑材料，在世界建筑史上谱写了不朽的篇章，石材建筑也在世界各国都留下了许多佳作。例如，原始社会时期，英国索尔兹伯里石环；奴隶社会时期，埃及卡纳可蒙神庙、古希腊的雅典卫城；近代的流水别墅与法国的拉德

方斯巨门等（图2-2）。无论墙面、地面，石材的特点为古今建筑平添了许多动人的魅力，许多优秀的世界建筑，特别是古建筑，无一没有石材的表现，石材在建筑中既是千古不朽的基础材料，又是锦上添花的装饰材料。而且以它所特有的色泽和纹理美，在室内外环境中得到了极为广泛的应用，特别是在装饰环境中，更扮演了极其重要的角色。

饰面石材按其使用部位分为三类：一为不承受任何机械荷载的内、外墙饰面材料，二为承受一定荷载的地面、台阶、柱子的饰面材料（要求此类石材具有较高的物理力学性能和耐风雨性），三为自身承重的大型纪念碑、塔、柱、雕塑等（图2-3）。饰面石材的装饰性能主要是通过色彩、花纹、光泽，以及质地肌理等反映出来，同时还要考虑其可加工性。

图2-2

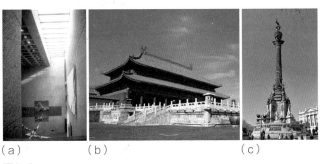

（a）　　　　　（b）　　　　　（c）

图2-3

图2-1

一、天然石材的采集与加工

由采石场采出的荒料，一般需运至石材加工厂或车间，按用户要求加工成各类板材或其他特殊规格形状的产品。在加工前应根据客户的要求选择花色尺寸和拼花方案。大理石荒料一般堆放在室内或简易棚内，花岗石则以露天堆放为主。加工荒料时应绘制割石设计图。加工方法多用机械法，也有用凿子分解、凿平、雕刻等的手工操作（图2-4）。

（一）石材的锯切

锯切是将荒料用锯石机锯成板材的作业。锯切设备主要有框架锯（排锯）、盘式锯、钢丝锯等。锯切花岗石等坚硬石材或较大规格荒料时，常用框架锯；锯切中等硬度以下的小规格荒料时，则可以采用盘式锯（图2-5）。

（二）石材的表面加工

表面加工按设计要求可分为：粗磨、细磨、抛光、火焰烧毛和凿毛等（图2-6）。

研磨工序一般分为粗磨、细磨、半细磨、精磨、抛光等五道工序。研磨设备有摇臂式手扶研磨机和桥式自动研磨机。前者通常用于小件加工，后者用于加工1m²以上的板材为好。荒料多用碳化硅加结合剂（树脂和高铝水泥等）或60～1000网的金刚砂加工。

抛光是石材研磨加工的最后一道工序。进行这道工序的结果，是使石材表面具有最大的反射光线的能力以及良好的光滑度，并使石材固有的花纹色泽最大限度地显示出

石材的采集　　　　　石材荒料　　　　　各类板材　　　　　石材精细加工

图2-4

图2-5

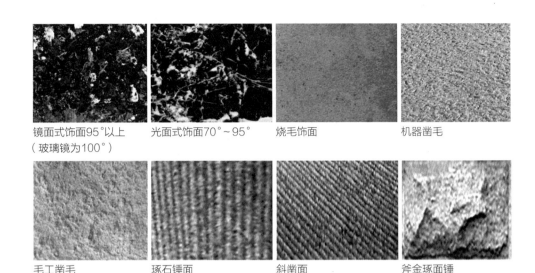

镜面式饰面95°以上	光面式饰面70°～95°	烧毛饰面	机器凿毛
（玻璃镜为100°）			

图2-6

毛工凿毛　　　琢石锤面　　　斜凿面　　　斧金琢面锤

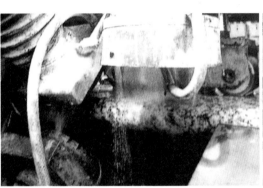

图2-7

来。使石材不仅具有硬度感，更表现石材细腻的内涵。通常白色板材比黑色板材容易抛光（图2-7）。

烧毛加工是将锯切后的花岗石板材，利用火焰喷射器进行表面烧毛，使其恢复天然表面。烧毛后的石板先用钢丝刷刷掉岩石碎片，再用玻璃碴和水的混合液高压喷吹，或者用尼龙纤维团的手动研磨机研磨，以使表面色彩和触感都满足要求。火焰烧毛不适于天然大理石和人造石材。

琢石加工是用琢石机加工由排锯锯切的石材表面的加工方法，适于30mm以上的板材，可凿成各种图案及肌理。

（三）石材的规格

结合天然石材的物理性质、力学性质和工艺性质，天然石材饰面板的国内生产厂家众多，品种多样，各地区都有一定的生产能力。常见天然大理石饰面板规格可见表2-1，常见天然花岗石饰面板规格可见表2-2。

（四）石材选用的注意事项

天然石材是最古老的建筑装饰材料之一。河北省的赵州桥、福建省泉州的洛阳桥，其最大的一块石材重量达到2吨。在现代的建筑装饰中，天然石材仍受到设计师们的青睐，是表现他们设计灵魂的物质手段。例如上海大剧院，门厅大堂的地面与柱面选用的是希腊萨索斯（Thasos）岛的水晶白，珍如宝石，面积大并且洁白无瑕，乃罕见之作。所以，对于石材的选用还是需要相当考

常见天然大理石饰面板产品定型规格（mm） 表2-1

长	宽	厚
300	150	20
300	300	20
400	200	20
400	400	20
600	300	20
600	600	20
900	600	20
1070	750	20
1200	600	20
1200	900	20
305	152	20
305	305	20
610	305	20
610	610	20
915	610	20
1067	762	20
1220	915	20

常见天然花岗石饰面板产品定型规格（mm） 表2-2

长	宽	厚
300	300	20
400	400	20
600	300	20
600	600	20
900	600	20
1070	750	20
1067	762	20
305	305	20
610	305	20
610	610	20
915	610	20

究的。当然，在选用石材时，也有以下几点注意事项。

1. 质量等级指标 包括所选石材的规格允许公差、平度偏差、表面光泽度、角度偏差、棱角缺陷、表面色线、色差、色斑等指标都要符合相关规定。根据其装饰工程规模大小，合理选取相应石材。

2. 技术质量指标 包括所选石材的强度、吸水率、膨胀系数、耐磨性、抗冲击性和耐用年限等参数要符合相应的规范要求。结合工程本身的相关使用要求，合理选用。

3. 经济性 尽量就地就近选取石材，减少其额外的间接成本。例如交通运输费、人力费等。

二、岩石的形成与分类

岩石按地质形成条件分为火成岩、沉积岩和变质岩三大类，它们具有显著不同的结构、构造和性质。

（一）火成岩

火成岩由地壳内部熔融岩浆上升冷却而成，又称岩浆岩。

1. 深成岩

岩浆在地表深处受上部岩层的压力作用，缓慢冷却结晶成岩石。其结构致密，具有粗大的晶粒和块状构造（矿物排列无序，宏观呈块状构造）。建筑上常用的有绿钻、蓝钻、金麻等。

2. 浅成岩

岩浆在地表浅处冷却结晶成岩。其结构致密，但由于冷却较快，故晶粒较小，如花岗石：黑金砂、紫晶等。

深成岩和浅成岩统称侵入岩，为全晶质结构（岩石全部由结晶的矿物颗粒组成），且没有层理。侵入岩的体积密度大，抗压强度高，吸水率低，抗冻性好。

3. 喷出岩

岩浆冲破覆盖岩层喷出地表冷凝而成的岩石。当喷出岩形成较厚的岩层时，其结构致密，性能接近于浅成岩，但因冷却迅速，大部分结晶不完全，多呈隐晶质（矿物晶粒细小，肉眼不能识别）或玻璃质，如建筑上使用的玄武岩；当形成的岩层较薄时，常呈多孔构造，近于火山岩。

（二）沉积岩

地表的各种岩石在外力地质作用下经风化、搬运、沉积成岩作用（压固、胶结、重结晶等），在地表或地表不太深处形成的岩石。沉积岩的主要特征是呈层状结构，各层岩石的成分、结构、颜色、性能均不同，且为各向异性。与深成岩相比，沉积岩的体积密度小，孔隙率和吸水率较大，强度和耐久性较低。

1. 机械沉积岩

风化后的岩石碎屑在流水、风、冰川等作用下，经搬迁、沉积、固结（多为自然胶结物固结）而成。如常用的砂岩、砾岩、火山凝灰岩、黏土岩等。此外，还有砂、卵石等（未经固结）。

2. 化学沉积岩

由岩石风化后溶于水而形成的溶液、胶体经搬迁沉淀而成。如常用的石膏、菱镁矿石、某些石灰岩、煤矿石、石油等。

3. 生物沉积岩

由海水或淡水中的生物残骸沉积而成。常用的有石灰岩、白垩、硅藻土等。

（三）变质岩

岩石由于岩浆等的活动（主要为高温、高湿、压力等），发生再结晶，使它们的矿物成分、结构、构造，以至化学组成都发生改变而形成的岩石。

1. 正变质岩

由火成岩变质而成。变质后的构造、性能一般较原火成岩差。常用的有由花岗岩变质而成的片麻岩。

2. 副变质岩

由沉积岩变质而成。变质后的结构、构造及性能一般较原沉积岩好。常用的有大理石、石英石等。

大自然中大部分岩石都是由多种矿物组成。如花岗岩，它是由长石和石英、云母及某些暗色矿物组成的，因此颜色多样。只有少数岩石由一种矿物组成。由此可知，岩石并无确定的化学成分和物理性质，同种岩石，产地不同，其矿物组成和结构均有差异，因而岩石的颜色、强度等性能也均不相同。

三、岩石的结构与性质

（一）岩石的结构

大多数岩石属于结晶结构，少数岩石具有玻璃质结构。二者相比，结晶质的岩石具有较高的强度、韧性、化学稳定性和耐久性等。岩石的晶粒越小，则岩石的强度越高，韧性和耐久性越好。含有极完全解理的矿物时，影响岩石的性能，如云母；方解石、白云石等含有完全解理，因此由其组成的岩石易于开采，其强度和韧性不是很高。岩石的孔隙率较大，并夹杂有黏土质矿物时，岩石的强度、抗冻性、耐水性及耐久性等会显著下降。

（二）岩石的性质

岩石质地坚硬，强度、耐水性、耐久住、耐磨性高，使用寿命可达数十年至数百年以上，但体积密度高，开采和加工困难。岩石中大小、形状和颜色各异的晶粒及其不同的排列使得许多岩石具有较好的装饰性，特别是具有斑状构造和砾状构造的岩石，在磨光后，纹理美观夺目，具有优良的装饰性。

（三）岩石的风化

水、冰、化学因素等造成岩石开裂或剥落的过程，称为岩石的风化。孔隙率的大小对风化有很大的影响。当岩石内含有较多的黄铁矿、云母时，风化速度快。此外，由方解石、白云石组成的岩石在含有酸性气体的环境中也易风化。防风化的措施主要有，磨光石材表面，防止表面积水；采用有机硅喷涂表面；对碳酸盐类石材可采用氟硅酸镁溶液处理石材表面。

四、常用天然饰面石材

（一）天然大理石

大理石是指变质或沉积的碳酸盐类的岩石。组织细密、坚实、可磨光，颜色品种繁多，有美丽的天然颜色，在建筑装修中多用于饰面材料，并可用于雕刻。但由于不耐风化，故较少用于室外。

大理石在一般情况时技术指标为：密度2500～2700kg/m³；抗压强度50～190MPa；抗弯强度7.8～1.6MPa；吸水率小于1%；耐用年限150年。

天然大理石的常用品种见图2-8-1。

（二）天然花岗石

花岗石属岩浆岩，其主要矿物成分为长石、石英、云母等。其特点为构造致密、硬度大、耐磨、耐压、耐火及耐大气中的化学侵蚀。其花纹为均粒状斑纹及发光云母微粒。花岗石是建筑装修中最高档的材料之一，多用于内、外墙，地面。有"石烂需千年"的美称。

花岗石一般技术指标为：容重2800～3000kg/m³，抗压强度为100～280MPa，抗弯强度为1.3～1.9MPa，空隙率及吸水率均小于1%，抗冻性能为100～200次冻融循环，耐酸性能良好，耐用年限200年左右。

天然花岗石的常用品种见图2-8-2。

（三）文化石

石料质地坚硬。几乎能与任何风格的陈设、地毯或其他饰物默契配合。由于多数石料不易渗水（多孔性石类，如砂岩则不在此例）。所以常用于过往行人频繁、潮气严重的场所。石料是户外场所的"天然伙伴"，现在很多人把它用在居室中，则显得自然、幽雅。人们把用于装饰的石料称为"文化石"（图2-9）。

（四）园林造园用石

我国造园艺术历史悠久，源远流长。早在周文王的时候就有营建宫苑的记载，到了清代，皇家园苑无论在数量或规模上都远远超过历代，为造园史上最兴旺发达的时期。我国古典园林的特征是再现山水式的园林，其特点是源于自然，高于自然。在我国园林史上，尤以江南园林玲珑精巧、清雅典致，更借助太湖石添色。

1. 天然太湖石

天然太湖石为溶蚀的石灰岩。主要产地为江苏省太湖、东山、西山一带。因长期受湖水冲刷，岩石受腐蚀作用形成玲珑的洞眼，有青、灰、白、黄等颜色。其他地区石灰岩近水者，也产此石，一般也称为太湖石。太湖石可呈现刚、柔、灵透、浑厚、顽拙，或千姿百态，飞舞跌宕，形状万千。天然太湖石纹理张弛起伏，抑扬顿挫，具有一定结构形式的美感，尤其在光影的辅助下，给人以多彩多变的美感与享受（图2-10）。

太湖石，可以独立装饰，也可以联组装饰，还可以用太湖石兴建人造假山或石碑。它成为中国园林中独具特色的装饰品，起到衬托与分割空间的艺术效果。

2. 英石

英石，石质坚而润，色泽微呈灰黑，节理天然，面有大皱小皱，多棱角、峭峰如剑戟（图2-11）。岭南庭园叠石多取英石，构出峰型和壁墙型两类假山景，其组景气势与太湖石迥然有别。

3. 锦川石

锦川石，外表似松皮状，其形如笋，又称石笋或松皮石。有纯绿色，亦有五色兼备者。锦川石一般只长1m左右，长度大于2m者就算名贵了。现在锦川石不易得，近

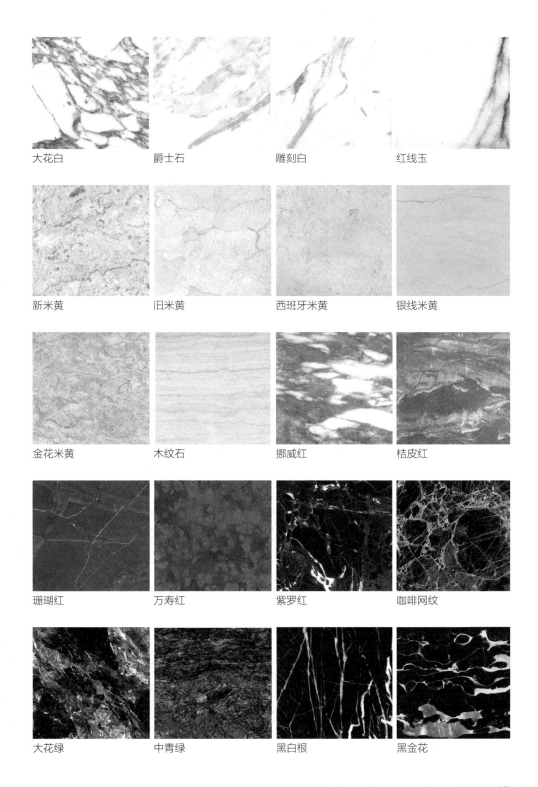

大花白 爵士石 雕刻白 红线玉

新米黄 旧米黄 西班牙米黄 银线米黄

金花米黄 木纹石 挪威红 桔皮红

珊瑚红 万寿红 紫罗红 咖啡网纹

大花绿 中青绿 黑白根 黑金花

图2-8-1

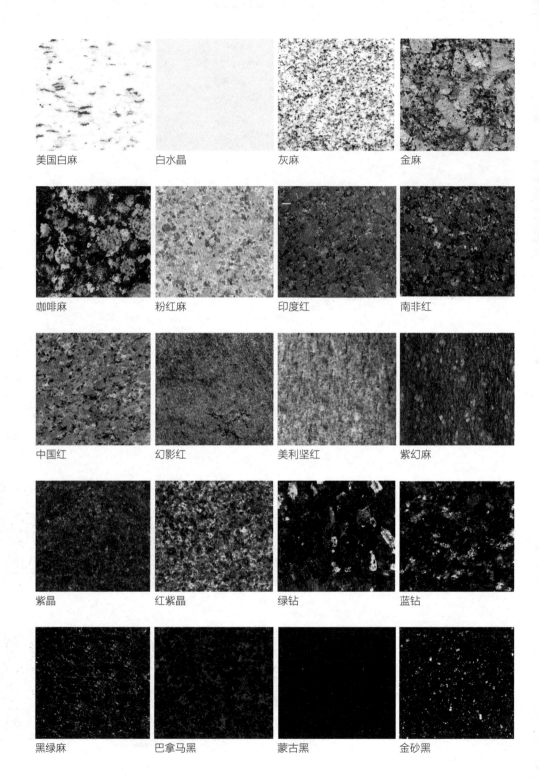

美国白麻   白水晶   灰麻   金麻

咖啡麻   粉红麻   印度红   南非红

中国红   幻影红   美利坚红   紫幻麻

紫晶   红紫晶   绿钻   蓝钻

黑绿麻   巴拿马黑   蒙古黑   金砂黑

图2-8-2

图2-9

图2-10

图2-11

图2-12

年常以人工水泥砂浆来精心仿作（图2-12）。

4. 黄石

黄石，质坚色黄，石纹古拙，我国很多地区均有出产，其中以常州黄山、苏州尧峰山、镇江圌山所产著称，用黄石叠山粗犷而富野趣（图2-13）。

5. 鹅卵石

鹅卵石，是开采黄砂的附产品，因为状似鹅卵而得名。鹅卵石作为一种纯天然的石材，取自经历过千万年前的地壳运动后由古老河床隆起产生的砂石山中，经历着山洪冲击、流水搬运过程中不断的挤压、摩擦。在数万年沧桑演变过程中，它们饱经浪打水冲，被砾石碰撞磨擦失去了不规则的棱角，又和泥沙一道被深埋在地下沉默了千百万年。鹅卵石广泛应用于公共建筑、别墅、庭院建筑、铺设路面、公园假山、盆景填充材料、鹅卵石料、园林艺术和其他高级上层建筑。它既弘扬东方古老的文化，又体现西方古典、优雅，返璞归真的艺术风格（图2-14）。

6. 硅化石

硅化石，也叫木化石、树化玉、木玛瑙等，顾名思义即地质时期的树木变成了化石，成为石头保存了下来。硅化石在我国的分布范围很广，但尤以新疆分布最广、最集中，且品种繁多。在中生代从晚三叠纪到晚白垩纪都有，距今约6500万年至2.45亿年，主要以距今1.5亿年的侏罗纪时期为主，是松柏、苏铁、银杏、真蕨、种子蕨等15种以上植物的遗骸。

硅化石呈淡黄、褐黄、青灰或黑色，摩氏硬度较高达7。由于长期的风蚀作用，造就了硅化石的极佳观赏艺术效果，给人以无限的遐想和魅力，并具有很高的观赏价值，广泛应用在园林景观中（图2-15）。

7. 洞石

洞石，学名叫做石灰华，因为其表面有许多孔洞而得名。商业上，将其归为大理石类。洞石属于陆相沉积岩，是一种碳酸钙的沉积物。由于在重堆积的过程中有时会出现孔隙，同时由于其自身的主要成分又是碳酸钙，自身就很容易被水溶解腐蚀，所以这些堆积物中会出现许多天然的无规则的孔洞。

洞石的色调以米黄居多，使人感到温和，质感丰富，条纹清晰，主要应用在建筑外墙装饰和室内地板、墙壁装饰，使建筑物常有丰富的文化和历史韵味（图2-16）。

8. 砂岩

砂岩主要由砂粒胶结而成，其中砂粒含量要大于50%，结构稳定，通常呈淡褐色或红色，主要含硅、钙、黏土和氧化铁。砂岩是一种沉积岩，是由石粒经过水冲蚀沉淀于河床上，经千百年的堆积变得坚固而成。后因地球地壳运动，而形成今日的矿山。中国的砂岩主要是集中在四川、云南和山东三省。

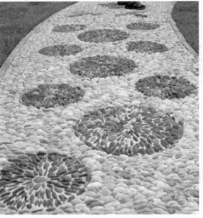

图2-13　　　　　图2-14　　　　　图2-15　　　　　图2-16

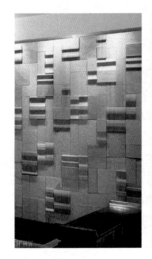

图2-17（左）

图2-18（右）

　　砂岩是使用最广泛的一种建筑用石材，主要生产出的颜色有黄砂岩、白砂岩、红砂岩，耐磨、经久耐用、使用美观而且环保。最近几年砂岩作为一种天然建筑材料，被追求时尚和自然的设计师所推崇，广泛地应用在商业设计和家装行业上（图2-17）。

　　9．板岩

　　板岩是具有板状结构，基本没有重结晶的岩石，是一种变质岩，原岩为泥质、粉质或中性凝灰岩，沿板岩纹理方向可以剥成薄片。板岩的颜色随其所含有的杂质不同而变化，含铁的为红色或黄色；含碳质的为黑色或灰色；含钙的遇盐酸会起泡，因此一般以其颜色命名分类，如灰绿色板岩、黑色板岩、钙质板岩等。

　　板岩石材主要用于建筑装饰行业，这种石材优于一般的人工覆盖材料，防潮、抗风，具有保温性。板岩屋顶也可耐用至数百年。因其耐气候和耐污染，板岩也经常用于美化各种住宅和商业环境，铺设路径、装点泳池周边，包括外墙和庭院。板岩石材也可以用来做喷泉，将传统和现代相结合（图2-18）。

五、天然石材的选用原则

由于天然石材自重大，运输不方便，故在建筑工程中，为了保证工程的经济合理，在选用石材时必须考虑以下几点。

（一）经济性。尽量就地取材，以缩短石材运距，减轻劳动强度，降低成本。

（二）强度与耐久性。石材的强度与其耐久性、耐磨性、耐冲击性等性能有着密切的关系。因此，应根据建筑物的重要性及建筑物所处环境，选用足够强度的石材，以保证建筑物的耐久性。

（三）装饰性。用于建筑物饰面的石材，选用时必须考虑其色彩及天然纹理与建筑物周围环境的协调性，充分体现建筑物的艺术美。同时，还须严格控制石材尺寸公差、表面平整度、光泽度和外观缺陷等。

六、人造装饰石材

人造装饰石材主要指人造大理石、人造花岗石、人造玛瑙、人造玉石等人造石质装饰板块材料。这些人工制成的材料，其花纹、色泽、质感逼真，且强度高、制件薄、体积密度小、耐腐蚀，可按设计要求制成大型、异型材料或制品，并且比较经济。人造石板是仿造大理石、花岗石的表面纹理加工而成，具有类似大理石、花岗石的肌理特点，色泽均匀，结构紧密，耐磨、耐水、耐寒、耐热。高质量的人造石板的物理力学性能超过天然大理石，但在色泽和纹理方面不及天然石材自然、美丽、柔和。20世纪60年代国外正式生产和应用人造装饰石材，我国在80年代初开始生产和使用。

人造装饰石材可分为水泥型、树脂型、复合型与烧结型四类。其中水泥型的便宜，质地一般；复合型的采用水泥和树脂复合，性能较好；烧结型的工艺要求高，能耗大，成品率低，价高；应用最多的是树脂型的人造石材。

（一）聚酯型人造大理石

主要原料是不饱和聚酯树脂、粉状和粒状填料以及颜料等。胶（树脂）固（填料）比为1：（4~4.5）。填料可选用碳酸钙粉或石英粉，填料粉空隙率要小。其主要工艺为原材料拌和、成型、固化、细磨、抛光等。其成型工艺主要有三种:浇注成型、压板成型、大块荒料成型。聚酯型人造大理石具有装饰性好；强度高、耐磨性较好；耐腐蚀性、耐污染性好；生产工艺简单，可加工性好；耐热性、耐候性较差等特点。

（二）聚酯型人造花岗石

与人造大理石有不少相似之处，但人造花岗石胶（树脂）固（填料）比更高，为1：（6.3~8.0），集料用天然较硬石质碎粒和深色颗粒。固化后经抛光，内部的石粒外露，通过不同色粒和颜料的搭配可生产出不同色泽的人造花岗石，其外观极像天然花岗石。主要用于高级装饰工程。

（三）人造玛瑙、人造玉石

也叫仿玛瑙、仿玉石。其主要原材料为不饱和聚酯树脂和填料。使用透明颜料，并用石英、玻璃粉、氢氧化铝粉作填料，借助于颜料、填料和树脂的综合功能，制成仿玛瑙、仿玉石制件。

氢氧化铝粉为中等耐磨填料，混合固化后质地坚硬。人造玛瑙与天然品外观、质地相似，形成的奇特石纹可以假乱真。人造玛瑙可制作卫生洁具（浴盆、坐便器、洗漱台、镜框等），还可制成墙地砖等装饰制品（图2-19）。

（四）高铝水泥人造大理石

采用高铝水泥、砂、无机矿物颜料和化学外加剂，通过反打成型而成。面层采用高铝水泥砂浆，底层采用普通硅酸盐水泥砂浆。

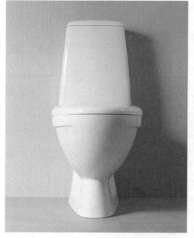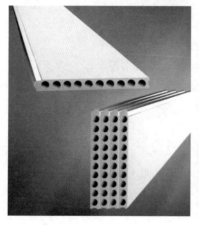

图2-19（左上）

图2-20（右上）

图2-21（左下）

图2-22（右下）

产品可具有多种色彩，并且光泽度高，不易翘曲，耐老化，施工方便，价格低，但色泽不及树脂型人造大理石，并且不宜用于潮湿条件或高温环境中。主要用于一般装饰工程的墙面、地面、墙裙、台面、柱面等（图2-20）。

（五）水泥玻璃纤维增强隔墙板

是一种以快硬低碱水泥为基材，以抗碱玻璃纤维为增强材，集轻质、高强、高韧于一体的新型复合材料。产品具有工艺成熟、装备先进、抗裂性好、抗折力高、外观规整、安装方便等特点（图2-21）。

（六）微晶玻璃型人造石

微晶玻璃人造石是新型的装饰建筑材料，简称微晶石。其中复合微晶石称为微晶玻璃复合板材，是将一层3~5mm的微晶玻璃复合在陶瓷玻化石的表面，经二次烧结后完全融为一体的高科技产品。微晶石厚度在13~18mm，光泽度大于95。

微晶石在行内也被称为微晶玻璃陶瓷复合板，它是建筑陶瓷领域中的高新技术产品，有着晶莹剔透、自然生长而又变化各异的仿石纹理、色彩鲜明的层次、鬼斧神工的外观装饰效果，质地均匀、密度大、硬度高、抗压、抗弯、耐冲击等性能优于天然石材，经久耐磨，不易受损，更没有天然石材常见的细碎裂纹，并且因为不受污染、易于清洗的物化性能，备受设计师们的青睐（图2-22）。

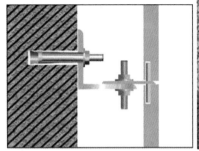

图2-23

七、石材饰面板构造做法

石材饰面板的安装施工方法一般有"挂贴"和"粘贴"两种。通常采用"粘贴"方法的石材饰面板是规格较小（指边长在40cm及以下）的饰面板，且安装高度在1000mm左右。规格较大的石材饰面板则应采用挂贴的方法安装。

（一）干法作业石材墙面构造做法

干法作业是石材墙面安装的新工艺，较湿法作业具有抗震性能好、操作简单、施工速度快、质量易于保证且施工不受气候条件影响等优点。它是在石板材上打孔后直接用不锈钢（或经涂刷防腐防锈涂料的钢）联结件与埋在钢筋混凝土墙体内的膨胀螺栓相连，石板与主体结构面之间形成80～90mm宽的空气层。这种方法多用于30m以下的钢筋混凝土结构，不适合用于砖墙和加气混凝土墙。

内墙石板材与外墙花岗石板安装干法作业则是用膨胀螺栓和特制不锈钢联结件使板材与结构连接起来（图2-23）。

（二）天然石材地面构造做法

构造及分层做法：天然石材地面构造做法及分层做法见（图2-24）。

实例研究：石材

北京中银大厦给人最突出的印象恐怕就是占据建筑主体的浅灰米黄色的凝灰石了，这种石材的英文名称是travertine，中文的译法又称"石灰华"。是一种既非大理石，又非花岗石的石材。有一种类似水流或木材的纹理，并散布着一些孔洞，故又俗称"意大利洞石"。这种石材在欧美国家的建筑中有着非常广泛的应用。其质感和色彩柔和而含蓄，使得这种石材无论在外墙、内墙还是地面都有很丰富的表现力。对于贝聿铭来说，他更喜欢将建筑的室内外统一考虑，那么这种石材应该是非常理想的选择了（图2-25）。

为了挑选符合设计思想的石材，贝聿铭先生与幕墙专家以及其他建筑师曾多次到意大利的采石场勘察，以确认采石场有足够的藏量，保证石材在纹理和色彩上的

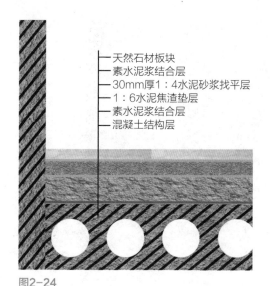

— 天然石材板块
— 素水泥浆结合层
— 30mm厚1：4水泥砂浆找平层
— 1：6水泥焦渣垫层
— 素水泥浆结合层
— 混凝土结构层

图2-24

一致。石材的供应商也按照大厦的设计要求制作了很多大样供设计人员比较和挑选。建筑师和石材厂商对石灰华的表面孔洞是否适应北京的气候条件也作了研究。研究的结果认为，这些孔洞会影响石材的性能和寿命，因此需要将这些孔洞封堵起来。石材厂商提供了专用材料用来填补孔洞。

除了墙面，中银大厦还在室内地面、营业厅和楼层接待厅等处使用了其他品种的大理石。这些石材也是从意大利进口的。虽然外墙的主体石材是进口石材，但在设计过程中，贝聿铭还是尽可能地选用一些当地的材料，并且很好地发挥了这些石材的特性。在外墙的基部（即勒脚处），采用了国产的灰色花岗石，并在室外广场也采用了同一种石材。灰色的花岗石与浅灰米黄的凝灰石搭配得很得体（图2-26）。

图2-25

图2-26

第三章　混凝土及装饰砂浆

一、混凝土

水泥与水混合后，经过物理化学过程，能由可塑性浆体变成坚硬的石状体，并能将散粒状材料胶结成整体。所以水泥是一种良好的矿物胶凝材料。就硬化条件而言，水泥浆体不但能在空气中硬化，还能更好地在水中硬化，并继续增长其强度，故水泥属于水硬性胶凝材料。

潮湿状的混凝土拌合物可以浇入各种模板，并暂时定型；或喷在钢筋网上，再凝固成坚固耐久的材料。混凝土几乎不受燃烧的影响，如果浇筑、养护得当，可暴露于各种天气之中。（图3-1）外露的混凝土一般并不吸引人，除非它具有不可缺少的质感，另一种形式的混凝土是暴露内部的骨料，其特征取决于成型时模板的尺寸、颜色和纹理（图3-2-1）。

混凝土的质地也可在它凝固后，锤凿外表面而成。可把它浇成许多隆起的条纹，再用锤子打出缺口。这种粗糙形状也可以用模板内表面造成，这样，拆模后就不需再处理。因为质地已现场浇成。不过，为了得到无光泽的效果，有时也会采用喷砂做法。

向模板中嵌入某些材料，可以造成特殊的效果，比如木头、灰浆和橡胶。这些嵌入物会很容易压出纹，这样颠倒后图案就会反映到混凝土的表面。用此法装饰最通用的

材料是木材。从出现第一个拱和穹顶起，就有这样的设计构思：人们把木构件支在拱下面，以便在施工过程中起定位作用。拱的下面覆盖湿灰浆，当移开木支撑时，木材的纹理就留在了混凝土上。特殊的模板线条结合后续的质地创作和面饰留下了最大余地，这样做也是最经济的。

（一）普通硅酸盐水泥

是由硅酸盐水泥熟料和6%～15%混合材料及适量二水石膏共同磨细而成的水硬性胶凝材料。其用于装饰工程上的强度等级是32.5、42.5、52.5级。干粘石、水刷石、水磨石、剁斧石、拉毛、露石混凝土及塑型装饰混凝土等做法中，多使用普通硅酸盐水泥。

（二）白色硅酸盐水泥

简称白水泥。白水泥是由白色硅酸盐水泥熟料加入适量优质石膏磨细而成的。它的氧化铁含量很低，约为普通硅酸盐水泥的十分之一，故呈白色。白色硅酸盐水泥强度等级有32.5、42.5、52.5（具体参见《白色硅酸盐水泥》GB/T 2015-2005）。

（三）彩色硅酸盐水泥

这里指的是专门生产的带色水泥（灰水泥之外）。彩色水泥的生产方式有两种，一种是以白色硅酸盐水泥熟

图3-1

图3-2-1

料、优质白色石膏及矿物颜料一起粉磨而成；另一种生产方式是在白水泥生料（或普通水泥生料）中加入金属氧化物着色剂，共同烧成后再粉磨而成。彩色水泥目前（目前的强度等级有27.5、32.5、42.5）。

彩色水泥的主要用途是建筑工程内外粉刷、艺术雕塑、制景、配彩色灰浆、砂浆、混凝土、水磨石、水刷石、水泥铺地花砖等。

（四）高铝水泥

是以石灰石和铝矾土为主要原料，经配料、烧成、粉磨而成的以铝酸钙为主要矿物的水泥。其特点是水化快、早强。高铝水泥的水化生成物与外界条件有关，其中的氢氧化铝凝胶膜层细腻而富有光泽，又不易溶于水，可提高制品表面色泽效果。

（五）泡沫混凝土

又称为发泡水泥、轻质混凝土等，是通过化学或物理的方式根据应用需要将空气或氮气、二氧化碳、氧气等气体引入混凝土浆体中，经过合理养护成型，而形成的含有大量细小的封闭气孔，并具有相当强度的混凝土制品。泡沫混凝土的制作通常是用机械方法将泡沫剂水溶液制备成泡沫。

泡沫混凝土具有密度小、质量轻、保温、隔声、抗震

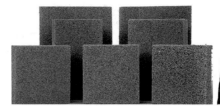

图3-2-2

等性能，是一种利废、环保、节能、低廉且具有不燃性的新型建筑节能材料。常用于屋面保温、园林绿化、体育场跑道排水等。但这种材料还存在一定的缺陷，如强度偏低、开裂、吸水等，因而要进一步扩大其应用领域还需在发泡剂、配合比、工艺流程、设备等方面作更进一步的研究（图3-2-2）。

（六）透明混凝土

Litracon公司发布了世界首次投入商业使用的透明新型混凝土材料—由光学纤维和细石混凝土组成的透明面板。产品以预制板材的形式提供。小尺寸纤维融入成为混凝土的骨料，结果并不仅是两种单独材料——玻璃和混凝土的混合，而是产生了第三种完全不同的、内在和表面都匀质的新型材料。

二、装饰砂浆

装饰砂浆的品种很多，装饰效果也各不相同。按装饰砂浆的饰面手法分为早期塑型和后期造型。前者是在凝结硬化前进行，主要手法有抹、粘、洗、压（印）、模（制）、拉、划、扫、甩、喷、弹、塑等；后者是在硬化后进行，主要手法有斩（斧剁）、磨等。按装饰砂浆的组成及砂粒是否外露，分为灰浆类（如拉毛灰、甩毛灰、扫毛灰、拉条、假面砖、弹涂等）和石碴类（如水磨石、水刷石、干粘石、斩假石等）。

（一）水磨石

即按设计要求，在彩色水泥或普通水泥中加入一定规格、比例、色泽的色砂或彩色石料，加水拌匀作为面层

材料，铺敷在普通水泥砂浆或混凝土基层之上，经成型、养护、硬化后，再经洒水粗磨、细磨、抛光、切边（预制板）、酸洗、面层打蜡等工序而制成。水磨石生产方便，既可预制，又可在现场磨制。

水磨石的性质与应用：彩色水磨石强度高、耐久、光而平，石料又显现自然色的美感，装修操作灵活，所以应用广泛。它可在墙面、地面、柱面、台面、踢脚、踏步、隔断、水池等处使用。北京地铁的各个车站大量而又系列地采用了彩色水磨石装修，如今仍光彩夺目，华丽高雅（图3-3）。

（二）水刷石

即将水泥石料砂浆抹在建筑物表面，在水泥初凝前用

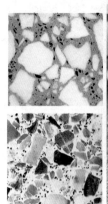

图3-3

图3-4

图3-5

毛刷洒水刷洗或用喷枪冲洗掉表面的水泥浆皮，使内部石渣半露出来，通过使用不同色泽的石渣，达到装饰目的。水刷石的组成与水磨石组成也基本相同，只是石渣的粒径稍小，一般使用大八厘、中八厘石渣。为了减轻水泥的暗沉色调，可在水泥中掺入适量优质石灰膏（冬季不掺）。用白水泥或白水泥加无机颜料制成彩色底的水刷石，装饰效果更好。

水刷石的质感是粗犷、自然、美观、庄重，通过分色、分格、凹凸线条等处理可进一步提高其艺术性以及装饰性。但其缺点是操作技术要求高，费料费工，湿作业量大，劳动条件差。主要用于外墙面、阳台、檐口、腰线、勒脚、台坛等（图3-4）。

（三）镶嵌花饰制品

镶嵌在墙面、山头、柱头等处，以极强的立体花饰点缀立面，丰富结构构件的造型，有画龙点睛之效。制作花饰，首先是用木材、纸筋灰、石膏等塑制实样。实样硬化后涂一层稀机油或凡士林，再抹素水泥浆5mm厚，稍干后放置钢筋，用1：2水泥砂浆浇灌，3~5天后倒出实样，即留下阴模，之后修整、擦净脱模油脂，并刷漆片三道。浇制花饰时，先涂油、放钢筋，然后倒料1：2水泥砂浆或1：1水泥石子（这两种属水泥砂浆类型），1：1.15水泥石碴（水刷石类型），之后捣实。待凝结、硬化有了基本强度，即手按有极轻指纹又不觉下陷时，脱模并检查花纹，进行修整。水泥砂浆类的，最后用排笔轻刷，使颜色均匀，然后养护。水刷石类的，用刷子刷除表面素水泥浆，再喷水或刷洗表面水泥浆，最后用清水冲洗干净继续养护。

花饰材料达到较高强度后才可安装就位。安装处的基层应平整、清洁、牢固。安装固定方法，视制件的大小、轻重而定，小而轻的花饰件用水泥浆粘贴；稍大较重的用铜或镀锌螺钉紧固在基层的预埋木砖上，然后用1：1水泥砂浆堵孔；大型重的花饰件在穿孔后，应紧固在基层预埋螺栓上，缝隙处填堵石膏，用1：2水泥砂浆灌缝，最后用1：1水泥砂浆修边（图3-5）。

图3-6

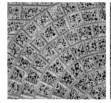

图3-7

（四）水泥雕花砖

即以水泥、砂、颜料等为主要原料，经搅拌、分层铺设、压制成型、养护等工序而制成的表面带有不同色彩和图案的饰面块材。按用途分为地面花砖（F）和墙面花砖（W）。地面花砖的规格尺寸分为200mm×200mm，200mm×150mm，150mm×150mm；厚度均为12～16mm。墙面花砖的规格分为200mm×150mm，150mm×150mm；厚度均为10～14mm。水泥花砖分为一等品、合格品等。

地面花砖适合用于一般工程的楼面与地面装饰，墙面花砖适合用于一般工程内墙面踢脚部位的装饰（图3-6）。

（五）混凝土路面砖

又称混凝土铺地砖（板）或混凝土铺道砖（板），是以水泥、砂、石、颜料等为主要原料，经搅拌、压制成型或浇筑成型、养护等工艺制成的板材。分为人行道砖（WU）和车行道砖（DU）两种，前者又分为普型砖和异型砖。普型砖的规格分为250mm×250mm，300mm×300mm，厚度为50mm；以及500mm×500mm，厚度分为60mm、100mm。异型砖的厚度分为50mm、60mm，形状与尺寸由供需双方商定。车行道砖的厚度分为60mm、80mm、100mm、120mm，尺寸与形状不作规定。混凝土路面砖分为优等品、一等品、合格品。

混凝土路面砖表面具有多种色彩、凹凸线条或图案，可拼出多种不同的图案，并具有较高的抗折强度和抗冻性。主要用于人行道、停车场、广场等（图3-7）。

（六）彩色混凝土连锁块

简称连锁砖，它的生产工艺与普通的混凝土铺路砖完全相同，只是砖的外形不同。铺设时利用每块砖边缘的曲折变化，达到铺设互相啮合交接，相联相扣，故称为连锁砖。连锁块（砖）铺地，使这类地面特点更突出，如何拼合更多适宜图案，防滑性、耐荷性提高，铺取方便、实用、价廉，很受欢迎。

1. 品种与规格：按连锁砖的特性和用途分为透水砖、不透水砖、防滑砖、护坡砖、植草砖等。按平面形状分为"Z"、"I"、八角、双曲边、三菱、灯笼、齿边等。按表面处理分为水泥浆本色面、水磨石面、凿毛面、凹凸条纹等。

2. 性能与应用：连锁砖一般采用C30以上的混凝土压制而成，人行道用砖的抗压强度应大于30MPa，车行道用砖应大于35MPa。砖的吸水率小于5%，抗冻性为F25。砖的形状及表面形式多样，并可拼成多种图案。植草型砖带有孔洞，可以使草生长，并因有砖边的保护作用而不易被踏死，同时还能使雨水渗入地下，起到了铺地、绿化、除尘、吸水、降温的作用。

连锁砖广泛适用于广场、停车场、花园小路、人行道、路面分隔带等，其装饰效果很好（图3-8）。在上海外滩等地的应用，受到各界的欢迎。

（七）仿毛石边砌块

即在水泥混凝土（或硅酸盐混凝土）小型砌块室外一侧表面上进行仿石装饰而制成的一种既可以承载，又可以起到装饰作用的混凝土砌块，通常为空心砌块。生产这种砌块时，特意放大了向室外一侧的厚度（即留有劈离掉的余量），待养护脱模之后用劈离机割边，使这一面呈现毛石或蘑菇石状的饰面。如在配料中掺混了不均匀的色浆条纹，则劈离面更加自然、活泼。

图3-8

图3-9

此外，还可通过侧模的变化，生产出带肋条的砌块饰面；或将多孔状外侧厚边劈离一部分，形成带毛糙肋条的饰面。带肋条饰面的砌块，砌筑效果大方、庄重又富于变化。该砌块将承重作用或围护作用与装饰作用融为一体，简化了施工操作。它的装饰效果与天然石材相近，可广泛用于外墙（图3-9）。

（八）混凝土格栅

即用来遮挡、装饰或保护开口处的一种透孔遮挡物。多年来，混凝土砌块一直被用作基础和实心墙体。而混凝土砌块墙的其他形式则包括许多格栅，它们由带有预制孔洞图案的砌块所构成。这些砌块可以按许多方式进行排列，从而形成总的质感和式样。混凝土格栅既可以遮挡阳光，也可以保护私密性，这取决于格栅的开口大小（图3-10）。

（九）埃特板

即掺入水泥或石英的材料，性质和硅酸钙板差不多，防水性能好，可替代石膏板。一般在装修使用上用做基

图3-10

材。也有不少设计师为了追求水泥的质感和效果，把它们当作面材来使用。使用方法就是在表面上清漆，但是往往达不到预期效果，也就是达不到设计师想要的效果。台湾产的VIVA木丝水泥板比较起来就占了效果优势：既有木丝的感

觉，也有水泥的刚性。埃特板也叫硅酸盐纤维板，其隔声、防火、防潮性能都相当好，强度也大大高于石膏板，是一种装饰换代产品。适用范围：浴室、厨房、更衣室、洗衣房、健身房等潮湿地方。

（十）纤维水泥板

又称纤维增强水泥板，是以纤维和水泥为主要原材料生产的建筑用水泥平板，以其优越的性能被广泛应用于建筑行业的各个领域。根据添加纤维的不同分为温石棉纤维水泥板和无石棉纤维水泥板，根据成型加压的不同分为纤维水泥无压板和纤维水泥压力板。它有防水防火、隔热隔声、轻质高强、美观耐用、安全环保等优点。

（十一）混凝土砌块

即用混凝土制成的几何形砌块。一般用于建筑砌墙或是裸露墙直接装饰，施工方便简易，做好相应防裂措施即可。当砌块用做建筑主体材料时，其放射性核素限量应符合《建筑材料放射性核素限量》GB 6566-2010的规定。

（十二）轻型砖

一般就是指发泡砖，正常室内隔墙都用这种砖，能有效减小楼面负重，而起到隔声效果。强度制品选用优质板状刚玉、莫来石为骨料，以硅线石复合为基质，另添特种添加剂和少量稀土氧化物混炼，经高压成型，高温烧成。普通轻质隔热耐火砖生产的材质有黏土质、高铝质高强漂珠砖，低铁莫来石、高铝聚轻隔热耐火砖，硅藻土隔热耐火砖等。

轻型砖具有经济性、实用性、施工性的优点，室内装饰工程常用。

（十三）硅纤陶板

又称纤瓷板，是近几年开发的新型人造建材。主要采用陶瓷黏土为原料，添加硅纤维及特殊熔剂等辅料，经辊道窑二次烧制而成。成品的坯体呈现白色，属于陶瓷制品中的白坯系列，较普通瓷砖的红坯系列，不仅密实度较高，且杂质含量少。与天然石材相比，纤瓷板具有强度高、化学稳定性好、色彩可选择、无色差、不含任何放射性材料等优点。它的表面光洁晶亮，既有玻璃的光泽，又有花岗石的华丽质感。可广泛用于办公楼、商业大厦、机场、地铁站、购物娱乐中心等大型高级建筑的内外装饰，是现代建筑外、内墙装饰中，可供选择的较为理想的绿色建材。

实例研究：混凝土

最初的天然混凝土是一种火山灰，加上石灰和碎石之后，具有相当的凝结力，坚固而不渗水。起初罗马人只将这种天然混凝土用于一些不太重要的工程中，直到公元前2世纪它才被重视起来。到公元前1世纪中叶，被大量用于拱券结构中，完全取代了石块。

混凝土带来的影响之一就是它大大促进了拱券结构的发展。拱券结构是罗马人的伟大创举，它完全改变了以往的建筑形式。到公元前2世纪，拱券在陵墓、桥梁、城门、输水道等工程中得到了广泛的应用。混凝土的出现使得整个拱券结构变得更为稳固、轻巧而更易于施工。混凝土的另一影响是大大地提高了拱顶的跨度。拱顶打破了古希腊梁柱形式的平面体系，无论是在体量上或是形象上都创造了梁柱形式所无法比拟的空间。说到这里，不得不提到的是罗马城里的万神庙，它的穹顶直径达到43.43m。这样的大跨度在以后的一千多年里始终没有别的建筑能超越它（图3-11）。

（a）　　　　　　　　　　　　　　（b）

图3-11

第四章 石膏装饰材料

一、石膏

建筑装饰工程用石膏主要有建筑石膏、模型石膏、高强石膏、粉刷石膏等。它们均属于气硬性胶凝材料。

（一）建筑石膏

建筑石膏是用天然二水石膏（亦称生石膏），经低温（150℃~170℃）煅烧分解为半水石膏，再磨细而成。建筑石膏为白色，导热系数小，防火性好，但强度不高，耐水性差，抗冻性差，凝结硬化时体积略膨胀（约1%）。

建筑石膏（半水石膏）的密度为2.6~2.75g/cm³，在磨细的散粒状态下的堆积密度为800~1000kg/m³。石膏凝结很快，在掺水几分钟后即开始凝结，终凝时间不超过30min。石膏的凝固时间根据施工情况可以调整，欲加速可掺入少量磨细的未经煅烧的石膏，欲缓慢则可掺入水重为0.1%~0.2%的胶或亚硫酸盐酒精废渣、硼砂等。

建筑石膏主要用于生产各种板材、装饰花、装饰配件等，如纸面石膏板、装饰石膏板、石膏线条、石膏花等（图4-1）。

（二）模型石膏

模型石膏也为β型半水石膏，但杂质少、色白。主要用于陶瓷的制坯工艺，少量用于装饰浮雕（图4-2）。

（三）高强石膏

将二水石膏置于蒸压釜，在127kPa的水蒸气中（124℃）脱水，得到的是晶粒比β型半水石膏粗大、使用时拌合用水量少的半水石膏，称为a型半水石膏。将此熟石膏磨细得到的白色粉末称为高强度石膏。由于高强石膏的拌合用水量少（石膏用量的35%~45%），硬化后有较高的密实度，所以强度较高，7天可达15~40MPa。

高强石膏主要用于室内高级抹灰、各种石膏板、嵌条、大型石膏浮雕等（图4-3）。

（四）粉刷石膏

粉刷石膏是二水石膏或无水石膏经煅烧，单独或两者混合后掺入外加剂，也可加入集料制成的胶结料。粉刷石膏按用途分为面层粉刷石膏（M）、底层粉刷石膏（D）和保温层粉刷石膏（W）。

粉刷石膏按强度分为优等品（A）、一等品（B）、合格品（C），各等级的强度应满足标准的要求。2.5mm筛和0.2mm筛的筛余应分别不大于0%和40%。初凝时间应不小于1h，终凝时间应不大于8h。保温层粉刷石膏的体积密度应不大于600kg/m³。

粉刷石膏粘结力高，不裂、不起鼓，表面光洁，防火，保温，并且施工方便，可实现机械化施工，是一种高档抹面材料，可用于办公室、住宅等的墙面、顶棚等（图4-4）。

（五）玻璃纤维增强石膏（GRG）

GRG 英文名: Glass Fiber Reinforced Gypsum

图4-1（左）

图4-2（右）

图4-3

图4-4

图4-5

是玻璃纤维加强石膏，它是一种特殊改良纤维石膏装饰材料，造型的随意性使其成为要求个性化的建筑师的首选，它独特的材料构成方式足以抵御外部环境造成的破损、变形和开裂。

玻璃纤维加强石膏是采用高密度Alpha石膏粉、增强玻璃纤维，以及一些微量环保添加剂制成的预铸式新型装饰材料，表面光洁细腻平滑呈白色，白度达到90%以上，并且可以和各种涂料及面饰材料良好地粘结，形成极佳的装饰效果，并且环保安全不含任何有害元素。

此种材料可制成各种平面板、功能型产品及艺术造型，是目前国际上建筑材料装饰界最流行的产品。通常，建筑设计师们会推荐此材料应用在工商业建筑的吊顶上，为增加其稳定性。此外，由于GRG材料的防水性能和良好的声学性能，尤其适用于需要频繁的清洁洗涤和传输声音的地方，如学校、医院、商场、剧院等场所。

玻璃纤维加强石膏选型丰富任意，采用预铸式加工工艺可以定制单曲面、双曲面、三维覆面等各种几何形状、镂空花纹、浮雕图案等任意艺术造型，辅助设计师展现创意（图4-5）。

二、石膏装饰制品

石膏及其制品有质轻、保温、不燃、防火、吸声、形体饱满、线条清晰、表面光滑而细腻、装饰性好等特点，因而是建筑室内装饰工程常用的装饰材料之一。

在装饰工程中，建筑石膏和高强石膏往往先加工成各式制品，然后镶贴、安装在基层或龙骨支架上。石膏装饰制品主要有装饰板、装饰吸声板、装饰线角、花饰、装饰浮雕壁画、画框、挂饰及建筑艺术造型等。这些制品都充分发挥了石膏胶凝材料的装饰特性，效果很好，近年来备受青睐。

（一）普通纸面石膏板

纸面石膏板是以建筑石膏为主要原料，掺入纤维和外加剂构成芯材，并与护面纸板牢固地结合在一起的轻质建筑板材。护面纸板（专用的厚质纸）主要起到提高板材抗

图4-6

板材的棱边有矩形（代号PJ）

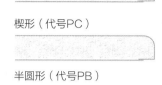
楔形（代号PC）

半圆形（代号PB）

45°倒角形（代号PD）

圆形（代号PY）

图4-7　普通纸面石膏板的棱边

图4-8

图4-9

弯、抗冲击的作用。

纸面石膏板是将拌好的石膏浆体浇注在行进中的下护面纸板上，在铺浆成型后再覆以上护面纸板，之后经凝结、切断、烘干（硬化）、修边等工艺而成（图4-6）。

1. 规格

普通纸面石膏板的宽度分为900mm、1200mm；长度有1800mm、2100mm、2400mm、2700mm、3000mm、3300mm、3600mm等；厚度分为9mm、12mm、15mm、18mm。板材的棱边有矩形（代号PJ）、45°倒角形（代号PD）、楔形（代号PC）、半圆形（代号PB）和圆形（代号PY）五种（图4-7）。

2. 性质

普通纸面石膏板具有质轻、抗弯和抗冲击性高、防火、保温隔热、抗震性好，并具有较好的隔声性和可调节室内湿度等优点。当与钢龙骨配合使用时，可作为A级不燃性装饰材料使用。普通纸面石膏板的耐火极限一般为5~15min。板材的耐水性差，受潮后强度明显下降，且会产生较大变形或较大的挠度。

普通纸面石膏板还具有可锯、可钉、可刨等良好的可加工性。板材易于安装，施工速度快、工效高、劳动强度小，是目前广泛使用的轻质板材之一（图4-8）。

3. 应用

普通纸面石膏板适用于办公楼、影剧院、饭店、宾馆、候车室、候机楼、住宅等建筑的室内吊顶、墙面、隔断、内隔墙等的装饰。普通纸面石膏板的表面还需再进行饰面处理，方能获得理想或满意的装饰效果。常用方法为裱糊壁纸，喷涂、辊涂或刷涂装饰涂料，镶贴各种类型的玻璃片、金属抛光板、复合塑料镜片等（图4-9）。

（二）耐水纸面石膏板

耐水纸面石膏板是以建筑石膏为主要原料，掺入适量耐水外加剂构成耐水芯材，并与耐水的护面纸牢固粘结在一起的轻质建筑板材。

1. 规格

耐水纸面石膏板的长度分为1800mm、2100mm、2400mm、2700mm、3000mm、3300mm和3600mm，宽度分为900mm、1200mm，厚度分为9mm、12mm、15mm。板材的棱边形状分为矩形（代号SJ）、45°倒角（代号SD）、楔形（代号SC）、半圆形（代号SB）和圆形（代号SY）五种。

2. 性质

耐水纸面石膏板具有较高的耐水性，其他性能与普通纸面石膏板相同。

3. 应用

耐水纸面石膏板主要用于厨房、卫生间、厕所等潮湿场合的装饰。其表面也需再进行饰面处理，以提高装饰性（图4-10）。

（三）耐火纸面石膏板

耐火纸面石膏板是以建筑石膏为主，掺入适量无机耐火纤维增强材料构成芯材，并与护面纸牢固粘结在一起的耐火轻质建筑板材。

1. 规格

耐火纸面石膏板的长度分为1800mm、2100mm、2400mm、2700mm、3000mm、3300mm和3600mm，宽度分为900mm、1200mm，厚度分为9mm、12mm、15mm、18mm、21mm和25mm。板材的棱边形状有矩形（代号HJ）、45°倒角（代号HD）、楔形（代号HC）、半圆形（代号HB）、圆形（代号HY）五种。

2. 性质

耐火纸面石膏板属于难燃性建筑材料（B1级），具有较高的遇火稳定性，其遇火稳定时间大于20～30min。当耐火纸面石膏板安装在钢龙骨上时，可作为A级装饰材料使用。其他性能与普通纸面石膏板相同。

3. 应用

耐火纸面石膏板主要用作防火等级要求高的建筑物的装饰材料，如影剧院、体育馆、幼儿园、展览馆、博物馆、候机（车）大厅、售票厅、商场、娱乐场所及其通道、楼梯间、电梯间等的吊顶、墙面、隔断等（图4-11）。

（四）装饰石膏板

装饰石膏板是以建筑石膏为胶凝材料，加入适量的增强纤维、胶粘剂、改性剂等辅料，与水拌和成料浆，

图4-10

图4-11

经成型、干燥而成的不带护面纸的装饰材料。它质轻、图案饱满、细腻、色泽柔和、美观、吸声、隔热，有一定强度，易加工及安装。它是较理想的顶棚饰面吸声及墙面装饰材料（图4-12）。

1. 规格

装饰石膏板为正方形，其棱边断面形式有直角形和倒角形。板材的规格为500mm×500mm×9mm，600mm×600mm×11mm。板材的厚度指不包括棱边倒角、孔洞和浮雕图案在内的板材正面和背面间的垂直距离。其他形状和规格的板材，由供需双方协商。

2. 性质

装饰石膏板的表面细腻，色彩、花纹图案丰富，浮雕板和孔板具有较强的立体感，质感亲切，给人以清新柔和之感，并且具有质轻、强度较高、保温、吸声、防火、不燃、调节室内湿度等特点。

3. 应用

装饰石膏板广泛用于宾馆、饭店、餐厅、礼堂、影剧院、会议室、医院、幼儿园、候机（车）室、办公室、住宅等的吊顶、墙面等。对湿度较大的场所应使用防潮板。

（五）嵌装式装饰石膏板

嵌装式装饰石膏板是带有嵌装企口的装饰石膏板。

1. 规格

嵌装式装饰石膏板的规格为600mm×600mm，边厚大于28mm；500mm×500mm，边厚大于25mm。板材的边长（L）、铺设高度（H），厚度（S）。其棱边断面有直角形和倒角形。其他形状和规格的板由供需双方商定。

2. 性质

嵌装式装饰石膏板的性能与装饰石膏板的性能相同，此外它也具有各种色彩、浮雕图案、不同孔洞形式（圆、椭圆、三角形等）及不同的排列方式。它与装饰石膏板的区别在于嵌装式装饰石膏板在安装时只需嵌固在龙骨上，不需要再另行固定。此外，板材的企口相互咬合，故龙骨不外露。整个施工全部为装配化，并且任意部位的板材均可随意拆卸或更换，极大地方便了施工。

3. 应用

嵌装式装饰吸声石膏板主要用于吸声要求高的建筑物的装饰，如影剧院、音乐厅、播音室等。使用嵌装式装饰石膏板时，应注意选用与之配套的龙骨（图4-13）。

（六）印刷石膏板

印刷石膏板是以石膏板为基材，板两面均有护面纸或保护膜，面层又经印花等工艺而成，具有较好的装饰性。北京新型建材厂用计算机进行图案设计，可生产多种图案花纹的板材。主要规格为500mm×500mm×9.5mm，600mm×600mm×9.5mm，455mm×910mm×9.5mm等，板边棱为直角，其用途与装饰石膏板相同。

（七）吸声用穿孔石膏板

是以装饰石膏板、纸面石膏板为基板，在其上设置孔眼而成的轻质建筑板材。吸声用穿孔石膏板按基板的不同和有无背覆材料（贴于石膏板背面的透气性材料）。板后可贴有吸声材料（如岩棉、矿棉等）。按基板的特性还可分为普通板、防潮板、耐水板和耐火板等。

1. 规格

板材的规格尺寸分为500mm×500mm和600mm×600mm两种，厚度分为9mm、12mm两种。板面上开有6mm、8mm、10mm的孔眼，孔眼垂直于板面，孔距按孔

 图4-12

图4-13

眼的大小为18mm～24mm。穿孔率为5.7%～15.7%，孔眼呈正方形或三角形排列。除标准中所列的孔形外，实际应用中还有其他孔形。

2. 性质

吸声用穿孔石膏板具有较高吸声性能，由它构成的吸声结构按板后有无背覆材料和吸声材料及空气层的厚度，其平均吸声系数可达0.11～0.65。以装饰石膏板为基板的还具有装饰石膏板的各种优良性能。以防潮、耐水和耐火石膏板为基材的还具有较好的防潮性、耐水性和遇火稳定性。吸声用穿孔板的抗弯、抗冲击性能及断裂荷载较基板低，使用时应予以注意。

3. 应用

吸声用穿孔石膏板主要用于播音室、音乐厅、影剧院、会议室以及其他对音质要求高或对噪声限制较严的场所，作为吊顶、墙面等的吸声装饰材料。使用时可根据建筑物的用途或功能及室内湿度的大小，来选择不同的基板。如干燥环境可选用普通基板，相对湿度大于70%的潮湿环境应选用防潮基板或耐水基板，重要建筑或防火等级要求高的应选用耐火基板。表面不再进行装饰处理的，其基板应为装饰石膏板；需进一步进行饰面处理的，其基板可选用纸面石膏板（图4-14）。

（八）特种耐火石膏板

是以建筑石膏为芯材，内掺多种添加剂，板面上复合专用玻璃纤维毡其质量为100～120g/m²，生产工艺与纸面石膏板相似。特种耐火石膏板按燃烧性属于A级建筑材料。板的自重略小于普通纸面石膏板和耐火纸面石膏板。板面可丝网印刷、压滚花纹。板面上有1.5～2.0mm的透孔，吸声系数为0.34。因石膏与毡纤维相互牢固地粘合在一起，遇火时粘结剂虽可燃烧碳化，但玻璃纤维与石膏牢固连接，支撑板材整体结构抗火而不被破坏。其遇火稳定时间可达1h。导热系数为0.16～0.18W/（m·K）。适用于防火等级要求高的建筑物或重要的建筑物，作为吊顶、墙面、隔断等的装饰材料。

（九）装饰石膏线角、花饰、造型

装饰石膏线角、花饰、造型等石膏艺术制品可统称为石膏浮雕装饰件。它可划分为平板、浮雕板系列、浮雕饰线系列（阴型饰线及阳型饰线）、艺术顶棚、灯圈、角花系列、艺术廊柱系列、浮雕壁画、画框系列、艺术花饰系列及人体造型系列等。

1. 装饰石膏线角

断面形状似为一字形或L形的长条状装饰部件，多用高强石膏或加筋建筑石膏制作，用浇注法成型。其表面呈现雕花型和弧形。规格尺寸很多，线角的宽度一般为45～300mm，长度一般为1800～2300mm。它主要在室内装修中组合使用，如采取多层线角贴合，形成吊顶局部变高的造型；线角与贴墙板、踢脚线合用可构成代

图4-14

替木材的石膏墙裙，即上部用线角封顶，中部为带花饰的防水石膏板，底部用条板做踢脚线，贴好后再刷涂料；在墙上用线角镶裹壁画，彩饰后形成画框等（图4-15）。

线角的安装固定多用石膏粘合剂直接粘贴。粘贴后用铲刀将线角压出的多余粘合剂清理干净，用石膏腻子封平挤缝处，砂纸打磨光滑，最后刷涂料。

2. 艺术顶棚、灯圈、角花

一般在灯（扇）座处及顶棚四角粘贴。顶棚和角花多为雕花型或弧线型石膏饰件，灯圈多为圆形花饰，直径0.9～2.5m，美观、雅致（图4-16）。

3. 艺术廊柱

仿照欧洲建筑流派风格造型，分上、中、下三部分。上为柱头，有盆状、漏斗状或花篮状等，中为空心圆（或方）柱体，下为基座，多用于营业门面、厅堂及门窗洞口处（图4-17）。

4. 石膏花台

有的形体为1/2球体，可悬置空中，上插花束而呈半球花篮状。又可为1/4球体贴墙面而挂，或告球体置于墙壁阴角（图4-18）。

5. 石膏壁画

是集雕刻艺术与石膏制品于一体的饰品。整幅画面可大到1.8m×4m。画面有山水、松竹、腾龙、飞鹤等。它是由多块小尺寸预制件拼合而成（图4-19）。

6. 石膏造型

单独用或配合廊柱用的人体或动物造型也有应用（图4-20）。总之，石膏线角、灯饰、花饰、造型等，充分利用了石膏制品质轻、细腻、高雅而又方便制作、成本不高的特点，并已构成系列产品，它们在建筑室内装饰中有着较为广泛的应用。

图4-15

图4-16

图4-17 图4-18

图4-19 图4-20

石膏板类材料是顶棚和墙面的装饰及防火材料，使用上已很普及。石膏板表面的素净可降低空间的复杂性，所以是一般办公室装饰的主要材料，尤其是顶棚。

例如，北京颐和保健中心，采用普通纸面石膏板材料。弧形墙十分优雅，曲弧线可使空间的家具或器物分外柔美，尤其配合灯光的设计，也可用不到顶的墙使空间更加有立体感（图4-21）。

图4-21

第五章　木材装饰制品

一、木材装饰制品

适于建筑的树木，通过锯、刨或旋转切割，使之成为木材或木制品，用以生产标准尺寸的粗锯材或刨光锯材。

从最远古的居住点起，尤其在森林地区，就有把木材用作房屋设计材料的历史。木材是主要的建筑材料之一。绝大多数原始住房用树枝做屋顶，并在其上覆盖黏土或草叶。另一些原始形式的树木住房则为原木棚屋，这些棚屋后来发展成为所谓的"长屋子"。这是因为其外形加长了，这些屋子似乎最适于集体居住（图5-1）。

木材用于室内设计工程，已有悠久的历史。它材质轻、强度高；有较佳的弹性和韧性、耐冲击和振动；易于加工和表面涂饰，对电、热和声音有高度的绝缘性；还有木材美丽的自然纹理、柔和温暖的视觉和触觉是其他材料所无法替代的。北京故宫、天坛祈年殿都是典型的木建筑殿堂。山西应县的木塔，堪称木结构的杰作，在建筑史上创造了奇观（图5-2）。岁月流逝，木质建筑历经千百年而不朽，依然显现当年的雄姿。时至今日，木材在建筑结构、装饰上的应用仍不失其高贵、显赫的地位，并以它特有的性能在室内装饰方面大放异彩，创造了千姿百态的装饰新领域。

图5-2

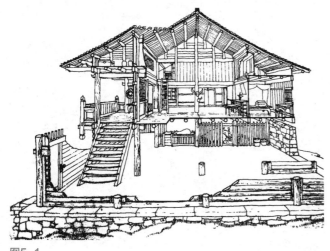

图5-1

从18世纪起，出现了木护墙板。从此，木材被传统地当作外部互搭护墙板材来使用。木材还在整个中世纪的欧洲建筑中被当作装饰材料，雕成房梁、门、窗框和雕花封檐板。

习惯上，人们用水平板来覆盖木框。起初，木板两头宽窄不一样，就这样粗糙地搭接，而把粗糙的树皮一边安放在底部。逐渐地板材越做越平整一致，这样护墙板便做出斜边，便于搭接。

维多利亚时期对于装饰木工的狂热，部分是由于发明了镂花锯和制作木质装饰件的镟床。

胶合板和其他层积板的新的结构件的开发，对木材的结构用途带来革命性变化。新的粘结技术为胶合板的应用开辟了新的前景。

板面受力板由胶合板和干燥木材制成。简易框架和胶合板面作为抗荷载的一个整体。现在的胶合层积板拱和梁的跨度都特别大。这些"胶合梁"是用胶粘剂将多层木板粘结在一起制成的。

一般家装所用的木制品，有木地板、木门、门框、现场定制家具、厨房及各类木线、地格栅等，约占整个家装费用的 35%。如果采用木质吊顶、墙裙、楼梯等装饰，比例将会更高。同时，木制品制作的技术含量也最大，是容易出现质量问题的地方。换句话说，装修的质量好坏很大程度上取决于木制品质量。

由于高科技的参与，木材在建筑装饰中又添异彩。目前，由于优质木材受限，为了使木材自然纹理之美表现得淋漓尽致，人们将优质、名贵木材旋切薄片，与普通材质复合，变劣为优，满足了消费者喜爱天然木材的心理需求。木材作为既古老又永恒的建筑材料，以其独具的装饰特性和效果，加之人工创意，在现代建筑的新潮中，为我们创造了一个个自然美观的生活空间。

木材的基本构造

木材分针叶树材（软木）和阔叶树材（硬木）两大类

①针叶树树干通直而高大，易得大材，纹理平顺，材质均匀，木质较软而易于加工，故又称软木材。表观密度和胀缩变形较小，耐腐蚀性强，在室内工程中主要用于隐蔽部分的承重构造和门窗等。常见树种有松、柏、杉（图5-3）。

②阔叶树树干通直部分一般较短，材质硬且重、强度较大、纹理自然美观，是室内装修工程及家具制造的主要饰面用材。常见树种有榆木、水曲柳、柞木、椴木、柚木等（图5-4）。

木材也可按供应形式分为原条、原木、普通锯材等（图5-5）。木材属于天然建筑材料，其树种及生长条件的不同，构造特征有显著差别，从而决定着木材的使用性和装饰性。

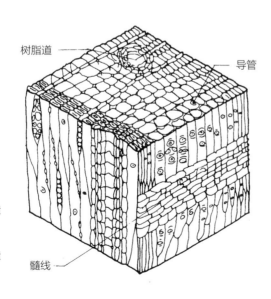
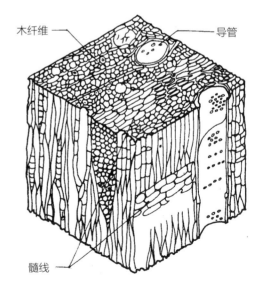

图5-3　软木的显微构造
（马尾松）（左）

图5-4　硬木的显微构造
（柞木）（右）

图5-5

树木由树皮、木质部、髓心组成。靠近髓心的木质部颜色较深，称为芯材，靠近树皮的木质部颜色较浅，称为边材。通常芯材的利用价值较边材要大一些。髓心质量差，易腐朽。木材横切面内的同心圆环称为年轮。同一年轮内，春季生长的木质颜色较浅，称为春材或早材；夏季或秋季长的颜色较深，称为夏材或晚材。年轮愈密，木材的强度愈高。由髓心向外的射线称为髓线，它与周围的连接差，木材干燥时易沿此线开裂。

针叶树材的显微结构较简单而规则，它由管胞、髓线、树脂道组成。阔叶树材的显微结构较为复杂，主要由导管、木纤维及髓线组成。春材中有粗大导管，沿年轮呈环状排列的称为环孔材；春材、夏材中管孔大小无显著差异，均匀或比较均匀分布的称为散孔材。阔叶树材的髓线发达，它粗大而明显。导管和髓线是鉴别针叶树和阔叶树的主要标志。年轮与髓线使木材具有优良的装饰性。

树种不同，其纹理、花纹、色泽、气味也各不相同，体现了宏观构造的特征。木材的纹理是指木材体内纵向组织的排列情况，分直纹理、斜纹理、扭纹理和乱纹理等。木材的花纹是指纵切面上组织松紧、色泽深浅不同的条纹，它由年轮、纹理、材色及不同锯切方向等因素决定，可呈现出银光花纹、色素花纹，等等，充分显示了木材自身具有的天然的装饰性。尤其是髓线发达的硬木，经刨削磨光后，花纹美丽，是一种珍贵的装饰材料。

二、木材的装饰特性与装饰效果

（一）木材的装饰特性

1. 纹理美观

木材天然生长具有的自然纹理使木装饰制品更加典雅、亲切、温和。如直细条纹的栓木、樱桃木，不均匀直细条纹的柚木，疏密不均的细纹胡桃木，断续细直纹的红木，山形花纹的花梨木，影方花纹的梧桐木，勾线花纹的鹅掌楸木等，真可谓千姿百态。它促进了人与空间的融合，创造出一个良好的室内气氛。

2. 色泽柔和，富有弹性

木材因树种不同，生长条件有别，除具有多种多样天然细腻的纹理之外，还具有丰富的自然色彩与表面光泽。淡色调的枫木、橡木、白桦木等，如乳白色的白蜡木、白杨，白色至淡灰棕色的椴木，淡粉红棕色的赤柏木。深色调的檀木、柚木、桦木、核桃木等，如红棕色的山毛榉木，红棕色到深棕色的榆木，巧克力棕色胡桃木，枣红色的红木。艳丽的色泽、自然的纹理、独特的质感赋予木材优良的装饰性。极富有特征的弹性正是来自于木质产生的视觉、脚感、手感，因而成为理想的天然铺地材料。

3. 防潮、隔热、不变形

木材的装饰特性是极佳的，其使用功能也是优良的，这是由木材的物理性质（孔隙、硬度、加工性）所决定的。如木材的孔隙率可达50%左右，导热系数为0.3W/（m·K）左右，具备良好的保温隔热性，同时又能起到防潮、吸收噪声的作用。在优选材质，配以先进的生产设备后，可使木材达到品质卓越，线条流畅，永不变形的效果。

4. 耐磨、阻燃、涂饰性好

优质、名贵木材其表面硬度使木材具有使用要求的耐磨性，因而可使用木地板创造出一份古朴、自然的气氛。这种气氛的长久依赖于木材时具有优异的涂饰性和阻燃性。木材表面可通过贴、喷、涂、印达到尽善尽美的意境，充分显示木材人工与自然的互变性。木材经阻燃性化学物质处理后即可消除易燃的特性，从而增加了它的阻燃性，使用时更加可靠。

（二）木材的装饰效果

木材的装饰特性表明木材在质感、光泽、色彩、纹理等方面占有绝对优势。通过这些装饰特性表现其装饰效果时，应注意同类木质材料的组合协调与否、色彩的组合协调与否，凡能最大限度地使其特性在整体效果中发挥出来的，就可以取得较好的装饰效果。例如，木材属于强质材料（质感、光泽、质地较好的材料），当装饰设计确定室内装饰以木质材料为主格调，即木地板、木墙壁、木顶棚时，强质材料的通性易于达到协调，此时单一的色彩也不会冲淡鲜明主题，同时，能给人以回归自然与华贵安乐的双重感觉（图5-6）。要突出木材的装饰效果，也可进行异类组合，如木地板与仿木纹塑料壁纸组合，完成了一种空间效果的创造；木材与金属的组合，柔和了坚硬与耀眼的表面；木材与玻璃的组合，表现了古朴与现代的交流，更富有浪漫气息。

1. 赤杨（图5-7）

淡粉红棕色到近乎白色，木理不明显。木材加工性质与红械木及美洲鹅掌楸相近。

主要用途：家具、家具零件以及木心板等。

可取得性：薄片量稀少，板材量有限。

价格：低价位。

图5-6

2. 白光腊木

一般而言，材质厚重，强度高，质地坚硬，硬度大，耐震度高。边材呈浅色，近乎白色。芯材颜色变化多，从灰棕色、淡棕色，至浅黄带棕条纹等。边材对芯材的比例不一。在描述及出售时，通常分为软光腊木或硬光腊木。长在低地的树种比较轻软，高地的树种生长最较缓慢，因此比较坚硬厚重。白光腊木的弯曲度极佳，也很容易涂装。

主要用途：家具、墙板、地板、固定家具、木工艺品、曲柄、把柄及运动器材等。

可取得性：板材及薄片均容易取得。

价格：中价位。

3. 白杨木

白色到淡灰棕色，边芯材不明显。木理通直，组织细致而均匀。材质轻、软、强度中弱。

主要用途：结构板材、薄片制浆材、木心板等。

可取得性：板材取得容易极少切成薄片。

价格：低价位。

4. 椴木

乳白色到淡棕色，木理紧密、不明显。是一种轻、软的木材，胶粘性良好。是极优良的木工教学材料。

主要用途：容器、木制用具新型、成型器具，案板、乐器、拼板木芯板及薄片嵌条等。

赤杨	白光腊木	白杨木	椴木
山毛榉木	白桦木	黄桦木	樱桃木
三角叶杨木	榆木	白枫木	红枫木
朴木	山核桃木	硬槭木	软槭木
红栎木	白栎木	金黄榆木	梧桐木

图5-7

装饰材料 设计与应用

可取得性：板材易于取得，少用于薄片。

价格：低价位。

5. 山毛榉木

红棕色芯材，具有薄层白色边材，木理通直，硬、强度高，木理紧密，涂装、染色及漂白容易。

主要用途：家具、地板、把柄，木制用具、曲柄及玩具等。

可取得性：板材及薄片有限。

价格：中价位。

6. 白桦木

生长在北部及西部地区。桦木的材质硬、轻、强度高，木理非常紧密，和其他桦木类一样，极易涂装。

主要用途：薄片、线轴、木管，牙签及制造浆材等。

可取得性：板材容易取得，用做薄片有限。

价格：中价位。

7. 黄桦木

乳白色到淡棕色，稍带红色，具有薄而近乎白色边材。黄桦的材质木理致密，明显而其图案不显眼。用途极多，涂装及油漆容易。

主要用途：家具、墙板、木制品及橱柜等。

可取得性：不选择颜色时容易取得，如选择红色时，则有限（包括板材及薄片）。

价格：中价位。

8. 樱桃木

木理细致，中等重量，虽不如许多树种绚丽耀眼，但是条纹紧密细致，坚硬且稳定。涂装后具柔丝一般光泽。樱桃木漂亮的外观，已长久吸引木工工作者。偶有针状微小、深色的交织条纹，使樱桃木有别于其他的阔叶树。但樱桃木良好的涂装性质是其他树种无法超越的。其均匀的木材组织涂装性极佳。

主要用途：家具、细致薄片墙板，木制品、橱柜及新型木制玩具等。

可取得性：板材及薄片皆容易取得。

价格：中价位。

9. 三角叶杨木

乳白色，偶尔带有深色花纹，有些微光泽，木理图案未必明显。加工性质相当好，但是砂磨容易起毛。

主要用途：家具零件、木心板、壁板装货容器、农业工具零件、木制工具及行李箱内部构件等。

可取得性：板材及薄片都容易取得。

价格：低价位。

10. 榆木

芯材红棕色到深棕色，边材狭窄，由灰白色到淡棕色。木理图案明显，材质重、硬，强度高，粗木理。

主要用途：家具、曲柄新型制品、木制工具容器及壁板等。

可取得性：薄片及板材有限。

价格：中价位。

11. 白枫木

边材非常白，芯材黄色或棕色，条状，坚硬，质重且强度高，耐创击且耐磨损；偶有轻淡绿灰色之矿质纹路。木纹紧密，纹理均匀，抛光性佳。涂装，包括涂亮漆，效果良好。硬枫是典型直线纹路，但有些硬枫木会产生独特的图案，如雀眼、提琴背与卷曲的条纹，在特殊的应用上具有优势。

主要用途：家具、固定家具木制品、橱柜及新型制品。硬枫有不错的加工特性，使其能广泛应用于家具、运动器材和车件。常用于地板施工，如运动地板与保龄球球道等。因为没有味道，可在加工工厂规格化切割。

可取得性：板材及薄片皆容易取得。

价格：中高价位。

12. 红枫木

粉红白色，从边材开始有明显斑点。平淡的木理图案，容易起毛。红枫木指芯材，可取得性较有限。木材红棕色具有暗条纹，通常纹饰富丽。红枫木具有中等重量、硬度及紧密的木理，但是强度不高。主要用作壁板及制造橱柜。

主要用途：家具及橱柜。

可取得性：板材及薄片皆取得容易。

价格：中价位。

13. 朴木

为榆科之一属，朴树材质黄色，具有明显木理，与白腊木相似。材质为粗木理，重及中等硬度。

主要用途：家具、壁板橱柜、固定装置新型质品及容器。

可取得性：薄片及板材容易取得。

价格：中价位。

14. 山核桃木

山核桃是美国东部阔叶树林的重要树种，山核桃的材质十分重、硬，强度及刚性高。耐冲击，收缩率大。

主要用途：家具、壁板、木制品、曲柄、把柄及滑雪板等。

可取得性：板材及薄片容易取得。

价格：中价位。

15. 硬槭木

所有硬槭的材质都相近。芯材为乳白至淡红棕色。边材薄，白色带轻微红棕色。材质重，强度高，具刚性，耐冲击，干燥时收缩率大。染色容易，砂磨性质良好。

主要用途：家具、墙板、地板、固定家具、木工艺品、曲柄、把柄及运动器材等。

可取得性：板材及薄片皆容易取得。

价格：中高价位。

16. 软槭木

所有的软槭材质皆相近，并且约比硬槭软25%，具有和硬槭相同的用途及涂装性质。极适合亮漆涂装及棕色色调。

主要用途：板材、壁板、家具及橱柜。

可取得性：板材及薄片均容易取得。

价格：中价位。

17. 红栎木

由于土壤及气候条件的不同，使得红栎木的材质颜色多变。木材组织、密度、平均长度及宽度在生产区域间也不同。由于变化的范围极大，因此，建议使用者与供应者密切配合，以确定自己所买的木材是否为自己所需。红栎木材质为多孔质，因此，不适合做密闭桶。质重、硬，强

韧及耐冲击，干燥时收缩率大，芯材耐腐性低，可以染成多种涂装色调。

主要用途：建筑内装、壁板、家具、地板、制材品、箱、条板箱、首饰箱、棺材、板材、把柄、农具、船及木制品等。

可取得性：板材及薄片均容易取得。

价格：高价位。

18. 白栎木

所有的白栎木皆重，非常硬且强度高。木质线比红栎木的木质线显著并且更长。芯材的管孔对液体为不透性，适合做密实桶。白栎木的颜色、组织、含水率、平均长度及平均宽度，同样会因生长区域及生育地条件而有所变化。因此，建议使用者与供应商密切联系，以确定自己所买的木材是最适合自己所需的。

主要用途：建筑内装、壁板、家具、地板、制材品、板材、把柄、箱子、板条箱等。

可取得性：板材及薄片均容易取得。

价格：高价位。

19. 金黄榆木

淡棕色，木理图案有点像白腊树。芳香材质，软、轻、弱且脆。

主要用途：壁板、家具新型制品，篱笆支柱、桶子内层等。

可取得性：板材有限，薄片稀少（由于需求低）。

价格：中价位。

20. 梧桐木

近乎白色至淡红棕色。组织紧密，具有交错木理。中等重量、硬度、强度、刚性及冲击抵抗。旋切及静曲强度性质良好。

主要用途：壁板、内装板材、家具构件、桶板、地板、把柄及贴面板等。

可取得性：板材及薄片均容易取得。

价格：低价位。

21. 鹅掌楸木（图5-8）

鲜黄色，有时候带点绿色，偶尔带非常暗的线条。组

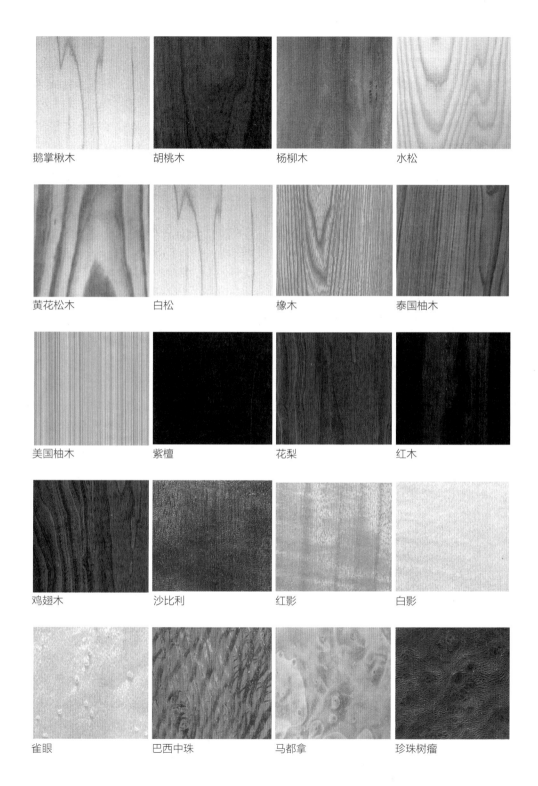

鹅掌楸木　　　胡桃木　　　杨柳木　　　水松

黄花松木　　　白松　　　橡木　　　泰国柚木

美国柚木　　　紫檀　　　花梨　　　红木

鸡翅木　　　沙比利　　　红影　　　白影

雀眼　　　巴西中珠　　　马都拿　　　珍珠树瘤

图5-8

织均匀、木理通直。中等偏下的重量、刚性、冲击抵抗、静曲强度及压缩强度。干燥时，收缩率中上。但是干燥并不困难，能保持安定性。钉合时，有些微开裂趋向，涂装及保漆力、涂亮漆及染色效果都极好。由于此类木材具有许多令人满意的特性，所以适合许多重要用途。

主要用途：家具内部构件、箱子、板条箱，内装材料、室外壁板、薄片，木心板及底板、乐器及固定材料等。

可取得性：板材及薄片均容易取得。

价格：中价位。

22．胡桃木

胡桃木具有中等重量、硬度、强度、刚性及很好的耐冲击。木理从不明显到非常明显。芯材在阔叶树种中为耐久性最好的之一。胡桃木十分适合手工或机械加工。都十分良好涂装及保漆或染色性能都非常好，砂磨及胶合性良好。由于木理、颜色及性能卓越，涂装十分好看。颜色有淡灰棕色或美丽的巧克力棕色和紫棕色等。

主要用途：板材、壁板、门橱柜、饰条及地板等。

可取得性：板材及薄片均容易取得。

价格：高价位。

23．杨柳木

灰黄白色到暗棕色。中等重量，轻及软，强度冲击抵抗高，保钉力低，但不易钉裂。加工、胶合、涂装、染色性良好。干燥时收缩率大，耐久性差。

主要用途：箱子、板条箱、木制品及玩具等。

可取得性：板材有限，薄片稀少（需求低）。

价格：低价位。

24．水松

水松的材质颜色、重量及耐久性是变化极大的一种。边材为淡黄白色，芯材由浅到暗红棕色。树油可使其暴露在会引起腐朽的高湿条件下，也具有良好的耐久性。

主要用途：室内饰板、内墙板、壁板、梁及柱等。

可取得性：板材及薄片均容易取得。

价格：中价位。

25．黄花松木

南方黄松可以从宽的黄白色边材及窄的红棕色芯材加以鉴别。图案由素净到多节皆有。中等重量，硬度、强度、强韧、抗冲击性中等。

主要用途：框架、覆板、地板下层、托梁、内装材料、建筑内装及家具等。

可取得性：板材及薄片均容易取得。

价格：中价位。

26．白松

淡乳白到淡红棕色的芯材，黄白色的边材。质轻，木理通直，加工容易，强度不算高。

主要用途：橱柜、内装材料及木制品等。

可取得性：板材及薄片均容易取得。

价格：中价位。

27．橡木

边材是苍白色，芯材从淡粉红变化到深红棕色。橡木制材，孔隙多，且有生动的条纹。有时板料或许有暗黄色纹，此乃树木自然生长时产生，这种情形在切割时是被允许的。偶尔会有微细红粉的针状树节出现。非常坚硬与强韧，车切性容易，砂磨性良好，且有不错的挠曲性。具有非常明显的粗木理条纹与耐冲击性。橡木对木工与消费者而言，是最受欢迎之阔叶材。明显的纹理可吸引注意，凸显橡木有别于其他树种的外观特征。

主要用途：从地板到家具、橱柜，橡木可做成家居制品广泛应用等。

可取得性：板材及薄片均容易取得。

价格：中、高价位。

28．泰国柚木

落叶乔木，木材暗褐色，坚硬，耐腐蚀，纹理明显，涂装及保漆力、涂亮漆及染色都极好。产于泰国及东南亚等地。

主要用途：用于造船、车、家具等，也供建筑用。

可取得性：板材及薄片均容易取得。

价格：中、高价位。

29. 美国柚木

落叶乔木，木材黄褐色，纹理通直明显，重量、硬度、强度、强韧、冲击抵抗中等。产于美洲等地。

主要用途：室内饰板、内墙板、壁板、木制品及玩物等。

可取得性：板材及薄片均容易取得。

价格：中价位。

30. 紫檀

紫檀在中国被普遍认为是最高级的家具制作木料。该木异常坚硬，有粗而密的纹理和光亮的表面。它的颜色由于存在一种有色物质"紫檀素"而呈红褐色或红色。紫檀不产于中国，而生于印度和其他热带岛屿森林中。它的颜色呈红黑，布满细腻的脉纹，看起来似乎上过漆。它非常适用于制家具和最高级的细木工。用它制作的各种器物都被人们珍爱。紫檀木是一种具有沉重感，纹理致密，富有弹性和异常坚硬的木料，几乎没有花纹。经过打蜡、磨光和好几个世纪的氧化，木的颜色已变成褐紫或黑紫，其完整无损的表面发出艳丽的缎面光泽。直径10cm的木料，需要生长千年，所以有寸檀寸金之说。

主要用途：家具、橱柜、内装材料及木制品等。

可取得性：板材及薄片均容易取得。

价格：高价位。

31. 黄花梨

又称降香黄檀，自宋朝或甚至更早以来，直到清朝初期，高级花梨木一直是制造日用家具的常用原料。心木深红褐色，边材粉褐色，纹理致密，质地细腻，硬而且重；风干后只有很少的径向裂缝。主要产于云南、广东等地。黄花梨家具的颜色带有如同从金箔反射出来的那种闪闪金光，在木材的光滑表面上洒上一片奇妙的光辉。其木料作琥珀色，纹理致密并带有节疤；它有深色的条纹和一种清楚而有时奇特的线性花纹。可以说，文人自身的情怀以及对黄花梨木的理解一点一滴地渗透在家具中，从每一处细节中体现出来，形成了黄花梨这种

材质的文人化倾向。

主要用途：家具、橱柜、内装材料及木制品等。

可取得性：板材及薄片均容易取得。

价格：高价位。

32. 红木

红木木材生长在孟加拉、印度阿萨密、孟买和缅甸的潮湿森林中。此木有时被称为"紫檀木"或"珊瑚木"，其色深红，纹理致密，木质沉重。各种"黑檀"中有一种在市场上也称为"红木"。具体地说，即所谓的印度花梨木（印度黄檀，孟买黑木）。关于这种木材，我国海关出版物描述为"主要产于印度，是一种红褐色或紫褐色中夹黑色条纹的木料，带芬芳的玫瑰香味……以及均匀但粗而开放的纹理。主要用来制作高级家具。"芯木部分是商业上有用的木材，颜色红褐，暗红至深红，或紫红，有时中夹黑条。红木很光滑，纹理致密，触感凉，相当硬而非常耐久，略带芳香易于加工，能磨出光亮，主要用来制作家具。

主要用途：家具、橱柜、内装材料及木制品等。

可取得性：板材及薄片均取得容易。

价格：高价位。

33. 鸡翅木

在我国制柜工匠所用的硬木中，鸡翅木最为坚硬。其固有强度比西方哥特和文艺复兴时代的家具使用的橡木更佳。优等的鸡翅木具有特殊而古怪的花纹，较浅的颜色和非常明显的纹理。它的灰褐色有众多色调，随年代而加深，并可能在几个世纪的暴露之后转变为深咖啡色。"鸡翅木"这个大众化的名词似乎是指这种木材特有的灰褐色和黑斑条。木料带红色，斑纹美丽，质硬而重，是用作家具和雕刻的最贵重的木材之一。

主要用途：家具、橱柜、内装材料及木制品等。

可取得性：板材及薄片均取得容易。

价格：高价位。

34. 沙比利

大乔木，生长于西非、中非和东非。木纹交错，有

时有波状纹理，在四开锯法加工的木材纹理处形成独特的鱼卵形黑色斑纹；疏松度中等，光泽度高；边材淡黄色，芯材淡红色或暗红褐色。重量、弯曲强度、抗压强度、抗震性能、抗腐蚀性和耐用性中等。韧性、蒸汽弯曲性能较低。加工比较容易，尽管由于交错木纹，其表面可能会在刨削过程中开裂；胶粘、开榫、钉合的性能良好；上漆等表面处理的性能良好，特别是在用填料填充孔隙之后。

主要用途：普通家具、细木家具、装饰单板、镶板、地板、室内外连接用木构件、门窗基架、门、楼梯、船具等交通工具和钢琴面板等。

可取得性：板材及薄片均容易取得。

价格：中价位。

35. 人造影木板（红影、白影）

此木料处理方法包括①蒸煮，②旋切或刨切，③化学处理，④干燥，⑤材料选等修整，⑥涂胶，⑦专业模具压型，⑧干燥成型。人造影木板和现有的木板相比有以下优点：人造影木和自然原木的各种特性相同，但它无虫眼、死节、变质、变形、不招虫；人造影木物理结构、层状结构、密度等和自然原本相同，静曲强度优于自然原本；它可以按设计者的设计，变幻出各种不同形状，不同纹理，逼真于珍贵而稀少的天然原木。

主要用途：家具、橱柜、内装材料及木制品等。

价格：中价位。

36. 树瘤

中国古代称树因病而生成的树瘤为瘿。一般木材局部长瘤并不足为奇，但少数名贵木材长出的瘤较大，有的

三、木材干燥

树木在生长过程中，不断吸收水分，因此，伐倒的树木水分含量一般都大，经过运输、堆存，水分虽然有所减少，但由于原木体积较大，水分不易排出。这种潮湿的木材制成的产品，将会由于干缩产生开裂、翘曲等变形。另

甚至整株树都长成空芯，全部营养集中到树瘤上，这种树瘤内部的纤维组织产生了变化，形成各种不同的美丽的花纹，我们将其称之为"瘿木"。瘿木的品种有很多。诸如：桦木瘿、枫木瘿、柏木瘿、花梨瘿等，其中以花梨瘿最为名贵。有些传世的古典红木家具的面板就是以这种瘿木制作的。瘿木纹理华美，不宜变形且十分稀有，因此是一种非常名贵的装饰用材。

主要用途：室内饰板、家具镶嵌、木制品及玩物等。

价格：高价位。

37. 沉香木

沉香木是瑞香科植物，白木香或沉香树等树木的干燥木质部分，又被称之为白木香与土沉香等，是一种富含树脂的树木，属于常绿乔木，且树木本身又带有香气，主要可以分为奇楠沉香、印度沉香、马思考沉香等8个品种，在世界上很多地方用来熏香燃烧、香料提取、加入酒中，或直接雕刻成装饰品，入药主要是以富含树脂的干燥芯材为主。沉香木自古以来就是非常名贵的木料，室内装饰中常用于工艺品装饰，也是木质工艺品中最上乘的原材料之一（图5-9）。

主要用途：医用、工艺品装饰、美容及玩物等。

图5-9

外，时间长了，也容易腐朽、被虫蛀，在使用中容易发生变形、开裂、弯曲，出现瓦片状等质量问题，其产生的原因是多样的，主要是干燥处理不到位。木材干燥处理是一项复杂的工艺，处理得好与坏，对木制品质量影响颇大。一般优质的木制品都先经过较长时间的自然干燥，然后再进行人工的除湿干燥。不同质的木材干燥工艺是不尽相同的，如果没有先进的设备，较大的场所和熟练的操作技术，即使经过干燥处理，最终还是会出现上述质量问题的。①木制品受水分侵蚀。经过干燥处理的木制品，如果封闭不全，受水分侵蚀后，就会膨胀，因此木制品未油漆前不要在空气中暴露时间过长。铺设地板时，要注意底部防潮处理。②材质瑕疵。一般为虫蛀、双色、变质、裂纹，较容易发生于木材的中心及边缘。所以板、方材都必须经过干燥处理，将含水率降到允许范围内，再加工使用。

水平堆积法

井字堆积法　　　　　　　　　三角交叉平面堆积法

图5-10

（一）天然干燥法

木材天然干燥是利用自然条件——阳光和空气流动（风）来干燥木材的。天然干燥不需要什么设备，只要将木材合理地堆放在阳光充足和空气流通的地方，经过一定时间就可以使木材得到干燥，达到家具生产所要求的含水率。此法成本低，但天然干燥因受气候条件的影响，干燥时间较长，干燥后的含水率不可能低于各地各月的平衡含水率，其木材收缩率比人工干燥小。天然干燥的木材，因长期暴露在空气中，木材中的水分逐渐蒸发，与大气取得平衡，因而其内部应力较小，使用时不易翘曲和变形，比人工干燥的有优势。

天然干燥木材，质量的好坏和速度的快慢与是否合理堆积有很大的关系，一般堆积方法有水平堆积法、三角交叉平面堆积法、井字堆积法等（图5-10）。

干燥时间随气候条件、树种和规格不同而不一样。薄板和小规格料采用天然干燥比较理想。在夏季，一般20～30mm厚松木板，含水率从60%降至15%，约需10～15天，而同规格水曲柳则需20天。较厚的硬杂木要半年甚至更长时间。在冬季，时间要加长。

（二）人工干燥法

窑干（室干、炉干）：即把木材放在保暖性和气密性都很完好的特制容器或建筑物内，利用加温、加热设备人工控制介质的湿度、温度以及气流循环速度，使木材在一定时间内干燥到指定含水率的一种干燥方法（图5-11）。

1. 烟熏干燥法

利用锯末、刨屑、碎木料燃烧产生的热烟来干燥木材。此法只要湿度控制得好，含水率即可达到要求，干燥变形也较小。但使用此法木材表面易发黑，影响美观。

2. 热风干燥法

用鼓风机将空气通过被烧热的管道，热风从炉底风道均匀吹进炉内，经过材堆又从上部吸风道回到鼓风机，这样往复循环把木材中的水分蒸发出来。此法干燥迅速。

图5-11

3. 蒸汽加热干燥法

是以蒸汽加热窑内空气，再通过强制循环把热量带给木材，使木材水分不断向外扩散。这种蒸汽加热干燥法，窑内温、湿度能控制，干燥时间亦短。

4. 过热蒸汽干燥法

是以常压过热蒸汽为介质，采用强制循环气流，对木材进行高温快速处理。这种干燥方法要求有很好的密闭条件，窑内设有蒸汽加热器，使木材迅速干燥，质量较好。

（三）其他干燥法

1. 远红外线干燥法：利用远红外线使物体升温，加速干燥。

2. 高频电解质干燥法：以木材为电解质，使木材从内部加热，蒸发水分。

3. 微波干燥法：利用微波使木材内部水分子极化，并产生热量，使木材干燥。

4. 太阳能干燥法：将空气晒热后传导至窑内，吸收木材水分使之干燥。

四、木材装饰制品

木材装饰的最大特点表现为可以营造出一种特殊的环境气氛。按木材在室内装饰部位，分为地面装饰、内墙装饰和顶棚装饰。目前，广泛应用的木装饰制品种类繁多，以下分类进行介绍。

（一）木材按供应形式分类

1. 原条：是树木去除根、树皮但未按标定的规格尺寸加工的原始材。一般用于脚手架。

2. 原木：在原条的基础上，按一定的直径和规格尺寸加工而成的木材。直接做房梁、柱、椽子、檩子等。

3. 锯材：可将锯材加工成板材和木方。

（二）木骨架材料

木骨架材料是木材通过加工而成的截面为方形或长方形的条状材料，是室内装饰工程的骨架材料，用于顶棚、隔墙、棚架、造型、家具的骨架，起固定、支持和承重的作用。木龙骨材料来源：用原木开料，加工成所需规格木条；用普通锯材（厚板）再加工成所需规格木方；市场上已开成规格的木方。木骨架材料可分为硬质木料骨架和轻质木料骨架两类。

1. 内木骨架

也称木龙骨，俗称为木方，可以分为吊顶龙骨、竖墙龙骨、铺地龙骨以及悬挂龙骨等。木龙骨最大的优点就是价格便宜且易施工。但木龙骨自身也有不少问题，比如易燃，易霉变腐朽。在作为吊顶和隔墙龙骨使用时，需要在其表面再刷上防火涂料。在作为实木地板龙骨使用时，则最好进行相应的防霉处理。木龙骨主要由松木、椴木、杉木等树木加工成截面长方形或正方形的木条。木龙骨有多种型号，用于撑起外面的装饰板，起支架作用。顶棚的木龙骨一般松木龙骨较多，常见规格都是4m长，有2cm×3cm的、3cm×4cm的、6cm×4cm的，等等（图5-12）。

2. 外木骨架

装饰工程中有些外露式栅架、支架、高级门窗及家具

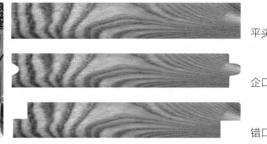

平头

企口

错口

图5-12   图5-13   图5-14

的骨架，要求木质较硬，纹理清晰美观。用料时选用的木材、树种为：水曲柳、柞木、桦木、榉木、柚木、核桃楸、红木等（图5-13）。

（三）木地板

木地板分实木条板面层地板、实木拼花面层地板、实木复合地板、强化复合地板等四种，近年强化复合地板使用较普遍。

1. 实木条木地板

实木地板属于高级装饰，由于选用树种和施工工艺不同，其产生的装饰效果也不同，每平方米的木地板造价在100～1000元之间。实木条木地板具有木质感强、弹性好、脚感舒适、美观大方、减弱声响和吸收噪声的特性。适当的弹性，可缓和脚部的重量负荷，使人不易疲劳。有自然调节室内湿度与室内温度的功能；不起灰尘，给人舒适感受等特点。实木地板种类：

①高档有柚木、枫桦、金丝木、山毛榉、花梨木、银橡木、樱桃木等。

②中档有水曲柳、柞木、椴木等。

③普通有松木、杉木等。

实木地板的形状和厚度：条板的宽度一般不大于120mm，板厚20～30mm。按照条木地板铺设要求，条木地板拼缝处可做成平头、企口或错口（图5-14）。

按条木地板构造，分实铺与空铺两种。实铺时要求铺贴密实，防止脱落，因此，应特别注意控制好条木地板的含水率，基层要清洁，木板应作防腐处理（图5-15）。

图5-15 实铺木地板   图5-16 空铺木地板

实铺木地板高度小、经济、实惠。空铺木地板由木基层（地垄墙、垫木、木格栅、剪刀撑、毛地板）和面层构成（图5-16）。

实木条木地板适用于体育馆、练功房、舞台、高级住宅等的地面装饰。尤其经过表面涂饰处理，既显露木材纹理又保留木材本色，给人以清雅华贵之感。

实木条木地板的选料原则：

①检查木材是否同一种树种，色差是否明显，有无天然缺陷。

②检查地板含水率，应为8%～13%，否则极易翘曲变形。

③检查加工精度，首先看地板表面外观质量，注意光洁度（有无气泡、麻点，漆膜是否饱满），板面应平整光滑，纹理清晰。再看地板加工尺度，薄厚是否一致（误差应小于0.5mm），接缝不应大于0.2mm，拼成正方形检测（误差应小于1mm）。最后检查表面硬度，用指甲稍用力划刻不应有痕迹。

2. 实木拼花木地板

实木拼花木地板是用阔叶树种中水曲柳、柞木、核桃木、榆木、柚木等质地优良、不易腐朽开裂的硬木材，经干燥处理并加工成条状小板条，用于装饰室内地面的一种较高级的拼装地面材料。

铺设时，通过条板不同方向的组合，可拼装出多种美观大方的图案花纹，在确定和选择图案时，可依据用户的喜好和室内面积的大小综合考虑，常用的几种固定图案有清水砖墙纹、席纹、人字纹和斜席纹等。

实木拼花木地板坚硬而又富有弹性，耐磨而又耐朽，不易变形且光泽好，质感好，纹理美观，具有温暖清雅的装饰效果。

实木拼花木地板适用于高级楼宇、宾馆、别墅、会议室、展览室、体育馆等地面的装饰。也可根据加工条板所用的材质好坏，将该地板分为高、中、低三个档次。高档产品适用于三星级以上中、高级宾馆，大型会堂等的地面装饰。中档产品适用于办公室、疗养院、托儿所、体育馆等地面装饰。低档适用于各类民用住宅的地面装饰。

双层实木拼花木地板是将面层小板条用暗钉钉在毛板上。单层实木拼花木地板是采用适宜的粘结材料，直接粘在混凝土基层上。无论双层或单层，铺设时宜从室内中心开始，按照设计图案及板的规格，结合室内的具体尺寸画出或弹出垂直交叉的棋格线，铺第一块位置要正确，其余按设计依次排列，纹理及木色相近者铺在室内显眼或经常出入的部位，稍差的铺在边框或门背后等隐蔽处，做到物尽其用。之后均须刨平、磨光、刷漆，以突出装饰效果。

3. 实木复合地板

采用两种以上的材料制成，既有实木地板的优点，又降低了成本。表层采用5mm厚实木，由榉木、柚木、桦木、水曲柳、柞木等构成。中层由多层胶合板或中密度板构成。底层为防潮平衡层经特制胶高温及高压处理而成。结构形式和拼花较多，具有不同的装饰效果（图5-17）。

4. 强化复合地板

由三层材料组成，面层由一层三聚氰胺和合成树脂组成。具有防潮、耐火、耐磨等功能，耐磨起点一般为6000~8000转。中间层为高密度纤维板，防潮湿，能确保地板外观平整性和尺寸稳定性。底层为涂漆层或纸板，有防潮、平衡拉力之功效。实木地板会随季节的转变而干缩湿涨，翘曲变形，有时裂开，地板之间的隙缝容易藏污纳垢。其天然色差也无法避免，安装烦琐。更需要定期为地板打磨和上油，保养复杂。近年来，强化复合地板的出现为上述所有问题提供了解决的办法，并且逐渐代替了实木地板。常见规格为120cm×19.5cm×0.8cm（图5-18）。

5. 实木复合地板与强化复合地板安装方法

（1）悬浮式

①为了达到最佳防潮、隔声效果，复合地板应铺设在

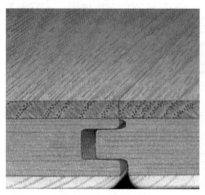

图5-17　实木复合地板

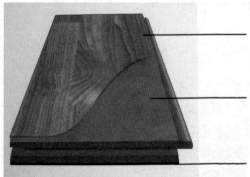

图5-18　强化复合地板

1. 面层：
由一层三聚氰胺和合成树脂组成。具有防潮、耐火、耐磨等功能，耐磨起点一般为6000~8000转。

2. 中间层：
为高密度纤维板。防潮湿，能确保地板外观平整性和尺寸稳定性。

3. 底层：
涂漆层或纸板。有防潮，平衡拉力之功效。

聚乙烯膜上，而不适合直接铺在地面上。铺设聚乙烯膜前，地面要保证洁净、平坦、干燥。聚乙烯膜接口处至少要有20cm的重叠，并用防水胶带纸封好。

②第一块板的凹企口朝墙，地板与墙壁间插入木（塑）楔，使其间有8mm左右的伸缩缝。为保证所铺地板的质量，木（塑）楔应在整幅地板安装12小时后再拆除。

③把胶水连续均匀地涂在两边的凹企口内以确保每块地板之间紧密粘连。用湿布擦去安装时板块间挤溢出的胶水，达到最佳粘结效果。

④用锤子和硬木块轻敲已安装好的板块，使之尽量粘紧。注意不要损坏凸企口。在铺设最后一块地板时，把板条放置在前一块板上，凸企口方向保持一致，再叠放一凸企口顶齐墙面的板条。锯之前要注意墙壁与地板间留有8mm左右的伸缩缝。

（2）胶粘式

①在混凝土地面上满刮地板胶，地板胶有粘结、隔潮、降低噪声等作用。刮胶前，地面要保证洁净、平坦、干燥。

②第一块板的凹企口朝墙，地板与墙壁间插入木（塑）楔，使其间有8mm左右的伸缩缝。为保证所铺地板的质量，木（塑）楔应在整幅地板安装12小时后再拆除。

③安装第二排时应首先使用第一排锯剩下的那一块，为确保整幅地板的稳固性，此块板不能短于20cm。

④用锤子和硬木块轻敲已安装好的板块，使之尽量粘紧。注意不要损坏凸企口。在铺设最后一块地板时，把板条放置在前一块板上，凸企口方向保持一致，再叠放一凸企口顶齐墙面的板条。锯之前要注意墙壁与地板间留有8mm左右的伸缩缝。

（3）打钉式

①在原建筑地面满铺一层专用衬板或大芯板。

②第一块板的凹企口朝墙，地板与墙壁间插入木（塑）楔，使其间有8mm左右的伸缩缝。为保证所铺地板的质量，木（塑）楔应在整幅地板安装12小时后再拆除。

③为确保地板整齐美观，建议用细绳由两边墙面拉直，并在墙边用合适的木（塑）楔对每块板条加以调整。

④用专用射钉器将实木复合地板或强化复合地板与衬板连接。在铺设最后一块地板时，把板条放置在前一块板上，凸企口方向保持一致，再叠放一凸企口顶齐墙面的板条。锯之前要注意墙壁与地板间留有8mm左右的伸缩缝。

6. 实木复合地板与强化复合地板配件材料

（1）墙角板

墙角板使墙壁与地板和谐美观地衔接，有曲线或直线设计。比较大胆的用户也可以尝试不同颜色的墙角板，制造鲜明抢眼的效果，引人注目。墙角板非常耐用而且容易清理，也备有多种配搭颜色和设计可供选择（图5-19）。

（2）卷状墙角线

在一些不适合使用墙角板的地方，如某些旧房屋或旧公寓，卷状墙角线就能够派上用场，使墙壁与地板之间能够顺畅地衔接。卷状墙角线有多种不同颜色的叠压面层可供选择（图5-20）。

（3）收口角线

收口角线可以使用于门槛、不同高度的地板或不适合使用墙角板的墙角。收口角线各有多种颜色配搭的叠压面层，以及铝色、金色和褐色等三不同的铝制品可供选择（图5-21）。

（4）过渡角线

过渡角线是用来连接地板与其他地板或材料，确保衔接顺畅美观。过渡角线有三种不同颜色的铝制品和多种不同颜色的叠压面层可供选择（图5-22）。

（5）伸缩角线

在没有门槛的入口处或在铺设面积很大（超过12m长或8m宽）的地方时，需要用到伸缩角线。它能使地板随着温度与湿度的变化而灵活收缩膨胀。角线有银色、金色和褐色等三种铝制品，也有多种不同颜色配搭的叠压面层可供选择（图5-23）。

（6）梯级角线

当在梯级或不同高度的地方铺设地板时，可以使用梯级角线。梯级角线备有多种与地板配搭的叠压面层，也有三种不同颜色的铝制品（图5-24）。

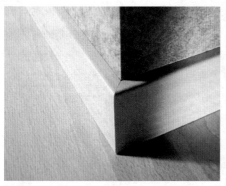

图5-19

图5-20

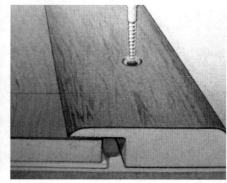

图5-21

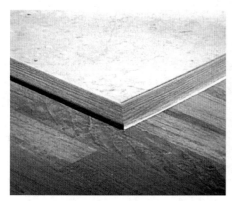

图5-22

图5-23

图5-24

（7）竹材地板

加工工艺与传统意义上的竹材制品不同，它是采用中上等竹材，经严格选材、制材、漂白、硫化、脱水、防虫、防腐等工序加工处理之后。再经高温、高压热固胶合面成的。

相对实木地板，它有它的优劣。竹木地板耐磨、耐压、防潮、防火，物理性能优于实木地板，抗拉强度高于实木地板而收缩率低于实木地板，因此铺设后不开裂、不扭曲、不变形起拱。但竹木地板强度高、硬度强，脚感不如实木地板舒适，外观也没有实木地板丰富多样。它的外观是自然竹子纹理，色泽美观，顺应人们回归自然的心态，这一点又要优于复合木地板。因此价格也介乎实木地

板和复合木地板之间（图5-25）。

（8）亚麻地板

亚麻，是一种很好的天然植物，是人类最早使用的天然植物纤维，距今已有一万年以上的历史。亚麻是纯天然纤维，具有吸汗、透气性良好和对人体无害等显著特点，亚麻地板就是用这种天然的植物制作而成的地板（图5-26）。

亚麻地板是弹性地材的一种，它的成分为：亚麻籽油、石灰石、软木、木粉、天然树脂、黄麻。天然环保是亚麻地板最突出的特点，具有良好的耐烟蒂性能。亚麻目前以卷材为主，是单一的同质透心结构。

（四）计算机房活动地板

计算机房的活动地板主要是为了满足计算机房的特殊

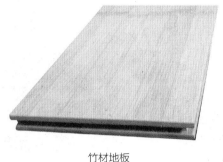

竹材地板

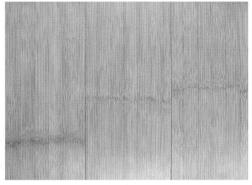

图5-25

图5-26

功能要求，如抗静电，便于通风，便于走线等，同时也具有装饰功能。抗静电复合活动地板可用于计算机机房、通信机房及其他电子设备机房（图5-27）。产品主要特点为：

1. 地板表面平整、坚实，耐磨、耐烫、耐污染、耐老化，防潮性能优越。

2. 采用特殊工艺封边、封底，外观美观雅致、工艺精湛。

3. 方便安装与更换，承载强度高，具有良好的机械性能和抗静电性能。

4. 设备检查维修、扩充与更新方便，并为计算机系统散热提供了理想的静压风库。

（五）幻彩镶嵌木花边

幻彩镶嵌木花边是一种古老的装饰工艺，是在珍贵木材的薄片上，切割出不同装饰的图案，并同时提取木材自然色和结构上最精华的部分组合而成。慎选木材加上精确的设计和无瑕无疵的技巧，这就是嵌花所给予的古朴典雅和人性化的特质。

幻彩镶嵌木花边具备不同之色泽，镶嵌后产生不同的色调对比，创造产品附加价值。所有使用之木料皆经过长时间自然干燥，花色多，富于变化，容易搭配不同之基材。可定做圆形或弯形。

幻彩镶嵌木花边适合与原木、木皮、耐火板搭配使用。适用于住家、饭店、办公室、商业空间、休闲场所之

图5-27

门板，高级家具、橱柜、桌面、壁面等。可单支使用或并排使用（图5-28）。

幻彩镶嵌木花边的安装：

1. 按所要使用的幻彩木花边的宽度，用雕刻机在表面材料上剔出1mm深的凹槽。

2. 用强力胶或白胶将幻彩木花边嵌入。

3. 用100～120号细砂磨平。

4. 表面涂上透明漆即可。

（六）胶合板

胶合板是把多层薄木片（厚1mm）胶合而成的，薄

图5-28

图5-29　　　　　图5-30

木片是旋刨木材切削出来的，胶合板中相邻层木片的纹理互相垂直，以一定奇数层数的薄片涂胶后在常温下加压胶合。三层的叫三夹板，也可以做五、七、九、十一层等。胶合板的特点是面积大，可弯曲，两个方向的强度收缩接近，变形小，不易翘曲，纹理美观（图5-29）。

（七）纤维板

纤维板是将树皮、刨花、树枝干、果核皮等废材，经破碎浸泡、研磨成木浆，使其植物纤维重新交织，再经湿压成型，干燥处理而成。因成型时温度与压力不同，纤维板分硬质、中硬质和软质三种（图5-30）。

（八）刨花板

刨花板是将木材加工剩余物小径木、木屑等切削成碎片，经过干燥，拌以胶料、硬化剂，在一定的温度下压制成的一种人造板。按原料分为木材刨花板、甘蔗渣刨花板、亚麻屑刨花板、棉秆刨花板、竹材刨花板、水泥刨花板、石膏刨花板等；按表面分为未饰面刨花板（如砂光刨花板、未砂光刨花板）和饰面刨花板（如浸渍纸饰面刨花板、装饰层压板饰面刨花板、PVC饰面刨花板、单板饰面刨花板）；按用途分为家具、室内装饰等一般用途刨花板（即A类刨花板）和非结构建筑用刨花板（即B类刨花板）。装饰工程中使用的A类刨花板的幅面尺寸为1830mm×915mm、2000mm×1000mm、2440mm×1220mm、1220mm×1220mm；厚度为4mm、8mm、10mm、12mm、14mm、16mm、19mm、22mm、25mm、30mm等。A类刨花板按外观质量和物理力学性能等分为优等品、一等品、二等品。刨花板属于中低档次装饰材料，且强度较低，一般主要用作绝热、吸声材料，用于吊顶、隔墙、家具等（图5-31）。

（九）细木工板

细木工板又称大芯板，是由上下两层夹板，中间为小块木条压挤连接的芯材。因芯材中间有空隙，可耐热涨冷缩。特点是具有较大的硬度和强度，轻质，耐久易加工。适用于制作家具饰面板，亦是装修木作工艺的主要用材。细木工板规格：16mm×915mm×1830mm、19mm×1220mm×2440mm（图5-32）。

细木工板分类：

1. 芯材为整木块，中间留有一定的缝隙。

2. 芯材为每块不超过25mm宽，双层胶合板覆面。

3. 芯材宽度不超过每块7mm宽。

（十）饰面防火板

防火板是将多层纸材浸渍于碳酸树脂溶液中，经烘

图5-31

图5-32

图5-33

干，再以135℃的温度，加以8.27MPa的压力压制成。表面的保护膜处理使其具有防火防热功效，且防尘、耐磨、耐酸碱、耐冲撞，防水易保养，有各种花色及质感。一般规格有2440mm×1270mm、2150mm×950mm、635mm×520mm等，厚度1～3mm，亦有薄形卷材（图5-33）。

（十一）微薄木贴皮

微薄木贴皮系以精密设备将珍贵树种经水煮软化后，旋切成0.1～1mm左右的微薄木片。其纹理细腻、真实，色泽美观大方，是板材表面精美装饰用材之一。再用高强胶粘剂与坚韧的薄纸胶合而成，多做成卷材，具有木纹逼真、质感强、使用方便等特点。若用先进的胶粘工艺和胶粘剂，将此粘贴在胶合板基材上，可制成微薄木贴面板（图5-34）。

用于高级建筑室内墙面的装饰，也常用于门、家具等的装饰。由于内墙面距人的视觉较近，选用微薄木贴面板作饰面层时，应特别注意灯光照明对面层效果的表现，其目的是使天然花纹和立体感得到充分体现，以求得最佳质感并能更好地相互辉映。

（十二）镁铝曲板

镁铝曲板是在复合纸基上贴合电化铝箔，再将铝箔和纸基一并开槽，使之能卷曲。镁铝曲板能够沿纵向卷曲，还可用墙纸刀分条切割，安装施工方便，可粘贴在弧面上（图5-35）。

该板平直光亮，有金属的光泽，并有立体感，并可锯、可钉、可钻，但表面易被硬物划伤，施工时应注意保护。

可用于室内装饰的墙面、柱面、造型面，以及各种商场、饭店的门面装饰。因该板可以分条开切使用，故可作装饰条和压边条用。

镁铝曲板的品种规格：条宽有25mm、15～20mm和10～15mm三种；板幅面有1220mm×2440mm；颜色有古铜、青铜、青铝、银白、金色、绿色、乳白等。

（十三）涂饰人造板

在人造板表面用涂料涂饰制成的装饰板材。常用的基材为胶合板、刨花板、纤维板等。通常采用喷涂、淋涂、辊涂等方式涂布涂料。主要产品有直接印刷人造板、透明涂饰人造板和不透明涂饰人造板。涂饰人造板的生产工艺简单，板面美观、平滑、触感好、立体感较强，但质量及装饰效果较浸渍胶膜纸饰面人造板差。主要用于中、低档家具及墙面、墙裙、顶棚等的装饰（图5-36）。

（十四）塑料薄膜贴面装饰板

将热塑性树脂制成的薄膜贴在人造板表面制成的装饰板材。塑料薄膜经印刷图案、花纹并经模压处理后，有很好的装饰效果，但耐热性较差，表面硬度较低。目前使用的塑料薄膜有聚氯乙烯薄膜、聚酯薄膜、聚碳酸酯薄膜，但以聚氯乙烯薄膜最为常用。按所用基材的不同分为塑料薄膜贴面胶合板、塑料薄膜贴面纤维板、塑料薄膜贴面刨花板等。塑料薄膜贴面装饰板属于中、低档装饰材料，主要用于墙壁、吊顶等的装饰及家具等。

旋切（乱花）

平切（山纹）

1/4斜切（直纹）

图5-34　微薄木贴面板

图5-35（左）

图5-36（右）

图5-37

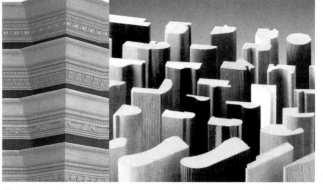
图5-38

（十五）仿人造革饰面板

仿人造革饰面板是在人造板材表面涂覆耐磨的合成树脂，经热压复合而成。该板平整挺直，表面亚光，色调丰富，具有人造革的质感，手感好。主要用于墙壁、墙裙等的装饰。

（十六）木花格

木花格是用木板和方木制作成具有若干个分格的木架，这些分格的尺寸或形状一般各不相同，由于木花格加工制作较简便，饰件轻巧纤细，加之选用木节少、木色好、无虫蛀、无腐朽的硬木或杉木制作，表面纹理清晰，整体造型别致，用于建筑物室内的花窗、隔断博古架等，能起到提高室内设计的格调，改进空间效能和提高室内艺术性等作用（图5-37）。

（十七）不燃木材

不燃木材是由木材边料与玻璃水经高温合制成。该材料遇火不燃，而其他性能也优于木材。主要用于建筑外立面、室内地面等处。不燃木材是今后木材的发展趋势。

（十八）木装饰线条

线条类材料是装饰工程中各平面相接处、相交面、分界面、层次面、对接面的衔接口、交接条等的收边封口材料。线条材料对装饰质量、装饰效果有着举足轻重的影响。同时，线条材料在室内装饰艺术上起着平面构成和线形构成的重要角色。线条材料在装饰结构上起着固定、连接、加强装饰表面的作用。木线条的品种规格繁多。从材质上分，有硬质杂木线、水曲柳木线、核桃木线等；从功能上分，有压边线、压角线、墙腰线、顶棚角线、弯线、柱角线等；从款式上分，有外凸式、内凹式、凸凹结合式、嵌槽式等。各类木线条立体造型各异，断面形状丰富。常用木线条的造型见图5-38。

木线条在各种材质中具有其独特的优点，这是因为它是选用质硬、木质细、耐磨、耐腐蚀、不劈裂、切面光滑、加工性质好、油漆着色性好、粘结性好、钉着力强的木材，经干燥处理后，用机械加工或手工加工而成。同时，木线条可油漆成各种色彩和木纹本色，又可进行对接、拼接，还可弯曲成各种弧线。木线条主要用作建筑物室内墙面的墙腰饰线、墙面洞口装饰线、护壁板和勒脚的压条装饰线、高级建筑门窗的镶边等。采用木线条装饰，可增添室内古朴、高雅、亲切的美感。

（十九）软木制品

软木（即栓皮）是以栓皮栎树种的树皮为原料加工而得的。我国的栓皮树种主要是栓皮栎和黄菠萝。栓皮栎树皮的外皮特别发达，质地轻软、富有弹性，厚的头道皮可达6cm，一般为2~3cm。它的主要特性是导热系数小、弹性好，在一定压力下可长期保持回弹性能，摩擦性好、吸声性强、耐老化。广泛应用在室内装饰领域，成为一种新型的装饰材料（图5-39）。

图5-39　　　　　　　　　图5-40

软木地板是软木片、软木板与木板复合制成。可按木地板的规格加工成块状、条状、卷材状。按复合方式分有木板作基层、软木板为装饰面层；软木板作基层、木板为装饰面层两种。后者既显示了木材颜色、纹理，又可获得舒适的脚感。软木壁纸分有纸基和无纸基两种，与PVC壁纸相比，采用软木纸作面层，其柔软性、弹性均优于PVC壁纸。此外，还有留言板、软木顶棚，均具有较好的吸声性。

（二十）竹材装饰材料

竹属于禾本科竹亚科植物，有1200余种。主要分布在中国及东南亚地区。竹生长比树木快得多，仅三五年时间便可加工应用，故很早就广泛地用于制作家具及民间风格装修中。竹材作为天然生长且具有与木材性质及外观类似的材料，近几年在装饰领域崭露头角。尤其是毛竹竿粗大端直、竹壁厚、材质坚硬强韧。常制成条木地板，板面光洁平滑、纹理细腻、清雅，条板带有企口，安装方便。用于居室地面铺设材料，则木质感强，弹性韧性好。冬暖夏凉，美观大方，高雅华贵，是目前理想的以竹代木的地板材料（图5-40）。

1. 竹的构造及物理力学性能

竹的可用部分是竹竿，竹竿外观为圆柱形，中空有节，两节间的部分称为节间。节间的距离，在同一竹竿上也不一样。一般在竹竿中部比较长，靠近地面的基部或近梢端的比较短。

竹竿有很高的力学强度，抗拉、抗压能力较木材为优，且有韧性和弹性。抗弯能力也很强，不易断折，但缺乏刚性。竹材的纵向弹性模数约为175000kg/cm^2，平均张力为1.75kg/cm^2。毛竹的抗剪强度，横纹为315kg/cm^2，顺纹为121kg/cm^2。

2. 竹材的处理

竹材为有机物质，故受生长的影响与自然的支配，必带来某些缺陷，如虫蛀、腐朽、吸水开裂、易燃和弯曲等，以致在实际应用中常会受到限制。

（1）防霉蛀处理

①用水100份，硼酸3.6份，硼砂2.4份，配成溶液，在常温下将竹材浸渍48小时。

②用水100份，加1.5份明矾，将竹材置溶液中蒸熏1小时。

③97～99份30%～40%酒精，加3～1份五氯酚，浸渍3~5分钟或涂刷处理。

（2）防裂处理

防止竹材干裂最简单的处理方法，是将竹材在未使用之前，先浸在水流中，经过数月后取出风干，即可减少开裂现象。经水浸后将竹材中所含糖分除去，减少菌、虫害。此外，用明矾水或石碳酸溶液蒸煮，也可达

图5-41

到防裂处理。

（3）表面处理

①油光：将竹竿放在火上全面加热，当竹液溢满整个表面时，用竹绒或布片反复擦抹，至竹竿表面油亮光滑即可。

②刮青：用镰刀将竹表面绿色蜡质刮去，使竹青显露出来，经刮青处理后的竹竿，色泽会逐渐加深，变成黄褐色。

③喷漆：用硝基类清漆涂刷竹竿表面，或喷涂经过刮青处理的竹竿表面。

（二十一）藤材装饰材料

藤材是椰子科蔓生植物。生长、分布在亚洲、大洋洲、非洲等热带地区。其种类有200种以上。其中产于东南亚的质量为最好。藤的茎是植物中最长的，质轻而韧，极富有弹性。群生于热带丛林之中。一般长至2m左右都是笔直的。故常被用于制作藤制家具及具有民间风格的室内装饰用面材（图5-41）。

1. 藤的种类

土厘藤：产于南亚。皮有细直纹，芯韧不易断，为上品。

红藤：产于南亚。色红黄，其中浅色为佳。

白藤：产于南亚。质韧而软，茎细长，宜制作家具。

白竹藤：产广东。色白，外形似竹，节高。

香藤：产于广东。是强大的藤本植物，茎长可达30m，韧性好。

2. 藤材的规格

①藤皮：是剖取藤茎表皮有光泽的部分，加工成薄薄的一层，可机械或手工加工取得。

②藤条：按直径的大小分类，一般以4～8mm直径的为一类；8～12mm、12～16mm，以及16mm以上的藤条为另外几类。各类都有不同的用途。

③藤芯：是藤茎去掉藤皮后剥下的部分，根据断面形状的不同，可分为圆芯、半圆芯（也称芯）、扁平芯（也称头刀黄、二刀黄）、方芯和二角芯等数种。

3. 藤材的处理

青藤首先要经过日晒，在制作家具前还必须经过硫黄烟熏处理，以防虫蛀。藤材主要有纤维性虫。对色质及质量差的藤皮、藤芯，还可以进行漂白处理。

将藤皮或藤芯放入第一溶槽漂浸16小时后，用清水冲洗一小时。第二溶槽先在清水中加入硅酸钠，搅拌均匀后再依次加入过氧化钠和过氧化氢。藤皮或藤芯在此糟内漂浸72小时，再用清水冲一小时。最后在草酸第三溶槽中漂浸3小时，并用清水冲洗2小时后，再晾干至90%（干燥程度），用硫黄熏一昼夜，即得漂白的藤皮和藤芯。

（二十二）欧松板

欧松板是一种新型环保建筑装饰材料，采用欧洲松木，在德国当地加工制造。它是以小径材、间伐材、木芯为原料，通过专用设备加工成40~100mm长、5~20mm宽、0.3~0.7mm厚的刨片，经脱油、干燥、施胶、定向铺装、热压成型等工艺制成的一种定向结构板材。其表层刨片呈纵向排列，芯层刨片呈横向排列，这种纵横交错的排列，重组了木质纹理结构，彻底消除了木材内应力对加工的影响，使之具有非凡的易加工性和防潮性。由于欧松板内部为定向结构，无接头、无缝隙、无裂痕，整体均匀性好，内部结合强度极高，所以无论中央还是边缘都具有普通板材无法比拟的超强握钉能力。欧松板依托化工王国——德国，所采用的胶粘剂始终保持世界领先地位，成品的甲醛释放量符合欧洲最高标准（欧洲 E1 标准），是目前市场上最高等级的装饰板材，也是真正的绿色环保建材，完全满足现在及将来人们对环保和健康生活的要求。

但它仍不能与天然木材相媲美，毕竟欧松板也是一种

图5-42

图5-43（左）

图5-44（右）

人造板。但是欧松板在带来环保的同时，解决了细木工板、胶合板、杉木指接板的很多问题，弥补了其蛀虫、变形、不稳定等缺陷。家庭装修时，如果经济条件允许欧松板是很好的选择，相对别的板材多花几百或者几千元，但是省去了日后很多的麻烦，对家庭的生活品质也是很大的提高。（图5-42）。

（二十三）防腐浸渍木

原木为来自芬兰的北欧赤松，生长于严寒地带，结构紧密，类似硬木，芯材部分具有天然防腐性。因此，防腐木的载药量较于其他速生林低，从而化学成分低，适合民用。根据欧标规定，防腐浸渍木在被批准使用之前，效力都经过测试，理论寿命20年以上的方可允许出售。

防腐浸渍木经过技术处理，可以抵抗真菌腐蚀，同时可以抵抗虫蛀和白蚁侵袭。主要用于地面装修，如栅栏板、地面板以及花架和建筑木材等（图5-43）。

（二十四）三聚氰胺饰面板

三聚氰胺饰面板是以优质刨花板和中密度纤维板为基材，采用低压短周期工艺，双面覆贴三聚氰胺浸渍纸而制成的人造板。分进口与国产两种，花色多达百种，有耐蒸汽、耐沸水、耐腐蚀、易清洗等特点。三聚氰胺饰面板广泛适用于制作家具、橱柜、地板、教学设备等产品，也广泛用于建筑、车辆船舶、室内装修等（图5-44）。

（二十五）木丝吸声板

木丝吸声板是由长纤维状木丝和特殊的防腐、防潮黏结物混合压模而成。具有时尚的外观，耐冲击，吸声和隔声效果好。可用作建筑物高档装修墙面及吊顶。木丝板的采用完全不同于传统密度板的成型工艺，完全杜绝了对人体产生危害的甲醛。质轻、安全：木丝板重量仅为传统木质吸声板的二分之一，最大限度减少了装饰吊顶和墙体的载重，使用更安全、更省工。

超强抗冲击：木丝板采用专利技术强化处理，具备极佳的耐久性、稳定性和抗机械损伤等特性。

保温、隔热、防潮：木丝板除了秉承木质吸声板优异的吸声功能外，更兼具屋顶的保温隔热、地板的保温防潮功能。

防火：B1级防火标准。

返璞美感：木丝板表面结构返璞归真，迎合欧洲回归自然的设计潮流，无须表面装饰，也可以任意涂抹色彩，具有丰富的美感。

应用范围：产品应用于对音质环境要求比较高的场所，展现高品位的公众形象，增添温暖和谐的商务及办公氛围。适用于建筑领域有大剧院、音乐厅、体育馆、银行、证券所、机场、星级宾馆、高级写字楼、会议厅、洽谈室、接待厅和各类文化娱乐场所等。

外形尺寸：600mm×600mm、600mm×1200mm、1200mm×2400mm；厚度：20mm，25mm（图5-45）。

（二十六）集成板

集成板是利用短小材通过指榫接长，拼宽合成的大幅面厚板材。它一般采用优质木材（目前用得较多的是杉木，所以俗称杉木板）作为基材，经过高温脱脂干燥、指接、拼板、砂光等工艺制作而成。它克服了有些板材使用大量胶水粘结的工艺特性。目前，此产品广泛流行，适用于各类中高档装修，同时也是室内装修最环保的装饰板材之一。

集成板的特性如下：

环保性：集成板材料是全优质木材，主要工艺是干燥、指接，用胶量仅为木工板的十分之七，是一种环保产品。

美观性：集成板是原质原味天然板材，木纹清晰，自然大方，有回归大自然的自然朴实感。

稳定性：集成板经过高温脱脂处理，再经榫接拼成，经久耐用，不生虫、不变形，还散发出木质淡淡的清香。

经济性：集成板表面经过砂光定厚处理，平整光滑，制作家居家具时表面无须再贴面板，省工省料，经济实惠。

实用性：集成板规格厚度有多种，制作家具时可分开使用厚度，既美观又省钱，适合各种装修使用。

外形尺寸：1200mm×2400mm厚度：20mm，25mm（图5-46）。

（二十七）护墙装饰板

护墙装饰板是近年来发展起来的新型装饰墙体的材料，一般分为凹凸与平板两种。大多采用木材、塑料等为基材，复合而成。护墙装饰板具有质轻，防火、防蛀，施工简便、造价低廉、使用安全、装饰效果明显、维护保养方便等优点。它既可代替木墙裙，又可代替壁纸、墙砖等墙体材料，因此使用十分广泛（图5-47）。

图5-45

集成板
图5-46

护墙装饰板
图5-47

图5-48

（二十八）碳化木

分为表面碳化木和深度碳化木。

表面碳化木是用氧焊枪烧烤，使木材表面具有一层很薄的碳化层，对木材性能的改变可以类比木材涂刷油漆，但可以突显表面凹凸的木纹，产生立体效果。应用方面集中在工艺品、装修材料和水族罐制品，故也称为工艺碳化木、碳烧木。

深度碳化木也称为完全碳化木、同质碳化木。是经过200℃左右的高温碳化技术处理的木材，由于其营养成分被破坏，使其具有较好的防腐防虫功能；由于其吸水官能团半纤维素被重组，使产品具有较好的物理性能。深度碳化防腐木是真正的绿色环保产品，尽管产品具有防腐防虫性能，却不含任何有害物质，不但提高了木材的使用寿命，而且不会在生产过程、使用过程中以及使用后的废料处理时对人体、动物和环境有任何的负面影响。深度碳化木是禁用CCA防腐木材后的主要换代产品。深度碳化防腐木广泛应用于户外地板、厨房装修、桑拿房装修、家具制作等许多方面，但不推荐使用于接触水和土壤的场合。

深度碳化木地板是深度碳化的主要用途之一，除此之外，深度碳化木还可以被用来制作成其他户外用品，比如桌椅、秋千、葡萄架，甚至木屋，就好像我们在国外的家庭庭院里常见的那样。如今，国内也有越来越多的人住进了别墅，在自家的院子里设置一些深度碳化木的家具，也不失为一种情趣。深度碳化木家具的价格并不贵，和一般家具差不多。虽然它的外表看起来比较粗糙，但是更加符合贴近自然的风格。深度碳化木防腐作用是否会因为切割而受到破坏？这是不用担心的，因为其加工工艺的关系，无论怎样摆弄，它的防腐性能也不会受到影响（图5-48）。

（二十九）优化木材

木材的优化技术起源于20世纪50年代，最初应用于军用产品的生产，90年代后引入中国。主要有地热用实木地板坯料、地热用实木地板、地热用橡木烟熏表板三种产品。

地热用实木地板坯料和实木地板稳定性好，抗开裂，干缩和湿胀率更低（远优于国家标准《地采暖用实木地板通用技术要求》中的指标数值），板子平整性好，强度和硬度高，可以做大幅面实木地板坯料和实木地板（图5-49、图5-50）。规格有大的尺寸：18mm×200mm×1800/2000mm、18mm×150mm×1200/1500mm。普通尺寸：18mm×120mm×1900/1200mm、18mm×90mm×300~850mm。

地热用橡木通体烟熏表板的厚度经过100%通体的烟熏处理，稳定性更好，抗开裂，干缩和湿胀率更低。板材平整性更好，板材强度和硬度更大（图5-51）。可

图5-49（左）

图5-50（右）

以定制尺寸，主要有：18mm×200mm×2000mm、18mm×150mm×1200/1500mm、18mm×120mm×1900/1200mm、18mm×90mm×300~850mm。

实木优化技术扩展了适用于地热环境的材种数量，目前用于实木地热地板的材种有，缅甸柚木、蟠龙眼、圆盘豆、菠萝格、亚花梨、印茄木、黄金檀等几种，或者碳化木材和乙酰化木材等。目前可生产的材种（生产地热地板）有，橡木、水曲柳、桦木、黄金桤木（美国赤杨）、杨木、落叶松、樟子松，以及黑胡桃、第伦桃、沙比利等。

优化后的木材，保留了天然木材的基本结构和优良性能。原位聚合反应后，优化剂存在于木材细胞间隙、细胞壁以及细胞腔内，并且与木材成分发生了化学交联反应，使优化木材中的羟基含量减少，醚键增加，从而降低了木材的吸水性，提高其尺寸稳定性。木材的抗弯强度、顺纹抗压强度及密度均有较大的提高，其增长率分别为33%、74%、83%。

图5-51

五、木材的防火

木材属易燃材料。在温度超过105℃时，即会逐渐分解，放出可燃性气体并伴随产生热量，温度继续升高，分解速度、可燃气体和放热量都会增加，达到某一温度时，木材会着火而燃烧。木材的闪火点225~250℃，着火点330~470℃。木材作为一种理想的装饰材料被广泛用于建筑物表面。因此，木材的防火问题就显得尤为重要。

所谓木材的防火，是用某些阻燃剂或防火涂料对木材进行处理，使之成为难燃材料。以达到遇小火能自熄，遇大火能延缓或阻滞燃烧而赢得扑救的时间。

阻燃剂的机理在于：设法抑制木材在高温下的热分解，如磷化合物可以降低木材的稳定性，使其在较低温度下即发生分解，从而减少可燃气体的生成。阻滞热传递，如含水的硼化物、含水的氧化铝，相遇则吸收热量放出水蒸气，从而减少了热传递。

采用阻燃剂进行木材防火是通过浸注法而实现的，即将阻燃剂溶液浸注到木材内部达到阻燃效果。浸注分为常压和加压，加压浸注使阻燃剂浸入量及深度大于常压浸注。因此，对木材的防火要求较高的情况下，应采用加压浸注。浸注前，应尽量使木材达到充分干燥，并初步加工成型。否则防火处理后再进行锯、刨等加工，会失去部分木料中浸有的阻燃剂。通过防火涂料对木材进行表面涂覆后进行防火也是一个重要的措施。其最大特点是防火、防腐，兼有装饰作用。

实例研究：木材

山西老大同酒家装修设计，表现出中国木构架的框架结构美感，主要在于屋顶顶棚的设计。另外门窗的中国式表现也很重要，家具的配置不要太满，多留一些自由空间，才不致使中国式的材料与器物感到太拥挤，把中国庭院的意境带入是最好的设计方法。

对于图中的餐厅、餐桌我着重以"木情"为设计的主题，希望在用餐时，全家人都有安静清新、舒适的感受。餐桌面是我表现木情的重要元素，框界用了精致的图案且小而薄的实木压条作为收边，再加上玻璃面的反射更有立体感，十分清新优雅（图5-52）。

图5-52

第六章　玻璃制品

一、装饰玻璃及制品

玻璃是一种坚硬、易碎的透明或半透明物质，由熔化二氧化硅混合物制成，熔化时玻璃可以被吹大、拉长、弯卷、挤压或浇制成许多不同的形状。

早在古罗马时代，人类就做出了平板玻璃。而两千多年前，就有了彩色玻璃，那时候，带色玻璃的碎片被人们嵌入厚重的石材或石膏之中。铅条玻璃起源于中世纪，那时玻璃是被嵌入有延展性的铅框中。

玻璃具有视像清晰而又防风雨的性能。通常玻璃易碎，但是通过掺和其他成分，可以使之强化，防碎。通过在两层玻璃中加入真空密封层，可以增强其隔绝性能。

玻璃用途广泛，包括用于大面积无曲折光的平板玻璃，经过热处理的强化玻璃，增强防火性能的嵌丝玻璃，用于减轻太阳辐射的吸热玻璃，可以减少热能损失的保温玻璃，用于装饰室内隔断的波纹玻璃，以及用于金属反射面上的镜子玻璃等。在十分平滑的情况下，由玻璃作覆板的房屋可以不加饰面，玻璃本身就能起到修饰效果，因为玻璃能反映光线和自然环境。

玻璃是现代建筑十分重要的室内外装饰材料之一。玻璃是以石英砂、纯碱、石灰石等主要原料与某些辅助性材料，经1550～1600℃高温熔融、成型并经急冷而成的固体。玻璃作为建筑装修材料已由过去单纯作为采光材料，

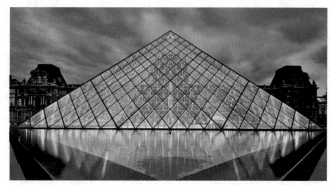

图6-1

而向控制光线、调节热量、节约能源、控制噪声，以及降低建筑结构自重、改善环境等方向发展，同时用着色、磨光、刻花等办法提高装饰效果。

现代建筑技术发展的需要和人们对建筑物的功能和适用性要求的不断提高，促使玻璃制品朝着多品种、多功能方向发展。现代建材工业技术更多地把装饰性与功能性联系在一起，生产出了许多性能优良的新型玻璃，从而为现代建筑设计提供了更广泛的选材余地。这些玻璃以其特有的内在和外在特征以及优良性能，在增加或改善建筑物的使用功能和适用性方面，以及美化建筑和建筑环境方面，起到了不可忽视的作用（图6-1）。

二、玻璃的生产工艺

玻璃的生产主要由原料加工、计量、混合、熔制、成型、退火等工艺组成。平板玻璃的生产与其他玻璃制品相比除组成稍有差别外，主要的不同在于成型方法的不同。平板玻璃的成型从公元5世纪至今，经历了从手工到机械，从喷筒成型制板到浮法的巨大变革，比较常用的方法有垂直引上法、水平拉引法、压延法及浮法等（图6-2）。

图6-2

玻璃切割是所有玻璃深加工的第一道工序，玻璃经过先进设备的高精度、高速度切割、剥片，为下道工序提供高质量的材料。

磨边一般为玻璃深加工的第二道工序，磨边质量的高低，对玻璃外观及边缘应力集中引起的破裂影响极大。此工序设备包括卧（立）式磨边机、洗片机等。

三、装饰玻璃制品的主要品种

（一）磨光玻璃

磨光玻璃又称镜面玻璃，指表面经过机械研磨和抛光的平整光滑的平板玻璃。磨光的目的是为了消除由于表面不平引起的波筋、波纹等缺陷，使从任何方向透视或反射物象均不出现光学畸变现象。小规模生产，多采用单面研磨与抛光。大规模生产可进行单面或双面连续研磨与抛光，多用压延玻璃为毛坯，硅砂作研磨材料，氧化铁或氧化铈作抛光材料。除普通磨光玻璃外，还可制成磨光夹丝玻璃。由于磨光过程中破坏了平板玻璃原有的火抛表面，使其抗风压强度降低。磨光玻璃的厚度一般为5~6mm，光透射比在84%以上。常用于大型高级门窗、橱窗及制镜工业（图6-3）。

由于浮法玻璃表面光洁、平整，无波筋、波纹，光学性能优良，质量不亚于经人工或机械精细加工而成的磨光玻璃，使人工磨光玻璃的生产量和需求量逐渐减小，而被浮法玻璃所替代。磨光玻璃厚度有2mm、3mm、5mm、6mm、8mm、10mm、12mm等几种，最大为1800mm×2200mm。

（二）浮法玻璃

浮法玻璃是使熔融的玻璃液流入锡槽，在干净的锡液表面上自由摊平、成型后逐渐降温退火，获得表面平整、光洁，且无波筋、波纹，光学性质优良的平板玻璃，可代替磨光玻璃使用。光学性能：折射率约为1.52，透光率82%~87%。

浮法玻璃厚度有3mm、4mm、5mm、6mm、8mm、10mm、12mm、25mm等几种，最大为3300mm×11500mm（图6-4）。

（三）减反射玻璃

减反射玻璃，又称减反射膜玻璃或无反射玻璃，是对可见光具有极低反射比的玻璃。普通玻璃的可见光反射比为4%~7%，用来作橱窗玻璃往往会反射出周围的景物而影响橱窗内陈设物品的展览效果。减反射玻璃的可见光反射比小于0.5%，它可以消除玻璃表面反射的影响，并能提高玻璃的可见光透射比，因而能显著提高橱窗内陈设物品的展示效果。减反射玻璃主要用于橱窗、画框以及其他要求低反射比的部位（图6-5）。

图6-3

图6-4

图6-5

（四）彩色玻璃

彩色玻璃又称饰面玻璃，分透明和不透明及半透明三种。

透明彩色玻璃是在玻璃原料中加入一定量的金属氧化物作着色剂，使玻璃带有各种颜色，有离子着色、金属胶体着色和硫硒化合物着色三种着色机理。透明彩色玻璃具有很好的装饰效果，特别是在室外有阳光照射时，室内五光十色，别具一格。透明彩色玻璃常用于建筑内外墙、隔断、门窗及对光线有特殊要求的部位等（图6-6）。

不透明彩色玻璃是在平板玻璃的表面经喷涂色釉后热处理固色而成，具有耐腐蚀、抗冲刷、易清洗等优良性能。其彩色饰面或涂层也可以是有机高分子涂料制成，它的底釉由透明着色涂料组成，为了使表面产生漫反射，可以在表面撒上细贝壳及铝箔粉，再刷上不透明有色涂料，有着独特的外观装饰效果。不透明彩色玻璃主要用于建筑内外墙面的装饰，可拼成不同的图案，表面光洁、明亮或漫射无光，具有独特的装饰效果，不透明彩色玻璃也可加工为钢化玻璃。

半透明彩色玻璃又称乳浊玻璃，是在玻璃原料中加入乳浊剂矿，经过热处理而成，不透视但透光，可以制成各种颜色的饰面砖或饰面板。白色的又称乳白玻璃。半透明玻璃被加工成夹层玻璃、中空玻璃、压花玻璃、钢化玻璃等，更具优良的装饰性和使用功能。

彩色玻璃的尺寸一般不大于1500mm×1000mm，厚度为5～6mm。

（五）磨砂玻璃

磨砂玻璃又称毛玻璃、漫射玻璃。通常是指磨砂平板玻璃，可以用机械喷砂、手工研磨或者氢氟酸溶蚀等物理或化学方法将玻璃的单面或双面加工成均匀的粗糙表面，使透入的光线产生漫射造成透光不透视的效果，并且光线柔和，不刺目。研磨材料可用硅砂、金刚砂、石榴石粉等，研磨介质为水。

磨砂玻璃多用于建筑物中办公室、浴室、厕所等有遮蔽形象要求的门窗、隔断等，还可以用做照相屏板、灯罩和玻璃黑板等，安装时毛面应向室内，但用于卫生间、浴室时毛面应向外（图6-7）。

（六）压花玻璃

压花玻璃又称滚花玻璃。用压延法生产的平板玻璃，在玻璃硬化前经过刻有花纹的辊筒，使玻璃单面或两面压有花纹图案。由于花纹凹凸不平，使光绕散射失去透视性，降低光透射比（光透射比为60%～70%）。同时，其花纹图案多样，具有良好的装饰效果。安装在窗户上可起到窗帘的作用，常用于办公室、会议室、餐厅、酒吧、浴室卫生间、门窗、隔断、屏风等，使用时向外（图6-8）。

（七）钢化玻璃

钢化玻璃是将普通平板玻璃加热至软化点，然后急剧

图6-6

图6-7

风冷所获得的一种玻璃。经过此种热处理后的钢化玻璃，与普通玻璃相比，其抗弯曲、抗冲击能力提高三至五倍，抵抗剧变温差能力比普通玻璃提高三倍；钢化玻璃破碎后呈颗粒状，能够避免对人体造成伤害。因此，钢化玻璃可用于室外玻璃幕墙、室内玻璃隔断、建筑物的开口部位，如：玻璃门、门侧与上部玻璃、楼梯扶手、楼边围栏等要求安全的场合，是目前应用最为广泛的安全玻璃的首选（图6-9、图6-10）。

（八）夹丝玻璃

夹丝玻璃，也称钢丝玻璃，是玻璃内部夹有金属丝（网）的玻璃。生产时将普通平板玻璃加热到红热状态，再将预热的金属丝网（普通金属丝的直径为0.4mm以上，特殊金属丝的直径为0.3mm以上）压入而制成。或在压延法生产线上，当玻璃液通过两压延辊的间隙成型时，送入经过预热处理的金属丝网，使其平行地压在玻璃板中而制成。由于金属丝与玻璃粘结在一起，而且受到冲击荷载作用或温度剧变时，玻璃裂而不散，碎片仍附在金属丝上，避免了玻璃碎片飞溅伤人，因而属于安全玻璃。

夹丝玻璃主要用于天窗、顶棚、阳台、楼梯、电梯井和易受震动的门窗以及防火门窗等处。以彩色玻璃原片制成的彩色夹丝玻璃，其色彩与内部隐隐出现的金属丝网相配具有较好的装饰效果。

夹丝玻璃在切割时，因金属丝网相连，常需反复上下折挠多次才能掰断。折挠时应十分小心，以防止切口边缘处相互挤压，造成微小缺口或裂口而引起使用时破损。夹丝玻璃在安装时一般也不应使之与窗框直接接触，宜填入塑料或橡胶等作为缓冲材料，以防止因窗框的变形或温度剧变而使夹丝玻璃开裂（图6-10）。

（九）吸热玻璃

吸热玻璃是指能大量吸收红外线辐射，又能使可见光透过并保持良好的透视性的玻璃。吸热玻璃的生产方法分为本体着色法和表面喷涂法（镀膜法）两种。本体着色法是在普通玻璃原料中加入具有吸热特性的着色氧化物，如氧化镍、氧化钴、氧化铁、氧化硒等，使玻璃本身全部着色并具有吸热特性。按玻璃的成型方式分为吸热普通平板玻璃和吸热浮法玻璃。

吸热玻璃主要用作建筑外墙的门窗、车船的风挡玻璃等，特别适合用于炎热地区的建筑门窗（图6-11）。

（十）夹层玻璃

夹层玻璃是由两张或多张玻璃台片而成，玻璃之间夹有一层结实而透明的PVC薄膜，当玻璃破碎时，碎片不会散落。基于夹层玻璃具有的优点，它广泛应用于要求安全的窗户玻璃、陈列架、橱柜、水池玻璃、防盗玻璃、防弹玻璃或大楼的玻璃幕墙、顶棚、天窗等玻璃破碎或碎片掉落时会引起人员伤亡的地方（图6-12）。

图6-8

图6-9（左）

图6-10（右）

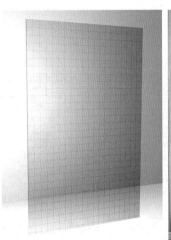

图6-11

图6-12

（十一）中空玻璃

中空玻璃由两张（或三张）中间夹有干燥空气层的玻璃制成，边部用有机密封剂密封起来。它具有以下特性，隔热、隔声性好，且不易出现露水致凝现象。因而，它多用于普通办公大楼的窗户；寒冷地区的居民住宅；工厂、实验室等有恒温要求的房间的窗户和隔墙；陈列架、火车窗户等要求隔热、隔声、防止凝露水的地方（图6-13）。

（十二）光栅玻璃（镭射玻璃）

光栅玻璃，俗称镭射玻璃。它是以玻璃为基材，用特殊材料，采用特殊工艺处理，在玻璃表面（背面）构成全息光栅或其他几何光栅。在光源的照射下能产生物理衍射的七彩光的玻璃。加之光栅玻璃特有的变幻无穷的七彩光，使得光栅玻璃被广泛用于酒店、宾馆、舞厅及其他文化娱乐设施和商业设施等的内外墙面、柱面、地面、桌面、台面、幕墙、隔断、屏风、装饰画等，也可用于招牌、高级喷泉以及其他灯饰等（图6-14）。

（十三）冰花玻璃

冰花玻璃是将原片玻璃进行特殊处理，在玻璃表面形成酷似自然冰花纹理的一种新型装饰玻璃。所用的原片玻璃可以是普通平板玻璃、浮法玻璃，也可以是彩色平板玻璃。冰花玻璃的冰花纹理对光线有漫反射作用，因而冰花玻璃透光不透视，犹如蒙上一层薄纱，可避免强光引起的眩目，光线柔和、视感舒适，加之冰花纹理自然、质感柔和，给人以典雅清新、温馨之感。适合用于娱乐场所、酒店、饭店、会议室、家庭等的门窗、隔断、屏风等（图6-15）。

（十四）空心玻璃砖

空心玻璃砖又称玻璃组合砖，是把两块经模压成凹形的玻璃加热熔接或胶接成整体的空心砖，中间充以约三分之二个大气压的干燥空气，经退火，最后洗刷侧面即得。空心玻璃砖有单腔和双腔两种，双腔玻璃砖除保持良好的透光性能外，具有更好的隔热、隔声效果。空心玻璃砖可在内侧做成各种花纹及图案，赋予特殊的采光性能，使外来光扩散或按一定方向折射。空心玻璃砖主要用无色玻璃生产，也可使用着色玻璃生产，还可在腔内侧涂饰透明着色材料。空心玻璃砖亦须以灰浆砌合。一般来说，它们是透明状的，由带有各种表面图案的玻璃做成，而那些图案则漫射光线方式不一。如果说彩色玻璃最经常和教堂建筑相联系的话，那么，玻璃砖在当代建筑中被用得最频繁。空心玻璃砖是像砖一样合模数制的材料，有几种显然不同的式样、风格和透明或半透明度（图6-16）。

（十五）异形玻璃

异形玻璃是一种新型建筑玻璃，是用普通硅酸盐玻璃

图6-13

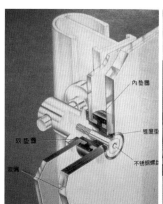

图6-14

图6-15

图6-16

制成的大型条形构件。它的抗弯强度比平板玻璃大9倍，一般可采用压延法、浇注法和辍压法生产。异形玻璃分有无色和彩色，配筋和不配筋，表面带花纹和不带花纹，夹丝和不夹丝等。异形玻璃按形状分有槽形（U）、波形、箱形、三角形、Z形和V形等。

异形玻璃主要用作建筑物外部竖向非承重的围护结构、内隔墙、天窗、透光屋面、阳台、走廊的围护屏壁及月台、遮雨棚等的构件。具有良好的透光、安全、隔热、隔声和节约能源、金属、木材及减轻建筑物自重等优良性能（图6-17）。

（十六）防火玻璃

防火玻璃是指在规定的耐火试验中能够保持其完整性和隔热性的特种玻璃。防火玻璃结构分为防火夹层玻璃、薄涂型防火玻璃、防火夹丝玻璃。

防火夹层玻璃是以普通平板玻璃、浮法玻璃、钢化玻璃做原片，用特殊的透明塑料胶合两层或两层以上原片玻璃而成。当遇到火灾时，透明塑料胶层因受热而发泡膨胀并碳化。发泡膨胀的胶合层起到粘结两层玻璃板的作用和隔热作用，从而保证玻璃板碎片不剥离或不脱落，达到隔火和防止火焰蔓延的作用。薄涂型防火玻璃是在玻璃表面喷涂防火透明树脂而成。遇火时防火树脂层发泡膨胀并碳化，从而起到阻止火灾蔓延的作用。前面所述的具有一定耐火极限的夹丝玻璃也属于防火玻璃中的一种，但其防火机理与此处所述的防火夹层玻璃、薄涂型防火玻璃完全不同。

（十七）单向透视玻璃

单向透视玻璃也称单向透明玻璃，是一种对可见光具有很高反射比的玻璃，其反射比为40%～75%。单向透视玻璃在使用时镀膜面必须是迎光面或朝向室外的一侧。当室外比室内明亮时，单向透视玻璃与普通镜子相似，室外看不到室内的景物，但室内可以看清室外的景物。而当室外比室内昏暗时，室外可看到室内的景物，且室内也能看到室外的景物，其清晰程度取决于室外照度的强弱。单向透视玻璃主要适用于隐蔽性观察窗、孔等（图6-18）。

（十八）玻璃锦砖（玻璃马赛克）

玻璃锦砖，亦称玻璃马赛克，用于外墙饰面，有各种色彩，与陶瓷锦砖在外形和使用方法上有相似之处，但它是乳胶状半透明玻璃质材料，大小一般为20mm×20mm×4mm，背面略凹，四周侧边呈斜面，有利于与基面粘结牢固。

其色彩丰富、柔和典雅，花色多样（多达数十种），永不褪色，可烘托出一种明快、清新、豪华的气氛。玻璃锦砖的价格低于陶瓷锦砖，且性能优良，因而广泛用于各

流星紋 Meteor pattern 　菱形紋 Rhombus pattern 　水波紋 Wave pattern 　平行紋 Parallel line pattern 　雲形紋 Cloud pattern

鑽石紋 Diamond pattern 　方疊紋 Square stand pattern 　花格紋 Lattice pattern 　桔皮紋 Tangerine skin pattern 　斜條紋 Oblique line pattern

图6-17

图6-18

图6-19

图6-20

类建筑的外墙装饰。铺贴时采用不同颜色的搭配，可使外墙装饰更加丰富多彩。玻璃锦砖也常用于拼铺一些壁画、装饰图案等（图6-19）。

（十九）微晶玻璃装饰板

微晶玻璃是将加有成核剂（个别也可不加）的特定组成的基础玻璃，在一定温度下热处理后制得的由微晶体和玻璃组成的混合体。其结构和性能及生产方法与玻璃和陶瓷均有不同，其性能集中了两者的特点，成为一类独特的材料，所以也称为玻璃陶瓷和结晶化玻璃。微晶玻璃的品种很多，建筑上常用的主要为利用矿渣和粉煤灰生产的矿渣微晶玻璃和粉煤灰微晶玻璃。矿渣微晶玻璃与粉煤灰微晶玻璃常采用烧结法、压延法或浇注法成板材，其最大尺寸一般为600mm×600mm，厚度一般为10~30mm。板材的颜色主要有白、浅灰、灰、深灰、黑等，矿渣微晶玻璃装饰板还有白、红等其他颜色。烧结法生产的板材通过着色材料的变换，可以生产非常自然的各种图案，其外观酷似天然大理石和花岗石。强度、耐磨、耐腐等性能及使用寿命均优于天然大理石和花岗石，因而是天然大理石和花岗石的理想替代品，可用于各类建筑的室内外墙面、地面等的装饰（图6-20）。

（二十）玻璃幕墙

1. 吊挂式全玻璃幕墙

吊挂式全玻璃幕墙，用反传统的下部基座承重方式，将整片玻璃吊挂于结构梁下，重量由梁承受，玻璃自然伸直，反射影像真实，受地震、风力等外力作用时可作小幅度摇摆，避免应力过于集中；若是下部受重力冲击破裂，上部仍悬挂于梁下避免整片坍塌造成伤害。此种科学的设计在1995年日本阪神大地震已得到充分的验证（图6-21）。

2. 点式玻璃幕墙

点式玻璃幕墙是一门新兴技术，支撑结构是不锈钢拉杆或拉索，玻璃由金属紧固件和金属连接件与拉杆或拉索连接。在此类玻璃幕墙的结构中，充分体现了机械加工的精度，每个构件都十分的细巧精致，本身就构成了一种结构美。它体现的是建筑物内外的流通和融合，改变了过去用玻璃来表现窗户、幕墙、天顶的传统做法，强调的是玻璃的透明性。透过玻璃，人们可以清晰地看到支撑玻璃幕墙的整个结构系统，将单纯的支撑结构系统转化为可视性、观赏性和表现性。由于点支式玻璃幕墙表现方法奇特，尽管它诞生的时间不长，但应用却极为广泛，并且日新月异地发展着。新型的结构体系——平面网索结构，它的特点是：结构简洁、无任何空间遮挡、通透性极佳。最大高度25m，它既抗风又能抗震，避免了原框架式玻璃幕墙，年久硅胶容易老化脱落的弊端。是现今世界先进的中空玻璃幕墙。（图6-22）。

3. 框架式玻璃幕墙

明框玻璃幕墙是金属框架构件显露在外表面的玻璃幕墙。它以特殊隐框玻璃幕墙断面的铝合金型材为框架，玻璃面板全嵌入型材的凹槽内。其特点在于铝合金型材本身兼有骨架结构和固定玻璃的双重作用。明框玻璃幕墙是最传统的形式，应用最广泛，工作性能可靠。相对于隐框玻璃幕墙，更易满足施工技术水平要求。（图6-23）

图6-21

图6-22

图6-23

4. 玻璃肋式玻璃幕墙

玻璃肋点支撑式玻璃幕墙这类幕墙经常出现在酒店、写字楼和高层建筑大堂、共享空间及裙楼等位置，多是整栋建筑的脸面。其形式从单肋、双肋驳接，从单一的竖向垂直玻璃肋发展到斜向肋、水平向肋和异形驳接玻璃肋。因其简洁通透、视野开阔的特点，建筑师们常利用这种幕墙形式使室内外相呼应，空间融合贯通，让室内外的大自然融为一体。（图6-24）

5. 隐框式玻璃幕墙

隐框玻璃幕墙的金属框隐蔽在玻璃的背面，室外看不见金属框。隐框玻璃幕墙又可分为全隐框玻璃幕墙和半隐框玻璃幕墙两种，半隐框玻璃幕墙可以是横明竖隐，也可以是竖明横隐。隐框玻璃幕墙的构造特点是：玻璃在铝框外侧，用硅酮结构密封胶把玻璃与铝框粘结。幕墙的荷载主要靠密封胶承受。（图6-25）

6. 无孔式玻璃幕墙

无孔驳接式玻璃幕墙依据驳接件装置的方位和驳接件的类型大致可分为三种：对边夹持式、四边夹持式、四角夹持式。力部位是夹持点区域，而非大面。在目前的运用中，选用单层玻璃时，推荐选用开孔的球铰式驳接件为宜；中空玻璃推荐选用无孔式驳接件为佳。无孔式玻璃驳接是靠夹挂来固定玻璃的，因而，驳接头是接触玻璃外表，外观的规划直接影响到整个修建的效果。因而就需求这种驳接件在满足受力的情况下，尽量规划得新颖一些、漂亮一些。讲究新颖的外观规划不但不会损坏修建的整体作用，反而能够增强其美感。（图6-26）

（二十一）热熔玻璃

热熔玻璃又称水晶立体艺术玻璃，是目前开始在装饰行业中出现的新家族。热熔玻璃以其独特的装饰效果成为设计单位、玻璃加工业主、装饰装潢业主关注的焦点。热熔玻璃跨越现有的玻璃形态，充分发挥了设计者和加工者的艺术构思，把现代或古典的艺术形态融入玻璃之中，使平板玻璃加工出各种凹凸有致、彩色各异的艺术效果。热熔玻璃产品种类较多，目前已经有热熔玻璃砖、门窗用热熔玻璃、大型墙体嵌入玻璃、隔断玻璃、一体式卫浴玻璃洗脸盆、成品镜边框、玻璃艺术品等，应用范围因其独特的玻璃材质和艺术效果而十分广泛。热熔玻璃是采用特制热熔炉，以平板玻璃和无机色料等作为主要原料，设定特定的加热程序和退火曲线，在加热到玻璃软化点以上，经特制成型模模压成型后退火而成，必要的话，再进行雕

图6-24

图6-25

图6-26
图6-27

刻、钻孔、修裁等后道工序加工。(图6-27)。

(二十二)防弹玻璃

防弹玻璃是一种可以在某种当量的炸弹爆炸攻击下，玻璃未脱离框架，保持完好或非穿透性破坏的一种高安全性能的特种玻璃。

根据对人体防护程度的不同，防弹玻璃可分为两种类型，一种是安全型，一种是生命安全型。安全型防弹玻璃在受到枪击后，其非弹着面无飞溅物，不对人体构成任何伤害；生命安全型防弹玻璃在受到枪击后，非弹着面有飞溅物飞溅，但子弹不能穿透玻璃，可能对人体造成二次伤害。不同枪种的防护，对防弹玻璃的防弹能力要求不同。防弹玻璃分为三大系列，第一是航空防弹玻璃，第二是车辆、船舶用防弹玻璃，第三是银行用防弹玻璃。厚度在18~40mm之间(图6-28)。

(二十三)防辐射玻璃

防辐射玻璃英文名：Medical glass也称铅玻璃，是用来防X光射线的，一般在医院的射线科、CT室、射线实验室、核医学、核反应等电离辐射环境作观察窗口用。对X射线和γ射线吸收系数等性能指标值增加；其硬度、高温黏度、软化温度、化学稳定性等指标值降低；致使玻璃成型材料性能变长、着色剂色彩鲜艳、表面光泽增加、敲击声清脆。铅玻璃除二氧化硅、三氧化二硼等玻璃形成物外，含有一定量氧化铅的玻璃。最大尺寸：1200mm×2400mm，厚度：8~100mm(图6-29)。

(二十四)调光玻璃(电控魔术玻璃)

智能调光玻璃又称电控魔术玻璃，是一种智能型高档玻璃，采用独特的液晶支柱，可通过电源电压的调节来控制实现玻璃在透明和不透明之间的转换。通电状态为透明，断电状态为不透明，这一变化实现了玻璃的通透性和保护隐私的双重要求，同时智能调光玻璃采用夹层玻璃的制造工艺，使得智能调光玻璃拥有夹层玻璃的各项性能。(图6-30)

特性——通电透明，断电磨砂，源于调光膜的"电光效应"

图6-28

图6-29

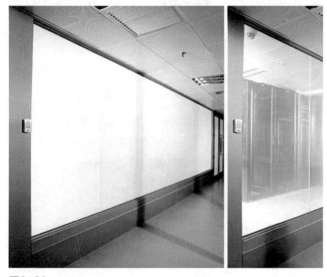

图6-30

1. 安全性：采用夹层玻璃生产工艺。夹层中的胶片能将玻璃牢固粘结，可使调光玻璃在受到冲击破碎时，玻璃碎片粘结在胶片中，不会出现玻璃碎片飞溅伤人。

2. 环保特性：调光玻璃中的胶片及调光膜可以屏蔽90%以上的红外线及98%以上的紫外线，屏蔽红外线可减少热辐射及传递，屏蔽紫外线可保护室内的陈设不因紫

外线辐射而出现褪色、老化等情况。

3. 隔声特性：调光玻璃中间膜具有声音阻尼作用，可有效阻隔各类噪声。

规格——最大尺寸（宽）980mm×（高）3000mm /（宽）1200mm×（高）3000mm

1. 玻璃规格：普通白玻璃，超白玻璃，有色玻璃等，厚度可为4mm、5mm、6mm、8mm、10mm。

2. 夹层厚度：约为1.14mm。

应用范围——阳台飘窗，酒店淋浴室，室内空间隔断，小型家庭影院；办公室，会议室隔断；高档建筑，控制中心；医疗机构，医疗，投影，冰箱等各种设备；银行，珠宝，商场展示柜，广告牌，保险公司；餐厅，博物馆，教堂等。

（二十五）镜面玻璃

镜面玻璃又称磨光玻璃，是用平板玻璃经过抛光后制成的玻璃，分单面磨光和双面磨光两种，表面平整光滑且有光泽。透光率大于84%，厚度为4~6mm。简单说就是从玻璃的一面能够透过看到对面的景物，而从这块玻璃的另一面是根本看不到对面的景物，可以说在这一面它是不透目光的。拿你照镜子打比方，普通玻璃就等于镜子上的玻璃，镜面玻璃的膜就等于镜子后的镀银，但是它反射光线必须有个前

图6-31

图6-32

提，就是外面的光比里面的亮，否则就看不到反射的光线。一般是在普通玻璃上面加层膜，或者上色，或者在热塑成型时在里面加入一些金属粉末等，使其既能透过光源的光还能使里面的反射物的反射光出不去。（图6-31）

（二十六）有机玻璃（亚克力板）

有机玻璃是一种通俗的名称，缩写为PMMA。此高分子透明材料的化学名称叫聚甲基丙烯酸甲酯，是由甲基丙烯酸甲酯聚合而成的高分子化合物。是一种开发较早的重要热塑性塑料。有机玻璃分为无色透明、有色透明、珠光、压花有机玻璃四种。有机玻璃俗称亚克力、明胶玻璃、有机玻璃具有较好的透明性，化学稳定性，力学性能和耐候性，易染色、易加工，外观优美等优点。（图6-32）

Channel4电视台（图6-33）

英国伦敦Channel4电视台主要是传播发行电视节目，而不是编排节日，因此只需要有限的演播室。所有设备和一个主要的预演厅都安排在地下室。

事务所计划采用围绕一个半开敞式花园的周边布局方案。电视台的办公用地占据了北边和西边的用地，通过花园与南边和东边的住宅用地分开。住宅用地已卖给了一个发展商，用以增加办公大楼的建设费用。

办公楼的设计完全是依地形而建。两座四层高的办公楼是L形布置，在街道转角处则是弧形的连接体。入口处具有舞台效果的曲面玻璃幕墙则是设计的关键。由街道至下层的研究室是由一个阶梯斜道连接，在玻璃幕墙下的入口则通至接待区，后面是可以看到花园的餐厅，顶层是曲面的屋顶平台。

曲面入口的两侧是两座"塔"的构成。左侧建筑物一至四层是会议室，右侧建筑物是电梯和厂房，凸起的是发射天线。

办公室空间设计成可以灵活分隔的，以满足业主的不同需要或者是方便分租，这样导致交通井必须是在中间，而不是周边。

在设计过程中通过使用平板玻璃和玻璃砖，有意使建筑保持透明感，以便尽量减少建筑质量对周围现有环境的影响，同时尽最大可能引入外面公共空间的景观。在办公楼临街处设计运用了轻便的网罩和遮光板，可以减少太阳辐射，达到节能标准。建筑材料的运用也经过经心的设计。结构本身是混凝土框架，外壳是灰色的亚光铝板。主要的钢结构是棕红色的，和旧金山金门大桥的颜色一致（图6-34）。

图6-33　　　　　　图6-34

第七章　陶瓷与瓦材制品

一、装饰陶瓷与瓦材制品

陶瓷是由黏土或类似材料构成，制作时经烧制成为瓷或陶。

用陶瓷材料可以制成无数形式的砖瓦、装饰板和浅浮雕装饰。其质感、颜色和形状实质上是无限的。由于大的面积可以分成较方便的小片，因此，陶瓷的尺寸也可以说是无限多。从品种上讲，陶瓷包括陶瓷马赛克画砖，带釉的或不带釉的，墙面贴砖由黏土制成并上釉，通常不上釉的缸砖，被用于铺地板（图7-1）。

面砖通常砌成组或条，比如做成水平向线条；竖向的则铺设在门窗四周，作为线脚；或者整体构成一幅图案；或者多块板材构成多彩的"图画"。这些材料还见于覆盖圆球状屋顶。

我国建筑陶瓷源远流长，自古以来就被作为建筑物的优良装饰材料之一。陶瓷艺术是火与土凝结的艺术，人们一提起建筑陶瓷装饰艺术，常常会想到金碧辉煌的中国皇宫建筑和九龙壁这些流芳千古之作（图7-2）。北京故宫博

图7-1 装饰陶瓷制品

图7-2

图7-3

物院，堪称琉璃博物馆。随着近代科学技术的发展和人民生活水平的提高，建筑陶瓷的应用更加广泛，其品种、花色和性能亦有了很大的变化。

现代建筑装饰工程中应用的陶瓷制品，主要包括：釉面内墙砖、陶瓷墙地砖、卫生陶瓷、园林陶瓷、琉璃制品等，其中以陶瓷墙地砖用量最大。如今，我国从沿海到内地，高楼大厦如雨后春笋，拔地而起。五光十色的陶瓷材料，将建筑装扮得瑰丽多姿。白色的医疗中心，洁白无瑕；金黄色的迎宾大厦，富丽堂皇；蓝色的图书馆，清静典雅；褐色的纪念性建筑，庄严肃穆；银灰色金属釉砖装饰的航空港，富有现代气息；鲜艳多彩的瓷砖装饰的游乐园，充满生机与活力；古色古香的仿古砖装修的山村别墅、度假村，使人们回归大自然的心理需求得到充分满足；用窑变釉（花釉）瓷砖装饰的建筑物，妙趣横生，令人陶醉，显示了陶瓷彩釉无穷的艺术魅力。商业街、公园、广场、车站、码头及各种公共建筑，无不披上陶瓷的盛装，到处是陶瓷的世界，陶瓷的海洋（图7-3）。

二、陶瓷的基本知识

陶瓷的分类

从产品的种类来说，陶瓷制品可分为陶质、瓷质和炻质三大类，它们的特性分别如下。

1. 陶质制品

陶质制品烧结程度相对较低，为多孔结构，通常吸水率较大（10%～22%），强度较低，抗冻性差，断面粗糙无光、不透明，敲击时声粗哑，分无釉和施釉两种制品，适于室内使用。陶器分为粗陶和精陶两种。粗陶坯料一般由一种或一种以上的含杂质较多的黏土组成，粗陶不施釉，建筑上所用的砖瓦，以及陶管、盆、罐和某些日用缸器均属于这一类。精陶系指坯体呈白色或象牙色的多孔性陶瓷制品，多以可塑性黏土、高岭土、长石、石英为原料，一般经素烧（无釉坯在高温下的焙烧过程）和釉烧（施釉后再进行焙烧的过程）两次烧成。精陶按其用途不同，可分为建筑精陶（如釉面砖）、美术精陶和日用精陶（图7-4）。

2. 瓷质制品

瓷质制品烧结程度高，结构致密，断面细致并有光泽，强度高、坚硬耐磨，吸水率低（1%），有一定的半透明性，通常都施有釉层（某些瓷质并不施釉，甚至颜色不白，但烧结程度仍是高的）。瓷质制品按其原料的化学成分与工艺制作的不同，又分为粗瓷和细瓷两种。瓷质制品有陶瓷锦砖、

图7-4　　　　　　　　　　图7-5　　　　　　　　　　图7-6

日用餐茶具、陈设瓷、电瓷及美术用品等（图7-5）。

3. 炻质制品

炻质制品是介于陶质与瓷质之间的一类陶瓷制品，也称半瓷，其构造比陶质致密，吸水率较小（1%～10%），但又不如瓷器那么洁白，其坯体多带有颜色，且无半透明性。炻器按其坯体致密程度不同，又分为粗炻器和细炻器两种，粗炻器吸水率一般为4%～8%，细炻器吸水率为1%～3%。建筑饰面用的外墙面砖、地砖等多属于粗炻器；日用器皿、有釉陶瓷锦砖、卫生陶瓷、化工及电器工业用陶瓷等多属于细炻器（图7-6）。

三、陶瓷的表面装饰

陶瓷的表面装饰是对陶瓷制品表面进行艺术性加工的重要手段。它一般是通过对陶瓷坯体颜色等的改变或在坯体表面上施釉来实现的。前者是在坯料中加入适当的着色氧化物，使之以一定的分散方式（如均匀分布或非均匀分布）存在于坯料中，从而使烧成后的陶瓷制品的内部、表面均具有所需的各种颜色或色斑，此种方法用于无釉陶瓷制品，如陶瓷锦砖、无釉地砖等。施釉是最常用的表面装饰方法。

（一）釉的作用

釉是施涂在坯体表面上的适当成分的釉料在高温下熔融，在陶瓷制品表面上形成的一层很薄的均匀连续的玻璃质层。釉可赋予陶瓷制品平滑光亮的表面，增加陶瓷制品的美感，保护釉下装饰图案，掩盖坯体的颜色和缺陷，提高陶瓷制品的机械强度、抗渗性、耐腐蚀性、抗沾污性、易洁性等。

（二）常用装饰釉

1. 釉下彩绘

釉下彩绘是在陶瓷生坯或经素烧过的坯体上进行彩绘，然后施一层透明釉料，再经釉烧而成。其优点是图画受到釉层的保护，且画面显得清秀光亮。然而其画面与色调远不如釉上彩绘那么丰富多彩，且多为手工绘画，难以实现机械化生产，因此生产效率低，价格较贵。釉下彩绘分为釉下青花（青花瓷器）、釉里红、釉下五彩等（图7-7）。

图7-7

图7-8

图7-9

图7-10

图7-11

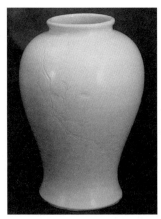
图7-12

2．釉上彩绘

釉上彩绘是在已经釉烧的瓷釉面上，采用低温彩料进行彩绘，然后再在较低温度（600～900℃）下进行彩烧而成。由于釉上彩绘的彩烧温度低，许多颜料均可采用，故色彩极其丰富。可采用半机械化生产，也可以手工绘画、喷花、刷花、印花、贴花，但其画面易被磨损，表面光滑性差，另外颜料中的铅易被酸溶出，从而引起铅中毒（图7-8）。

3．结晶釉

结晶釉的釉层中晶体呈星形、冰花、晶簇、晶球、扇形、松针形、雷花形、花条、花网或纤维状等，它们自然、优雅，具有很高的装饰性（图7-9）。

4．砂金釉

砂金釉是釉内氧化铁微晶呈现金子光泽的一种特殊釉，因其形似自然界中的砂金石而得名。微晶的颜色视其粒度而异，最细者发黄色，最粗者发红色。微缩晶体的铁砂金釉的晶粒粗大，微结晶体的铬砂金釉的晶粒细小，前者又称为金星釉，后者又称猫眼釉（图7-10）。

5．裂纹釉

裂纹釉是陶瓷表面采用比其坯体热膨胀系数大的釉，在烧后迅速冷却的过程中使釉面产生网状裂纹，以此获得装饰效果。釉面裂纹的形态有鱼子纹、蟹爪纹、牛毛纹、鳝鱼纹等。裂纹釉按其颜色的呈现技法，分为夹层裂纹釉与镶嵌裂纹釉（图7-11）。

6．无光釉

将陶瓷在釉烧温度下烧成后经缓慢冷却，可使表面显示丝状、绒状或玉石状的光泽，而不出现对光的强烈反射。它是一种特殊效果的艺术釉，故属珍贵艺术制品（图7-12）。

7. 流动釉

流动釉是采用易熔釉料施于陶瓷坯体表面,在烧成温度下故意将其过烧,以造成因过烧而使釉沿着坯体的斜面向下流动,形成一种自然活泼条纹的艺术釉饰。常用建筑装饰陶瓷常按使用部位分为内墙面砖、墙地砖、陶瓷锦砖、卫生陶瓷及其他陶瓷艺术制品见(图7-13)。

图7-13

四、常用装饰釉面砖

(一)釉面内墙砖

釉面内墙砖是用于建筑物内部墙面的保护及装饰用的有釉精陶质釉面砖,俗称釉面砖。釉面内墙砖的颜色和图案丰富、柔和典雅、朴实大方、表面光滑,并具有耐急冷急热性、防火性、耐腐性、防潮性、不透水性和抗污染性及易洁性。釉面内墙砖主要用于厨房、浴室、卫生间、实验室、手术室、精密仪器车间等室内墙面、台面等。

由于釉面内墙砖是多孔的陶质坯体,在长期与空气的接触过程中,特别是在潮湿的环境中使用,会吸收水分而产生膨胀现象。由于釉的吸湿膨胀系数非常小,当坯体湿胀的程度增长到使釉面处于张应力状态,应力超过釉的抗张强度时,釉面发生开裂。如果用于室外,经常冻融,更易出现剥落掉皮现象。因而不得用于室外。

1. 白色釉面砖:色纯白,釉面光亮,粘贴于墙面清洁大方。

2. 彩色釉面砖:有光彩色釉面砖釉面光亮晶莹,色彩丰富雅致。

3. 亚光彩色釉面砖:釉面半无光,不晃眼,色泽一致,柔和。

4. 仿大理石釉砖:具有天然大理石花纹,颜色丰富,美观大方。

5. 彩色图案砖:在有光或无光彩色釉面砖上,装饰各种图案,经高温烧成,产生浮雕、缎光、绒毛、彩漆等效果,做内墙饰面,别具风格。

6. 瓷砖画:以各种釉面砖拼成各种瓷砖画,或根据已有画稿烧制成陶瓷壁画、陶瓷壁雕,陶瓷壁画是一种新型高档装饰材料。具有单块面积大、厚度薄、强度高、平整度好、吸水率小、抗冻、抗化学腐蚀、耐急冷急热、符合建筑要求、施工方便等特点,同时具有展示绘画艺术、书法、条幅等多种功能,产品的表面可以做成平滑或各种浮雕花纹图案。陶瓷壁画的面积可小至$1\sim2m^2$,大至$2000m^2$以上,主要用作大型公共建筑物的外墙、内墙、地面、墙裙、廊厅、立柱等的饰面材料。经有关装饰工程实际使用,较之外墙面砖、内墙面砖、陶瓷锦砖、塑料壁纸、涂料等具有无可比拟的优点。首都机场的《舞狮》、北京地铁建国门站的《天文纵横》、北京燕京饭店的《丝绸之路》、上海植物园的《阳光、大地、生命》等陶瓷壁画以其特有的艺术效果与感染力,给人以美的享受(图7-14)。

(二)彩色釉面陶瓷墙地砖

彩色釉面陶瓷墙地砖是可用于外墙面和地面的有彩色釉面的陶瓷质砖,简称彩釉砖。彩色釉面墙地砖的色彩图案丰富多样,表面光滑,且表面可制成平面、压花浮雕面、纹点面以及各种不同的釉饰,因而具有优良的装饰性。此外,彩色釉面墙地砖还具有坚固耐磨、易清洗、防水、耐腐蚀等优点。彩色釉面墙地砖可用于各类建筑的外墙面及地面装饰。用于地面时应考虑彩色釉面砖的耐磨类别,用于寒冷地区时应选用吸水率较小的(如小于3%)彩色釉面地砖。

1. 麻面砖

麻面砖是采用仿天然岩石色彩的配料,压制成表面

图7-14

图7-15

图7-16

凹凸不平的麻面坯体后，经一次烧成的面砖，砖的表面酷似经人工修凿过的天然岩石面，纹理自然，粗犷雅朴。有白、黄、红、灰、黑等多种色调，主要规格有200mm×100mm，200mm×75mm和100mm×100mm等。

麻面砖吸水率小于1%，抗折强度大于20MPa，防滑耐磨。薄型砖适用于建筑物外墙装饰，厚型砖适用于广场、停车场、码头、人行道等地面铺设，广场砖除正方形、长方形外，还有梯形和三角形的，可用以拼贴成圆形图案，以增加广场地坪的艺术感（图7-15）。

2. 金属光泽釉面砖

金属光泽釉面砖是采用钛的化合物，经真空离子溅射法，将釉面砖表面处理成金黄、银白、蓝、黑等多种色彩，光泽灿烂辉煌，给人以坚固、豪华的感觉。这种面砖抗风化、耐腐蚀，历久弥新，适用于商店柱面和门面的装饰（图7-16）。

3. 黑瓷装饰板

黑瓷装饰板为我国研制生产的钒钛黑瓷板，现已获中、美、澳三国专利。这种瓷板具有比黑色花岗石更黑、更硬、更亮的特点，可用于宾馆、饭店等内外墙面及地面装饰，也可用作仪器平台和商店铭牌等（图7-17）。

4. 大型陶瓷装饰面板

大型陶瓷装饰面板具有单块面积大、厚度薄、平整度好、吸水率小、抗冻、抗化学侵蚀、耐急冷急热、施工方便等优点，并具有绘制艺术性，有书法、条幅、陶瓷壁画等多种功能。这种板的表面可做成平滑面、甩点面和各种浮雕花纹图案面，并施以各种彩色釉，极富装饰性，是一种新型高档建筑装饰材料。其主要规格有595mm×295mm、295mm×295mm、295mm×197mm等，厚度有4mm、5.5mm、8mm等多种。大型陶瓷饰面板适于用作建筑物外墙、内墙、墙裙、廊厅、立柱等的饰面材料，尤其适用于大厦、宾馆、酒楼、机场、车站、码头等公共设施的装饰（图7-18）。

5. 玻化砖

玻化砖又称全瓷玻化砖、玻化瓷砖，采用优质瓷土经高温焙烧而成。玻化砖的烧结程度很高，表面不上釉，其坯体属于高度致密的瓷质坯体。玻化砖的结构致密、质地坚硬，莫氏硬度为6~7以上，耐磨性很高，同时玻化砖还具有抗折强度高（可达46MPa以上）、吸水率低（0.1%~0.5%）、抗冻性高、抗风化性强、耐酸碱性高、色彩多样、不褪色、易清洗、洗后不留污渍、防滑等优良特性。

玻化砖有珍珠白、浅灰、银灰、绿、浅蓝、浅黄、黄、纯黑等多种颜色或彩点。改变其着色原材料的品种、比例及工艺，可使玻化砖具有不同的纹理、斑纹或斑点，或使玻化砖获得酷似天然大理石、花岗石的质

图7-17

图7-18

感与效果。玻化砖分为抛光和不抛光两种，主要规格为300mm×300mm、350mm×350mm、400mm×400mm、450mm×450mm、500mm×500mm等。此外，还有踢脚线玻化砖、带有防滑沟槽的玻化砖等。玻化砖属于高档装饰材料，适用于商业建筑、写字楼、酒店、饭店、娱乐场所、广场、停车场等的室内外地面、外墙面等的装饰（图7-19）。

6. 陶瓷锦砖

陶瓷锦砖是用优质瓷土烧结而成，分有釉及无釉两种，质坚、耐火、耐腐蚀、吸水率小、易清洗，最适合于建筑内外墙及地面用，色彩有多种，由于其单体尺寸小，故出厂前先将其按各种图案反贴在牛皮纸上，每张约300mm见方，称一联，面积约为0.09m²，施工时将每张纸面向上，贴在半凝固的水泥砂浆面上，用长木板压面，使之贴平实，待砂浆硬化后洗去纸，即显出。

陶瓷锦砖薄而小，质地坚实、经久耐用、色泽多样、美观，通常为单色或带有色斑点。且耐酸、耐碱、耐磨、不渗水、抗冻、抗压强度高、易清洗、吸水率小、不滑、不易碎裂，在常温下无开裂现象。广泛用于工业与民用建筑的洁净车间、门厅、走廊、餐厅、厕所、盥洗室、浴室、工作间、化验室等处的地面装饰，亦可用于建筑物的

外墙饰面（图7-20）。

7. 马赛克

将较小的石子、面砖、玻璃或陶瓷片块嵌入水泥或灰浆基体之中的手法。

马赛克是一门古老的手艺。它是一种装配艺术，用众多细小的碎片构成一幅完整的画面或表面形象。早期基督教和拜占廷式教堂的穹顶和帆拱内面部分，均覆盖了大量的镶嵌画——大多数画面由较小的多彩面砖所组成而且通常镀金。

使用镶嵌艺术的后来有安东尼奥·高迪的波状贴面砖形式，其手法不很传统化。高迪的这种形式是把碎面砖和碎玻璃嵌入水泥之中。这些形式的图案可以在巴塞罗那的公寓房屋和公共花园的屋顶上看到（图7-21）。

（三）其他

1. 陶瓷薄板

陶瓷薄板（简称薄瓷板）是一种由高岭土黏土和其他无机非金属材料，经成型、1200℃高温煅烧等生产工艺制成的板状陶瓷制品。适用于室内地面，室内外墙面等（图7-22）。

特点：拥有无机材料的优势性能，又摒弃石材、水泥制板、金属板等传统材料厚重高碳的弊端；材料整体及其

图7-19

图7-20

图7-21

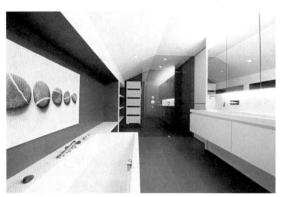
图7-22

图7-23

应用建筑陶瓷薄板系统 A1级防火要求，完全满足日趋严格的设计防火要求；化工色釉与天然矿物经1200℃高温烧成，可实现天然石材等各种材料的95%仿真度，质感好、色泽丰富，不掉色、不变形；陶瓷薄板各项材料性能远超传统陶瓷、石材、铝塑板等材料。

性能：耐腐蚀、表面卫生、防火性能好、耐磨性好、颜色牢固、防水防冻；因建筑陶瓷薄板的吸水率接近于零，因此防冻并且耐各种气候；环保可回收，具有多功能性。

应用领域：作为环保、节能建筑的预处理铺贴材料或构件；现代建筑物内墙的铺贴装饰材料；现代建筑物内轻质薄型的间隔墙体材料；防潮防湿的装饰材料；部分替代木质三合板，防腐、防酸碱环境的装饰材料；与喷墨打印技术结合制作出陶瓷板画，作为文化艺术载体材料使用。机场、车站、地铁、商场、商务办公大楼、宾馆、军用舰艇船只等大型公共建筑、高层建筑、节能建筑、家居建筑内墙装饰等更为适用。

2. 发泡陶瓷保温板

发泡陶瓷保温板是以陶土尾矿，陶瓷碎片，河道淤泥，掺加料等作为主要原料，采用先进的生产工艺和发泡技术经高温焙烧而成的高气孔率的闭孔陶瓷材料。（图7-23）

图7-24

图7-25

产品适用于建筑外墙保温，防火隔离带，建筑自保温冷热桥处理等。产品具有防火阻燃，变形系数小，抗老化，性能稳定，生态环保性好，与墙基层和抹面层相容性好，安全稳固性好，可与建筑物同寿命等优点。更重要的是材料防火等级为A1级，克服有机材料怕明火、易老化的致命弱点，填补了建筑无机保温材料的国内空白，尤其适用于室内文化艺术墙装饰。

性能：热传导率低，导热系数为0.08~0.10W/（m·K），与保温砂浆相当；隔热性能好，可充当外墙外保温系统的隔热保温材料；不燃、防火，燃烧性能为A1级，具有电厂耐火砖式的防火性能，适用于有防火要求的保温系统及防火隔离带的理想建筑材料；耐老化、相容性好、吸水率低、耐候性能好。

3. 干挂陶板

干挂陶板的颜色是陶土经高温烧制后的天然颜色，通常有红色、黄色、灰色3个色系，色彩古朴自然，适用于需要体现文化品位与历史积淀的建筑；也可以在浅色陶土中加入高温色料调色制成颜色丰富、色泽莹润温婉的产品。近两年来，部分陶板生产厂家把陶瓷砖中的淋釉技术

和喷墨打印技术应用于陶板，生产出更加绚丽多彩的陶板产品，能够满足建筑设计师和业主对建筑外墙颜色选择的各种要求（图7-24）。

性能：材料环保，没有放射性，耐久性好；颜色历久弥新，主要为天然陶土本色，色泽自然、鲜亮、均匀，不褪色，经久耐用，赋予幕墙持久的生命力；空心结构，自重轻，同时增加热阻，具有保温作用；颜色丰富，不上釉的外墙挂板拥有20多种颜色；还有多种可选的表面形式：自然面的、施釉的、拉毛的、凹槽的、印花的、喷砂的、波纹的、渐变的，等等；易清洁；机械性能优异；结构设计便于安装更换，维护方便，陶土板的高强度能够满足不同尺寸的任意切割要求，能最大限度地满足幕墙收边、收口的局部设计需要，安装简单方便，与建筑的兼容性好。

4. 陶瓷透水砖

陶瓷透水砖是指利用陶瓷原料经筛分选料，组织合理颗粒级配，添加结合剂后，经成型、烘干、高温烧结而形成的优质透水建材。（图7-25）

性能：高强度；透水性好；抗冻融性能好；防滑性能好；良好的生态环保性能；可改善城市微气候、阻滞城市

洪水的形成；陶瓷透水砖的孔隙率在20%~30%，本身有良好的蓄水能力，在夏天，雨后吸满水渗透入地，可滋养地气、涵养水源、给树木和花草提供水分；在阳光强烈时，水分蒸发可降低地表温度，改善微气候。如形成大面积铺装，可有效阻滞雨水，减少城市洪水形成的几率。

5. 陶瓷保温新材料

咸阳陶瓷研究设计院承担的"十二五"无机防火外墙保温板成套技术与示范课题，已成功研制出玻化粒料保温陶瓷板，为防火A级外墙保温板又添新品（图7-26）。

性能：不同于传统发泡陶瓷制作工艺，区别于玻化成瓷过程中发泡成孔机，充分利用膨化粒料的低导热特性，以保证板材具有较低的导热系数。板材一次成型产品变形小、规格多；使用粒料的膨化及表面玻化技术，实现无机板料低密度、低导热及憎水性能；经过高温烧制，其产品有别于之前的免烧产品，具有良好的耐久性和防火性。

图7-26

五、建筑瓦材制品

瓦材是以黏土、水泥、砂、骨料及其他材料等，依一定比例拌和，由模具高压成型，并经过高温处理，表面可不上釉或上釉。瓦有许多种外形构造。瓦材具有阻水、泄水、隔热保温作用，亦有古朴厚重之装饰效果。

（一）黏土瓦

系以黏土为主要原料，加水搅拌后，经模压成型，再经干燥、焙烧而成。分平瓦和脊瓦两种，色彩有青、红二色（图7-27）。

（二）水泥瓦

系以水泥和温石棉为原料，经加水搅拌、压滤成型、养护而成的波形瓦。具有防火、防腐、耐热、耐寒、绝缘等性能。规格为：大波瓦2800mm×994mm×6mm，中波瓦1800mm×745mm×6mm，小波瓦780mm×180mm×2mm/6mm等（图7-28）。

（三）琉璃瓦

建筑琉璃瓦，是一种具有中华民族文化特色与风格

图7-27

图7-28（左）

图7-29（右）

的传统建筑材料。这种材料虽然古老，但由于它具有独特的优良装饰性能，今天仍然是一种优良的高级建筑装饰材料。它不仅用于中国古典式建筑物，也用于具有民族风格的现代建筑物。琉璃制品是用难熔黏土经制坯、干燥、素烧、施釉、釉烧而成的一种高级屋面材料，色彩绚丽，质坚耐久，造型古朴。有黄、绿、蓝、青、紫、翡翠色等色。品种繁多，建筑琉璃制品分为瓦类（板瓦、滴水瓦、筒瓦、沟头等）、脊类（正脊筒瓦、正当沟等）和饰件类（吻、兽、博古等）三类（图7-29）。

（四）金属茅草瓦

铝质茅草屋顶所用的金属茅草瓦，是由纯铝片压制而成的仿茅草屋顶的制品，真正符合绿色环保的要求，是新型园林景观屋顶装饰的理想材料，也是目前仿真茅草的最好装饰材料（图7-30）。

特点：100%防火，易于通过环保验证和防火条例；不受鸟类筑巢、虫蛀、真菌等威胁；可以配比成多种茅草的颜色，时间越久色泽越逼真；可以代替真茅草用在任何地方，不受天气冷暖和风吹雨打的限制；安装简单，安装之后没有维修和更换的工作量，可以说是一劳永逸的理想材料；仿真茅草瓦不受各种屋顶形状、屋顶的坡度、雨水沟沿等的限制；10~50年的使用期限。

适用范围：酒店中的花园小区、动物园、主题公园、餐馆或酒吧中的户外凉亭、园林景观、温泉度假村、公园景观、度假村、巴士站、休闲亭、高档建筑群小区、别墅小区、博物馆、海边酒吧、海边烧烤吧、水上休闲凉亭、热带风情风格场所等。

（五）彩钢瓦

彩色压型瓦，是采用彩色涂层钢板，经辊压冷弯成各种波形的压型板，它适用于工业与民用建筑、仓库、特种建筑、大跨度钢结构房屋的屋面、墙面以及内外墙装饰等，具有质轻、高强、色泽丰富、施工方便快捷、抗震、防火、防雨、寿命长、免维护等特点，现已被广泛推广应用。一般的彩钢瓦可以使用10~15年（图7-31）。

特点：重量轻，10kg/m²左右，仅仅相当于砖墙的1/30；导热系数低，热绝缘和吸声性能好；强度高，可以用做顶棚，抗弯抗压，并且不需要梁柱；色泽艳，彩色镀层可以保持10~15年；安装快，可以使施工周期缩短近一半；价格一般在12~30元/m²之间。

（六）彩色水泥瓦

彩色混凝土瓦，又叫彩色水泥瓦，水泥彩瓦等。市面上所说的彩瓦一般均指彩色水泥瓦。彩色水泥瓦是最近几年新型的屋面装饰建材。彩瓦是将水泥、沙子等合理配比后，通过模具，经高压压制而成，具有抗压力强，承载力高等优点（图7-32）。

适用范围：主要用于多层和低层建筑，别墅更为适用；适用于防水等级为 II 级（一至两道防水设防，并设

图7-30

图7-31

图7-32

图7-33（左）

图7-34（右）

防水垫层）、Ⅲ级（一道防水设防，并设防水垫层）、Ⅳ（一道防水设防，不设防水垫层）的屋面防水。防水垫层铺设于防水层下，也可作为一道防水层，用于保护屋面，延长屋面使用寿命。不宜使用防水涂料作为防水层或防水垫层。

优点：它属于混凝土构件，强度高、密实度好、吸水率低、寿命长；它仅需在40℃左右养护，无须高温焙烧，故变形极小，盖在屋面上平整美观；瓦形多种多样，生产设备和工艺五花八门；彩瓦表面喷一层密封剂，以防止混凝土表面产生二次泛碱；彩色混凝土瓦的生产效率较高，生产过程中能耗低，无烟尘污染产生。

（七）建筑琉璃制品的特点与应用

琉璃制品的特点是质地致密，表面光滑，不易沾污，坚实耐久，色彩绚丽，造型古朴，富有我国传统的民族特色。常用颜色有金黄、翠绿、宝蓝、青、黑、紫色。琉璃制品是我国用于古建筑的一种高级屋面材料，采用琉璃瓦屋盖的建筑，显得格外富有东方民族精神，富丽堂皇，光辉夺目，雄伟壮观。琉璃瓦因价格昂贵，且自重大，故主要用于具有民族色彩的宫殿式房屋，以及少数纪念性建筑物上。此外，还常用于建造园林中的亭、台、楼、阁、围墙，以增加园林的景色（图7-33）。

（八）瓦材的施工

瓦材用于屋顶、墙顶。施工时要先钉角材及挂瓦板，使互相搭接结合牢固，其中檐瓦、边瓦、脊瓦则应用铁丝、铜丝及铁钉钉牢，亦可以水泥砂浆直接固定，瓦屋面坡度应在30°以上，下层一般要作防水处理（图7-34）。

六、砖

（一）黏土砖

砖分为实心和空心砖块，其原材料是黏土和沙的混合物，在塑性状态时，被模制成长方块，然后放到窑里烧制（图7-35）。

砖是一种小巧的统一的建筑砌块，砖的尺寸起初取决于一只手能轻易抓起的重量。传统的制砖过程相当简单，并且砌块是简单的手艺，但是装饰性的砌块工程却相当复杂。砖常被用来砌成承重墙，或者贴在像混凝土或混凝土砌块这样的结构之外做饰面。

砖砌工程的外观，取决于砖头的颜色、质地、砌台以及所选灰浆。砌合是把一层砖叠加到另一层砖上的过程。重复的各层变化再加上竖缝，使得砖砌工程具有与众不同的特征。

使用装饰性釉砖也是历史悠久的传统。釉可以是任何颜色的，而砖体表面可以是平滑的，或粗糙的，带斑点的，或被弄成毛糙的质感。

将砖挑出或退入墙表面，或用单块，或用成组的手法，可以塑造出浅浮雕式图案。各种图案都可以用现成的砖方便地完成。

由于砖头是符合模数的，所以设计者有条件仅用几种基本形状，进行不同方式的组合，就开发出装饰性的各种系列。纵观历史，人们一直用砖创造极具装饰性的图案。

砖与其他建筑材料可以结合得很好。在文艺复兴时期，砖与石结合在一起。在西班牙，砖砌层与石砌层相交错；而在英国，砖用于砖木混合结构的房子；在殖民地时期的美洲，从最早的定居时期到此后每个时代及其古典复兴时期，砖被广泛采用。不管是何种情形，砖一直与大量的其他材料，如石头和木材，一起使用（图7-36）。

（二）轻型加气砖

轻型加气砖也叫加气混凝土砌块。加气砖可以根据原材料的类别、质量、主要设备的工艺特征等，采用不同的工艺进行生产。在一般情况下，将粉煤灰或硅沙、矿渣加水磨成浆料。加入粉状石灰、适量水泥、石膏和发泡剂，经搅拌后注入模框内，表面静养发泡固化后，

图7-35

图7-36

切割成各种规格砌块或板材，由蒸养车送入蒸压斧内，经高温饱和蒸汽养护下既形成多孔轻质的加气混凝土制品。有质轻、防火、隔声、保温、抗渗、抗震、耐久等几大特点，而且无污染、节能降耗，正是当代所需要的绿色环保建材。轻型加气砖已经成为当代新型墙材中的一个重要组成部分，有广阔的发展空间和发展前景。是非承重墙用砖（图7-37）。

实例研究：悉尼歌剧院

　　1973年建成的悉尼歌剧院，整座歌剧院的造型是四对（8只）薄壳，被分成两组，每组4个，分别覆盖在较大的音乐厅（2800座）和与其并置的歌剧院（1550座）上。每对薄壳彼此对称互靠，另有两只小薄壳覆盖着贝尼朗餐厅、小剧场、排演厅、展览馆等辅助设施则被置于基座内。由于基地狭窄，只能将舞台的侧台置于台下。为了造型的要求，观众的入场路线也变得很特殊，只能从舞台侧入场就座。种种带来的不便，只为了能完好地实现最初的设想。

　　正如伍重自己所说："我要创造一座雕塑，包括着所有必须功能的雕塑。"建成后的悉尼歌剧院展示出异常生动的景象，实体的基座与舒展其上的壳体产生鲜明的对比，用釉面瓷砖覆盖的屋顶在阳光的照耀下，闪闪发光，充分展示出不同曲面的效果。它矗立在天与海之间，似乎吸纳着周围一切的灵气，同时又与自然景色融合到一起。从不同视角望去，每个侧面都是同样的完美，让你永远不会疲倦（图7-38）。

图7-37

图7-38

第八章　装饰塑料制品

一、装饰塑料

塑料是人造的或天然的高分子有机化合物，加合成树脂、天然树脂、橡胶、纤维素醋或醚、沥青等为主的有机合成材料。这种材料在一定的高温和高压下具有流动性，可塑制成各式制品，且在常温、常压下制品能保持其形状而不变。它们可以被模塑、挤压或注塑成各种形状或被拉成丝状用作纤维。

塑料作为一种建筑材料使用可追溯到20世纪30年代。与传统材料相比，塑料具有质轻、价廉、防腐、防蛀、隔热、隔声、成型加工方便、施工简单、品色繁多、装饰效果良好等优点，因而在全球范围内备受欢迎，消费量逐年增加。

设计师在建筑物室内应用塑料已有几十年时间了，而在室外，塑料仅作为标志和模制板。然而，厂家正在开始为消费者提供精工细作的线角、山花、墙角等以轻质聚合物材料制作的配件。这些东西可以用标准工具工作，可以很好地经受各种气候条件的考验，并方便进行维修，用这些材料还可以改变传统的建筑风格。

乙烯基材料和其他层压板的开发为设计永久性、耐磨、易维护的材料提供了很大天地。这些便于成型和模制的复合材料有许多商业上的俗名。其中最出名的是"有机玻璃"，这种材料常用于窗户和照明灯具。此外还包括一些绝缘材料，如"玻璃纤维""泡沫聚苯乙烯"和"尿烷"（即人造橡胶）。用于粘合和填缝的材料有"环氧树脂"，而用于防水目的的则有"硅酮"（即硅有机树脂）。

近年来，整个建筑业运用塑料已从初期只把塑料当作绝缘材料，扩展到充气式塑料房屋。运用塑料或塑化纤维，制造出了许多抗拉力的形式。其中不少建筑物用于临时性或季节性用途，但是，这些材料也可以成为永久的。

塑料的缺点是耐热性和刚性比较低，长期暴露于大气中会出现老化现象。

二、装饰塑料的组成与特性

（一）装饰塑料的组成

塑料是由树脂、填充料和助剂等组成。由于所用的树脂、填充料和助剂的不同，而使制成的塑料种类繁多，性能各异。

（二）装饰塑料的特性

1. 装饰可用性

塑料制品的装饰可用性好。塑料制品色彩绚丽丰富，表面平滑而富有光泽，制品图案清晰。直、曲线条，直则平齐规整，曲则柔和优美。其次，塑料制品可锯、钉、钻、刨、焊、粘，装饰安装施工快捷方便，热塑性塑料还可以弯曲重塑，装饰施工质量易保证。此外，塑料制品耐酸、碱、盐和水的侵蚀作用，化学稳定性好，因而美观耐用。非发泡型制品清洗便利、油漆方便。

2. 塑料装饰材料的感观特性

与其他材料相比，具有相对较高的满意程度。塑料装饰材料似石似木，类纸类棉，可仿陶瓷仿金属，模拟砖瓦，乔装花木。它又卫生清洁，华丽美观，具有现代工业产品体质特征和适应现代化生活的可用性。若在建筑工程及装饰工程中合理设计，正确使用，塑料制品在21世纪的建筑装饰工程中将会起到更加科学合理的作用。

三、塑料的分类

（一）热塑性塑料

可反复进行加热软化、熔融，冷却硬化的树脂，称为热塑性塑料。全部加聚树脂和部分缩合树脂属于热塑性树脂。

（二）热固性塑料

热固性塑料仅在第一次加热（或加入固化剂前）时能发生软化、熔融，并在此条件下产生化学交联而固化，以后再加热时不会软化或熔融，也不会被溶解，若温度过高则会导致分子结构破坏，故称为热固性塑料。大部分缩合树脂属于热固性树脂。

四、装饰塑料制品

建筑装饰塑料制品很多，最常用的有用于屋面、地面、墙面、顶棚的各种板材或块材、波形板（瓦）、卷材、装饰薄膜、装饰部件等。

（一）墙面装饰塑料

1. PVC异型板

PVC异型板是利用挤出成型方式生产的板材，分为单层异型和中空异型两种。为适应板材的热胀冷缩性，其宽度一般较小，通常为100~200mm，各种波形板的断面为1.8~6m，板材厚度为6.5~25mm，板壁厚为1.0~1.2mm。板型具有企口，即一边带有凸出的肋，另一边带有凹槽，安装极为方便。

PVC异型板表面平滑，具有各种色彩，内墙用异型板常带有各种花纹图案。适用于内外墙的装饰，同时还能起到隔热、隔声和保护墙体的作用。装饰后的墙面平整、光滑，线条规整，洁净美观。中空异型板的刚度远大于单层异型板，且保温、隔声性也优于单层异型板（图8-1）。

2. PVC格子板

PVC格子板是将PVC平板用真空成型的方法，使它成为具有各种立体图案和造型的方形或长方形板材。PVC格子板的刚度大、色彩多、立体感强，在阳光不同角度照射下，背阳面可出现不同的阴影图案，使建筑的立面富有变化。

适用于商业性建筑、文化体育设施等的正立面，如体育场、宾馆进厅口等处的正面。安装格子板的龙骨一般应垂直排布，以便使格子板与墙面之间的夹层中的水汽能向上排出（图8-2）。

图8-1

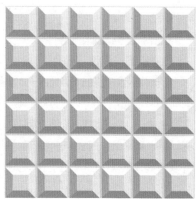

图8-2

3. 塑料贴面板

塑料贴面板又称防火板，其面层为三聚氰胺甲醛树脂浸渍过的具有不同色彩图案的特种印花纸，里面各层均为酚醛树脂浸渍过的牛皮纸，经干燥后叠合热压而成的热固性树脂装饰层压板。

按用途分为，平面类：具有高耐磨性，用于台面、地板、家具、室内装饰；立面类：耐磨性一般，用于家具、室内装饰；平衡面类：性能一般，作平衡材料用。按外观和特性分为有光型、柔光型、双面型、滞燃型。产品尺寸有1830mm×915mm、2135mm×915mm、1830mm×1220mm、2440mm×1220mm等。板的厚度有0.6mm、0.8mm、1.0mm、1.2mm、1.5mm、2.0mm等。产品分为一等品和合格品，各等级的质量应满足《热固性树脂浸渍纸高压装饰层积板》GB/T 7911-2013的要求。

这种贴面板颜色艳丽，图案优美，花纹品种繁多。表面光滑，或略有凸凹，但均易清洗。平面多为高光（光泽度大于85），浮雕面呈柔和低光（光泽度为5~30）。耐烫阻燃、耐擦洗、耐腐蚀，与木材相比耐久性良好，是护墙板、车船舱、计算机台桌面的理想材料。作室内装饰贴面时，可与陶瓷、大理石、各种合金装饰板、木质装饰材料搭配使用或互换，可达到以假乱真的艺术效果（图8-3）。

4. 玻璃钢装饰板

玻璃钢是玻璃纤维增强塑料的俗称，是以玻璃纤维为增强材料，经树脂浸润粘合、固化而成，亦称为GRP。目前玻璃钢材料可缠绕成型，亦可手糊或模压成型。因而可制成平面、浮雕式的装饰板或制成波纹板、格子板。玻璃钢材料轻质高强度，刚度较大，制成的浮雕立体感强，美观大方。经不同的着色等工艺处理后，可制成仿铜、仿玉、仿石、仿木等工艺品。制成的装饰制品表面光滑明亮，或质感逼真；同时硬度高、刚性大、耐老化、耐腐蚀性强。市场上亦有用玻璃钢制成的假山水模型、假盆景或假壁炉等装饰制品（图8-4）。

5. 有机玻璃饰面材料

一般采用PMMA（聚甲基丙烯酸甲酯）作为有机玻璃饰面材料。有机玻璃板可分为无色透明有机玻璃、有色透明有机玻璃、有色半透明有机玻璃、有色非透明有机玻璃等装饰板。最近市场又开发了珠光有机玻璃装饰板。在建筑装饰中，有机玻璃板主要用做隔断、屏风、护栏等，也可用作灯箱、广告牌、招牌、暗窗，以及工艺古董的罩面材料。

目前国外将有机玻璃用于室外墙体绝热保温装饰材料，在装饰外墙的同时，达到节能保温作用。有机玻璃彩

图8-3

图8-4

绘板、有机玻璃压型压纹板也越来越多地用于书房、客厅、琴室、卫生间等墙面装饰或隔断屏风等墙体装饰中（图8-5）。

6. 仿木装饰线条

主要是PVC钙塑线条。它具有质轻、防霉、防蛀、防腐、阻燃、安装方便、美观、经济等性能和优点。塑料线条主要制成深浅颜色不同的仿木纹线条，也可制成仿金属线条，作为踢脚线、收口线、压边线、墙腰线、柱间线等墙面装饰用。有时也用这种塑料线条作为窗帘盒或电线盒。

与木质装饰线条相似，这种塑料装饰线条花色品种繁多，图案造型千姿百态，不胜枚举。如同服装的花边，对墙面装饰的细部或两种构造连接过渡部分会产生较好的修饰作用，使之产生层次感，强调了不同建筑装饰材料间的变化及对比关系，给人以水平、整齐和规则的印象（图8-6）。

7. 木塑复合板材及方料

木塑复合板材是一种主要由木材（木纤维素、植物纤维素）为基础材料与热塑性高分子材料（PE塑料）和加工助剂等，混合均匀后再经模具设备加热挤出成型而制成的高科技绿色环保材料，兼有木材和塑料的性能与特征，能替代木材和塑料的新型环保高科技材料，其英文 Wood Plastic Composites 缩写为WPC。木塑材料是新型的环保节能复合材料，木材的替代品。可用于园林景观、内外墙装饰、地板、护栏、花池、凉亭等。颜色有雪松、深红、浅红、樱桃、胡桃、黑胡桃、紫檀、亚柚、黄柚、泰柚等（图8-7）。

8. 珠帘

珠帘是居室或屋外起装饰和遮挡的作用，品种繁多，花样繁多。珠子有很多种，方糖珠、地球珠、足球珠、扁珠、方珠、造型珠、切面珠、爱心珠、雪花珠、八角珠，等等。这些珠子串在一起，就变成了一幅幅漂亮的珠帘，颜色艳丽多样。珠帘的款式设计都随个人所好，应注重与家里的装修风格是否和谐，确定自己家里的色调基色和装修风格，比如前卫型、时尚型、简约型、古典型、温馨型等，由此来选择相应风格的珠帘来搭配。同时，珠帘的尺寸也必须考虑到用料的问题，如果要做玄关的珠帘，一般要求做1.8~2m，这种长度就尽量不要选择珠子太大太重的款式，那样会增加每根珠链的重量，珠帘容易断线；而在需要经常出入处的珠帘要尽量设计得短一些，可以选择一些漂亮有颜色的吊坠，那样既美观又实用，因为经常出入，总要拨动珠帘，既麻烦，又很容易扯断珠链，建议尽量设计为半帘或没有吊坠下摆参差不齐的款式（图8-8）。

（二）屋面与顶棚装饰塑料

塑料装饰板作为顶棚，也具有一定的吸声、隔热、隐蔽管线等技术功能。人们对棚面和屋顶的感受与对墙壁、门窗、地面等其他部位的感受是不同的，后者主要是从使

图8-5

图8-6

图8-7

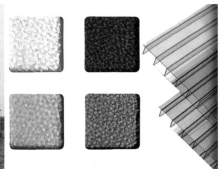

图8-8   图8-9

用的角度去观察，而前者是从观察的角度去欣赏。用塑料做透光罩、灯饰、顶棚，配以一定的灯光效果，则可使室内光线增强或减弱，色调变化，从而产生不同的光线和色彩，进而创造和利用光学要素，最终达到营造空间气氛的艺术效果。

人们对环境空间的占有、支配、理解和欣赏的心理状态和心理活动过程称为空间领域感。根据设计师和用户的要求，采用塑料进行屋面装饰，可突出体现主人的个性、艺术欣赏能力和对空间的占有及支配关系，强化人与环境的交流功能，使人能主动地接受这种装饰所蕴含的文化、艺术、传统、习惯，产生强烈的空间领域感。

1. PC耐力板

PC耐力板具有不可思议的耐撞击性，比玻璃强250倍，安全性高。其透光率近90%，与玻璃相当。品质优越，能对抗紫外线，长效耐候。PC耐力板具自熄性，适用于商业空间，保障公共安全，效果卓越。PC耐力板还具有意想不到的隔热效果，能减少冷暖空调设备的运转，节省电力。住宅的天窗、采光罩、扩建的阳台、玻璃屋，商业空间如饭店、餐厅、咖啡店、服饰精品店、美容院、健身中心，公共空间如银行、医院、幼儿园、机场、车站、市政厅、行人天桥、公车站牌、大楼门廊的棚顶、衔接地下室与地上或室内与室外等不同空间的过渡廊道等均适用PC耐力板（图8-9）。

2. 聚苯乙烯泡沫塑料夹芯板

聚苯乙烯泡沫塑料夹芯板是以上下两层0.6mm厚的彩色钢板为表层，闭孔阻燃的聚苯乙烯泡沫塑料板为芯层，用特制的粘合剂粘合压制而成的。具有重量轻、机械强度高、保温、耐腐蚀、耐水蒸气渗透及耐候等特点。适用于大跨度厅馆的屋面、工业厂房，大、中、小型装配式冷库，楼房加层、无菌净化车间、电磁屏蔽室及活动房屋等。工程设计请参考由北京市建筑设计标准化办公室出版的《金属绝热材料夹芯板》京92SJ18图集（图8-10）。

图8-10

3. 艺术灯池及装饰灯具

采用塑料或纤维增强塑料制成的艺术灯池，可分为中式藻井浮雕灯池和欧式浮雕灯池。近年来又采用透明或半透明材料制成豪华的欧式宫灯。这种灯池或灯饰给人以工整对称、富丽豪华的深刻印象。

灯池可为长方形、正方形、圆形或椭圆形。尺寸一般在600mm×2000mm以上。其中，玻璃钢罩面式灯池采用树脂及增强纤维结构作为底层，制成浮雕图案的花饰造型结构，经着色印花工艺处理后，再用透明防辐射老化类树脂涂料罩面处理。其图案生动形象，色彩鲜艳丰富，表面精致细腻，装饰效果良好。尤其在不同灯具的相互衬托下，在灯光的映照下，使棚面空间富于变化，美丽豪华。选取这种灯池塑料装饰板材时，除注意其艺术性外，应主要注意其耐老化性质，防止其老化褪色或开裂破坏，同时应注意其阻燃性，应选用燃烧性等级为B2级以上的合格产品（图8-11）。

图8-11

4. PE钙塑泡沫顶棚

钙塑泡沫顶棚是在聚乙烯等树脂中，大量加入碳酸钙、亚硫酸钙等钙盐填充料及其他添加剂等而得的塑料。钙塑泡沫顶棚是我国开发的一种塑料装饰板材。它体积密度小、吸声隔热，且造型美观，立体感强，又便于安装。其缺点是易老化变色，且阻燃性差。现已有报道研制阻燃型钙塑板，其阻燃性可达到室内装饰防火规范要求（图8-12）。

图8-12

5. 透明彩绘塑料顶棚

由于玻璃彩绘发光顶棚不能满足使用者的心理安全感，因而市场上开发了透明或半透明的彩绘塑料顶棚。由于塑料体积密度小，着色性好，光线柔和均匀，可消除束光或眩光，且不易破碎伤人，故作为发光顶棚装饰的彩绘顶棚或发光带顶棚，装饰效果良好，且技术经济综合指标适宜，故得到较为广泛的应用（图8-13）。

图8-13

6. 塑料格栅式吊顶

这种装饰板多为装配式的构件，组合装配后可作为敞开式吊顶室内装饰。这种装饰是将棚面的空间构造和灯光照明效果综合处理的一种设计形式。由于预制的塑料格栅板在空间呈规则排列，周期性变换，故在艺术上给人以工整规则、整齐划一的工艺概念和机械韵律感。其效果呈现将现代工艺的艺术观念寓于简单的装饰操作之中的现代气息，这种格栅可采用透明塑料、半透明塑料，单色（彩色）、电镀、仿铝合金等不同的塑料制品，以强化其装饰性。其技术经济效果优于金属板格栅（图8-14）。

7. 张拉膜

张拉膜结构的运用常见于西方国家，目前广泛运用于体育场及露天剧场等大型设施。作为一种特种建筑结构，越来越多的建筑师乐于采用这一形式，因为它可以突破常规建筑结构的限制，使建筑设计更为艺术化和个性化，实现艺术与建筑的完美结合，同时更增加了建筑物自身的价值。

膜结构面料主要可分为三类，薄膜、网状膜和半透明膜。后者是目前在膜结构中运用最为广泛的一种材料，膜材表面涂有复合材料以增加强度及对外界环境的抵抗力。复合材料中以聚氨乙烯涂层的高强聚酯材料（PVC/PES）和聚四氟乙烯涂层编织玻璃纤维（PTFE，如：特富龙）最为常用。要进一步加强PVC/PES复合膜的性能，表面处理是最为关键的（图8-15）。

8. BMC热硬化树脂顶棚

BMC热硬化树脂顶棚是主要由不饱和聚酯树脂，玻璃纤维，氢氧化铝，碳酸钙和异型剂等成分组成，是一种新型的复合成型装饰材料。它有许多的优良性能，作为一种新型防燃材料，在潮湿的环境中，根本不会出现腐蚀、变形、褪色等不良现象，非常适合使用于游泳馆、温泉浴场、浴室或特殊场馆等，即使温度达到200℃也不会变形，具有很强的耐热性。具有优良的绝缘性、吸声性，是一种良好的隔声材料；具有耐水性，脏了以后，可以用水进行擦洗（图8-16）。

图8-14

图8-15（左）

图8-16（右）

9. ETFE膜（四氟乙烯聚合物）

国家游泳中心（水立方）的外观，就是由ETFE膜结构构建的。ETFE膜结构表面基本上不沾灰尘，除了遇上沙尘暴等极端天气，一般情况下，自然降水足以使之清洁如新。半透明的气枕可以使整个游泳中心的绝大部分区域日间不须点灯，进入室内的光线也是最柔和的。仅在控温方面，膜结构就能帮助"水立方"节省30%的电力。

"水立方"外层膜结构采用ETFE材料，质地轻巧，但强度却超乎想象，充气后可经得住汽车轧过去；膜的延展性非常好，耐火性、耐热性都很明显。它可以拉到本身的三到四倍长都不会断裂，燃点在715℃以上才能烧出一个窟窿，但是不扩散，也没有烟，也不会有燃烧物掉下去。"水立方"世界范围内首次大面积使用ETFE膜的全封闭体育场馆（图8-17）。

（三）塑料门窗

目前的塑料门窗主要是采用改性硬质聚氯乙烯，以轻质碳酸钙为填料，并加入适量的各种添加剂，经混炼、挤出成型为内部带有空腔的异型材，以此塑料异型材为门窗框材，经切割、组装而成。

此外，塑料门窗还分有全塑门窗和复合塑料门窗。复合塑料门窗是在门窗框内部嵌入金属型材以增强塑料门窗的刚性，提高门窗的抗风压能力和抗冲击能力。增强用的金属型材主要为铝合金型材和轻钢型材。

总之，塑料门窗类装饰材料不仅装饰性好，而且强度、开启力、耐老化、耐腐蚀、保温隔热、隔声、防水、气密、防火、抗震、耐疲劳等技术性质极佳，是具有广阔发展前景的一类装饰材料。

1. 塑料门的品种

塑料门按其结构形式分为镶板门、框板门和折叠门，按其开启方式分为平开门、推拉门和固定门。此外还分为带纱扇门和不带纱扇门，有槛门和无槛门等。平开门与传统木门窗的开启相同；推拉门是固定在导轨内，开关时门在其平面内运动，实现开启或关闭，与平开门相比，推拉门节约了平开门开启时所占有的空间（图8-18）。

2. 塑料窗的品种

塑料窗按其结构形式分平开窗（包括内开窗、外开窗、滑轴平开窗）、推拉窗（包括上下推拉窗、左右推拉窗）、上旋窗、下旋窗、垂直滑动窗、垂直旋转窗、固定窗、平开上旋窗等。此外平开窗和推拉窗还分带纱扇窗和不带纱扇窗两种（图8-19）。

图8-17　ETFE膜

图8-18（左）

图8-19（中）

图8-20（右）

3. 塑料工艺门

此类门可能有多种形式，其门扇内部可为实心、空心，内部为木材，亦可为纤维类仿木制品，外层粘贴或模压PVC塑料工艺贴面层。此类门扇整体轻、防火、防蛀，表面层装饰贴面呈仿木、仿钢、仿铝合金的平面式或浮雕式图案与造型。色彩丰富艳丽，装饰性好（图8-20）。

4. 塑料百叶窗

塑料百叶窗用PVC等塑料叶片经编织缝制或穿挂而成。从装饰艺术角度讲，塑料百叶窗既可起遮挡作用，又具有透视效果，同时通风透气，消声隔声。与布类棉质窗帘相比，更具有格律韵味，给人以高雅、神秘的感觉和气氛。尤其是现在流行的垂直式合成纤维与塑料复合织缝而成的百叶窗，在保持百叶窗的装饰艺术性方面，更向布类棉质窗帘靠近，同时具有拉起敞开、拉回遮挡的作用，及摆动飘逸的特性，在住宅、宾馆、图书馆、博物馆中使用，装饰效果颇佳（图8-21）。

（四）地面装饰塑料

20世纪70年代初，塑料地面材料开始投放市场，以其花色新颖、价格低廉而受到用户的欢迎。地面装饰塑料的主要品种有两种，一种是块状塑料地板，另一种是塑料卷材地板，亦称地板革。此外，塑料地毯也作为一种中低档装饰材料代替了部分毛、麻、化纤混纺、纯化纤类地毯。

1. 塑料块状地板

块状塑料地板，俗称塑料地板块（砖）。国内目前生产的主要为聚氯乙烯地板块，它是由聚氯乙烯、碳酸钙等为主，经密炼、压延、压花或印花、切片等工序而成。按材质分为硬质和半硬质，目前大多数为半硬质；按外观分为单色、复色、印花、压花；按结构分为单层和复合层等。其规格主要为300mm×300mm×1.5mm，400mm×400mm×2.0mm。

半硬质PVC地板砖属于低档装饰材料，适用于餐厅、饭店、商店、住宅、办公室等。采用两种不同颜色的单色塑料地板砖装饰的地面，使室内显得规矩整洁，既有条理，又对称，给人以秩序感。在使用面积不太大的普通住宅中进行此类装饰，可使拥挤杂乱感得到较好的控制（图8-22）。

性质：

①表面较硬，但仍有一定的柔性。故脚感虽较硬，但较水磨石等石材类仍略有弹性，无冷感，步行时噪声较小。

图8-21

图8-22

图8-23

②耐烟头性较好。掉落的烟头即时踩灭时不会被烧焦，但可能会略发黄。

③耐磨性较高。其耐磨性优于水泥砂浆、混凝土、水磨石，但次于瓷砖。

④耐污染性较好，但耐刻划性差，易被划伤。

⑤抗折强度较低，有时易被折断。

2. 塑料卷材地扳

塑料卷材地板，俗称地板革，属于软质塑料。其生产工艺主要为压延法。产品可进行压花、印花、发泡等，生产时一般需要带有基材。塑料卷材地板按外观分为印花、压花，并可以有仿木纹、仿大理石及花岗石等多种图案。按结构分为致密和发泡。地板革的幅宽分为1800mm或2000mm，每卷长度分为20mm或30m，厚度分为1.5mm（家用）和2.0mm（公共建筑用）等。

可广泛用于住宅、办公室、实验室、饭店等的地面，也可用于台面。目前还出现了一些用于特殊场合的塑料地板，如防静电塑料地板、防尘塑料地板等（图8-23）。

与半硬质块状塑料地板相比具有以下特点：

①柔软，脚感好，以发泡地板革的脚感最好。

②铺设方便、快捷，装饰性更好。其幅宽、花色图案多，整体效果好。

③易清洗。

④耐热性及耐烟头性较差，易烧焦或烤焦。

⑤耐磨性较好。

3. 仿天然人造尼龙草坪

仿天然人造尼龙草坪，草丝柔软，与天然草极为相似，站在上面有如亲临真实草地一般。又因其反射系数极低，所以不会造成眼睛疲倦。无论风吹、日晒、雨淋，均不变脆收缩；密度高、弹性好，重压后的回复性佳、柔软耐磨。阳光直射下，能吸收建筑物的反射热，具耐暑抗热效果，可吸热约4℃。

仿天然人造尼龙草坪，具有多种规格可适用于曲棍球场、足球场、高尔夫球场、网球场、庭院、泳池边等各种场所（图8-24）。

4. 塑木地板

塑木地板，顾名思义，就是实木与塑料的结合体，它既保持了实木地板的亲和性感觉，又具有良好的防潮耐水，耐酸碱，抑真菌，抗静电，防虫蛀等性能，塑木地板是利用木屑、稻草、废塑料等废弃物生产的系列木塑复合材料，正逐步进入装修、建筑等领域。塑木地板成为建材业发展新方向，这种材料防水防潮高环保，结合了植物纤维和塑料高分子材料的诸多优点，能大量替代木材，可有效缓解我国森

图8-24（左）

图8-25（右）

林资源贫乏、木材供应紧缺的矛盾，是一种极具发展前途的低碳、绿色、可循环可再生生态塑木材料（图8-25）。

5. 塑胶跑道

塑胶跑道材料由聚氨酯预聚体、混合聚醚、废轮胎橡胶、EPDM橡胶粒或PU颗粒、颜料、助剂、填料组成。塑胶跑道具有平整度好、抗压强度高、硬度弹性适当、物理性能稳定的特性，有利于运动员速度和技术的发挥，有效地提高运动成绩，降低摔伤率。塑胶跑道具有一定的抗紫外线能力和耐老化力，是国际上公认的最佳全天候室外运动场地坪材料（图8-26）。

（五）塑料艺术制品

建筑装饰工程中，由于塑料的色彩艳丽、光泽高雅、可模可塑，以及耐水性优良，因而常将塑料材料制成装饰艺术品，用于建筑空间的美化与优化。

1. 花木水草类塑料装饰材料

随着塑料工艺的发展，用塑料材料单独制成的或复合制成的塑料花草树木花样翻新，可以假乱真，传统的塑料花表面易吸尘，易被污染，且老化快，易褪色。新型的塑料花草类制品，表面经特殊涂膜处理，油润洁净，富于活力；若与水景搭配，则与灯光水景相辉映，装饰点缀效果独到。同时它比真实的植物花草具有许多优点，如不生虫、不枯黄落叶、不须浇水施肥、不受季节影响，使装饰的居室、宾馆饭店充满生机。

2. 室内造景类装饰材料

一般采用GRP类材料（玻璃增强热固性塑料），可制成盆景、流水瀑布、叠石以及装饰壁炉等。根据建筑物的功能及主人的艺术爱好，利用塑料制品造景，则可产生自然色彩浓郁的艺术风格、欧式风格或传统式风格的装饰效果。使人在光射四壁的斗室之中，追求自然与梦想的浪漫意境（图8-27）。

（六）合成革

合成革亦称为人造革，多由聚氯乙烯制成。与真皮相比，塑料人造革耐水性好，不会因吸水而变硬，其色彩、光洁度、耐磨性及抗拉强度均优于真皮（牛皮），尤其是高档人造革，表现艺术美学性能优于真皮。但某些情况下，其柔韧性、折叠性疲劳、耐光性、热老化性及低温冷脆性不如真皮。低档的人造革质次价廉，而高档的人造革质优价中，在建筑装饰工程中，常被用作沙发面料，有时用作欧式隔声门的软包面料，也偶有在墙壁局部作包覆装饰之用。使用人造革或真皮作为家具类装饰材料，给人以富有、和平、宁静、轻柔、温暖的感觉和印象，实际使用时，整洁方便、实惠耐用（图8-28）。

图8-26

图8-27

图8-28

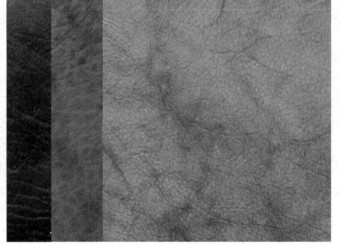

图8-29

（七）窗用节能塑料薄膜

窗用节能塑料薄膜又称遮光膜或滤光薄膜、热反射薄膜。它是以塑料薄膜为基材，喷镀金属后再和另外一张透明的染色胶料薄膜压制而成。节能薄膜的幅宽一般为1000mm左右。节能塑料薄膜，一般采用压敏胶粘贴，使用时只需将垫纸撕去即可粘贴。粘贴时应尽量赶尽气泡以免影响装饰效果。清洗时应采用中性洗涤剂和水，并使用软布擦洗以免产生划痕（图8-29）。

（八）装饰墙纸（布）

墙纸（布）是室内装修中使用最为广泛的墙面、顶棚装饰材料。其图案变化多端，色泽丰富，通过印花、压花、发泡可以仿制许多传统材料的外观，甚至达到以假乱真的地步。墙纸（布）除了美观外，也有耐用、易清洗、寿命长、施工方便等特点（图8-30）。

1. 纸基墙纸

纸基纸墙纸是发展最早的墙纸。纸面可印图案或压

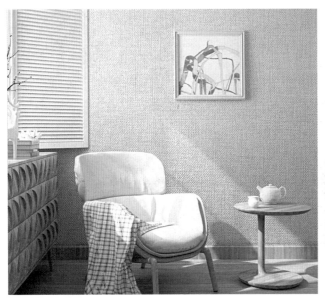
图8-30 装饰墙纸（布）

图8-31 纸基墙纸

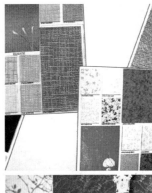

图8-32 纺织物墙纸

花，基底透气性好，使墙体基层中的水分向外散发，不致引起变色、鼓包等现象。这种墙纸比较便宜，但性能差，不耐水，不能清洗，也不便于施工，易断裂，现已较少生产（图8-31）。

2. 纺织物墙纸

纺织物墙纸是用丝、羊毛、棉、麻等纤维织成的墙纸。用这种墙纸装饰的环境给人以高尚、雅致、柔和而舒适的感觉（图8-32）。

3. 天然材料墙纸

天然材料墙纸是用草、麻、木材、树叶、草席制成的墙纸。也有用珍贵树种木材切成薄片制成的墙纸，其特点是风格淳朴自然（图8-33）。

4. 风景墙纸

风景墙纸是将风景或油画、图画经摄影放大印刷成人的视觉尺度，代替其他墙纸张贴于墙面。风景墙纸较一般墙纸厚，张贴工艺相同（图8-34）。

5. 金属墙纸

在基层上涂布金属膜制成的墙纸。这种墙纸给人一种

图8-33 天然材料墙纸

金碧辉煌、庄重大方的感觉，适合使用于气氛热烈的场所，如舞厅、酒吧等（图8-35）。

6. 塑料墙纸（布）

塑料墙纸（布）是目前发展最为迅速，应用最为广泛的墙纸（布），约占墙纸产量的80%。在发达国家已达到人均消耗10m²以上。塑料墙纸（布）是由具有一定性能

图8-34　风景墙纸

图8-35　金属墙纸

的原纸，经过涂布、印花等工艺制作而成的（图8-36）。

7. 非发泡普通型塑料墙纸

普通塑料墙纸（布）是以80g/m²的纸作基材，涂塑100g/m²左右聚氯乙烯糊状树脂（PVC糊状树脂），经印花、压花而成。这种墙纸（布）花色品种多，适用面广。单色压花墙纸（布）经凸版轮转热轧花机加工，可制成仿丝绸织锦缎等。印花、压花墙纸（布）经多套色凹版轮转印刷机印花后再轧花，可制成印有各种色彩的图案，并压有布纹、隐条凹凸花等双重花纹。有光印花和平光印花墙纸（布），前者是在抛光辊压的光面上印花，表面光洁明亮；后者是在消光辊压的平面上印花，表面平整柔和（图8-37）。

8. 发泡型塑料墙纸

发泡墙纸（布）是以100g/m²的纸作基材，涂塑300~400g/m²掺有发泡剂的PVC糊状料，印花后，再加热发泡而成。这类墙纸有高发泡印花、低发泡印花、低发泡印花压花等品种。高发泡墙纸发泡倍率较大，表面呈富有弹性的凹凸花纹，是一种装饰、吸声多功能墙纸（布）。低发泡印花墙纸是在发泡平面印有图案的品种。低发泡印花压花墙纸（布）是用有不同抑制发泡作用的油墨印花后

再发泡，使表面形成具有不同色彩的凹凸花纹图案。发泡壁纸（布）除印、压有各种花纹及图案外，还用于制造各种仿真壁纸（图8-38）。

9. 仿真系列墙纸（布）

仿真塑料墙纸（布）是以塑料为原料，用技术工艺手段，模仿砖、石、竹编物、瓷板及木材等真材的纹样和质感，加工成各种花色品种的饰面墙纸。仿砖（砖墙）墙纸是一种软泡塑型材料，厚约4mm左右，无光泽，表面纹理清晰，有的呈焙烧过程形成的窝洞，有的如经长期使用后自然风化般，还有的有人为碰击的痕迹，触感柔软而无冰冷感。其窝洞、残迹以及砌筑灰缝都能触摸到不同凹陷。

①仿石材墙纸，仿造一种经人工修凿，外观规整的块石砌筑而成的墙面，也是用软泡塑料加工成型，用印、压工艺使表面形成修凿石纹，并表现砌筑时凹凸错位及嵌接匠意。由于着色深浅变化而形成光影效果，以增强真实感。色调有红、白、灰及明暗之分，手感有明显石纹及凹陷灰缝（图8-39）。

②仿竹编席片墙纸，用发泡塑料经印压而成的仿手工编织竹席墙纸，有多种粗细深浅不同的竹编材料形式，表

图8-36　塑料墙纸

图8-37　非发泡普通型塑料墙纸

图8-38　发泡型塑料墙纸

图8-39　仿砖、石材墙纸

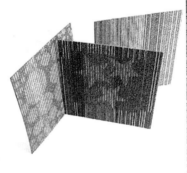
图8-40　仿竹编席片墙纸

面竹片纹理精细，穿串编织构成明晰，并伴有交织纹路触感（图8-40）。

　　③仿木材墙纸，仍属泡塑材料，整体外观似板条拼镶墙面，板条木纹依所模仿树种，呈现各种木纹、木节，表面无光泽，抚摸时有纹理、木节真实感，拼接板缝也能触及其凹入缝隙。色调分白木本色、红木及其他珍贵木种本

色等。仿木材墙纸（布）是一种在薄型软塑料基材上，喷涂着色制成各种树林景色的饰面墙纸。表面粗糙，近处可见着色或油画笔触等，整体效果自然（图8-41）。

　　10. 特种功能塑料墙纸

　　特种功能的塑料墙纸主要有耐水、防火、防霉、防结露等品种。耐水塑料墙纸是用玻璃纤维毡作基材的墙

纸，适合卫生间、浴室等墙面使用。防火塑料墙纸是用100～200g/m²的石棉纸作基材，并在PVC涂料中掺入阻燃剂，使墙纸具有一定的阻燃性能，适用于防火要求较高的室内墙面或木制板面上使用。防霉墙纸是在聚氯乙烯树脂中加入防霉剂，防霉效果很好，适合潮湿地区使用。防结露墙纸的树脂层上带有许多细小的微孔，可防止结露，即使产生结露现象，也只会整体潮湿，而不会在墙面上形成水滴。

图8-41　仿木材墙纸

实例研究：慕尼黑奥林匹克公园

　　慕尼黑奥林匹克公园坐落在慕尼黑市北面，距市中心仅4km，与著名的施瓦宾区（慕尼黑最具活力的城区）相邻。奥林匹克中心由运动场、多功能体育馆和游泳馆这三大核心建筑组成。中心的总体造型和建筑由慕尼黑的贝尼斯及其合伙人建筑事务所（Behnisch & Partner）设计。由于这项设计很好地体现了"设在公园里的奥运会""保证轻松愉快地进行竞赛"等意图，因而获得了竞赛的大奖，并于1968年开始施工，1971年底全部建成。

　　帐篷顶由曾设计蒙特利尔世界博览会（1967年）德国馆的建筑师奥托（Frei Otto）设计，它的总面积达75000m²，比德国馆的帐篷顶大了10倍。篷顶的钢索网眼为75m²，覆盖材料为丙烯有机玻璃，由于这种材料伸缩性能差，所以在索网上安设了数以万计的弹性缓冲头。整个帐篷顶由13根钢制空心桅柱（长50～80m，直径3～4m）和36根小的桅柱（长20～34m）支撑。为了使阳光透过屋顶而不致产生光谱的变化，还要满足运动员和观众免晒，同时鉴于当时彩色电视摄像机的条件（运动场的光影之比不能超过1：3），建筑师采用7cm的防晒性能良好的透明有机玻璃。建成后的屋顶构成了建筑自由奇特、富有个性和独创性的外部轮廓。它的形体与周围的草坪、树林、山坡和湖泊自然地结合在一起，形成优美宜人的景观，同时透明的屋面使室内视野不受阻挡，室外景色一览无遗，颇为壮观（图8-42）。

图8-42　慕尼黑奥林匹克公园

第九章　金属装饰材料

一、金属装饰材料

所有金属均以一种"矿石"形式埋藏在地下，加工后用于专门用途。当暴露在室外时，大多数天然金属都需要保护以防损坏。不同的金属有不同的性质和用途。铁硬而脆，必须浇铸成型。钢坚硬而又在受热时富有韧性，由于它所具有较强抗拉力而被做成结构所需的形式来使用。铝很轻，用作较小的结构性框架、幕墙、窗框、门、防雨板和许多种类的五金件。铜合金是极良好的导电体，但最常用于屋面、防雨板、五金件和管道用具。当外露在空气里时，铜会氧化，并会生成一层"铜绿"，从而阻止进一步锈蚀。黄铜和青铜则是更优良的可塑性合金，因而常被用作装饰五金件。

各种金属作为建筑装饰材料，有着源远流长的历史。北京颐和园中的铜亭，山东泰山顶上的铜殿，云南昆明的金殿，西藏布达拉宫金碧辉煌的装饰等极大地赋予了古建筑独特的艺术魅力（图9-1）。在现代建筑中，金属材料更是以它独特的性能—耐腐、轻盈、高雅、光辉、质地、力度等，赢得了建筑师的青睐。从高层建筑的金属铝门窗到围栏、栅栏、阳台、入口、柱面等，金属材料无所不在，从装饰点缀到赋予建筑奇特的效果。如果说，世界著名的建筑埃菲尔铁塔是以它的结构特

图9-1

征，创造了举世无双的奇迹，那么法国蓬皮杜文化中心则是金属的技术与艺术有机结合的典范，创造了现代建筑史上独具一格的艺术佳作。难怪，日本建筑师黑川纪章把金属材料用于现代建筑装饰上，把它看作是一种技术美学的新潮。金属作为一种广泛应用的装饰材料具有永久的生命力。

二、金属的分类

在自然界至今已发现的元素中，凡具有良好的导电、导热和可锻性能的元素称为金属，如铁、锰、铝、铜、铬、镍、钨等。

（一）合金

合金是由两种以上的金属元素，或者金属与非金属元素所组成的具有金属性质的物质。钢是铁和碳所组成的合金，黄铜是铜和锌的合金。

（二）黑色金属

黑色金属是以铁为基本成分（化学元素）的金属及合金。

（三）有色金属

有色金属的基本成分不是铁，而是其他元素。例如铜、铝、镁等金属和其合金。

金属材料在装修设计中分结构承重材与饰面材两大类。色泽突出是金属材料的最大特点。钢、不锈钢及铝材具有现代感，而铜材较华丽、优雅，铁则古拙厚重。

三、建筑装饰用钢材及其制品

钢材是铁和碳的有可延展性的合金，根据含碳量进行熔化并精炼而成。

传统上，钢材在大型建筑物中用作结构框架，但它在最后设计中总是被掩盖，不使人们看到。而如今，钢材由于它所具有的审美品质而充作外露的框架和其他部件。

从审美的角度对钢材加以开发利用，使当代建筑师利用钢结构构件从高层办公大楼和公寓楼的设计中创出新风格。而事实上，钢骨架必须用防火材料包裹，因此具有很大的装饰性。它的唯一功能是支撑幕墙表面（图9-2）。

优美的装饰艺术效果，离不开材料的色彩、光泽、质感等的和谐运用，而体现材料诸多装饰性的途径，除在装饰技术上下功夫外，可在材料性能上加以研究。

在普通钢材基体中添加多种元素或在基体表面上进行艺术处理，可使普通钢材仍不失为一种金属感强、美观大方的装饰材料。在现代建筑装饰中，越来越受到关注。

常用的装饰钢材有不锈钢及制品、彩色涂层钢板、塑料复合板镀锌钢板、建筑压型钢板、轻钢龙骨等。

（一）不锈钢材

在现代装修工程中，不锈钢材的应用越来越广泛，不锈钢为不易生锈的钢，有含13%铬（Cr）的13不锈钢，有含18%铬、8%镍（Ni）的18-8不锈钢等，其耐腐蚀性强，表面光洁度高，为现代装修材料中的重要材料之一，但不锈钢并非绝对不生锈，故保养工作十分重要。

不锈钢饰面处理有以下几种：①光面板；②雾面板；③丝面板；④腐蚀雕刻板；⑤凹凸板；⑥半珠腐蚀雕刻板；⑦半珠形板或弧形板（图9-3）。

图9-2

图9-3

1. 不锈钢包柱

不锈钢包柱就是将不锈钢板进行技术和艺术处理后广泛用于建筑柱面的一种装饰。不锈钢包柱的主要工艺过程包括混凝土柱的成型，柱面的修整，不锈钢板的安装、定位、焊接、打磨修光等。不锈钢的高反射性及金属质地的强烈时代感，与周围环境中的各种色彩、景物交相辉映，对空间效应起到了强化、点缀和烘托的作用，成为现代高档建筑柱面装饰的流行材料之一，广泛用于大型商店、旅游宾馆、餐馆的入口、门厅、中庭等处，在豪华的通高大厅及四季厅之中也非常普遍（图9-4）。

2. 彩色不锈钢装饰制品

彩色不锈钢板系在不锈钢板上进行着色处理，使其成为蓝、灰、紫、红、绿、金黄、橙等各种绚丽多彩的不锈钢板。色泽随光照角度改变而产生变幻的色调。彩色面层能在200℃下或弯曲180°无变化，色层不剥离，色彩经久不退。耐盐雾腐蚀性能超过一般不锈钢，耐磨和耐刻划性能相当于箔层镀金的性能（图9-5）。

3. 不锈钢装饰制品

不锈钢装饰制品除板材外，还有管材、型材，如各种弯头规格的不锈钢楼梯扶手，以轻巧、精制、线条流畅展示了优美的空间造型，使周围环境得到了升华。拉手、五金与晶莹剔透的玻璃，使建筑达到了尽善尽美的境地。不锈钢龙骨是近几年才开始应用的，其刚度高于铝合金龙骨，因而具有更强的抗风压性和安全性，并且光洁、明亮，因而主要用于高层建筑的玻璃幕墙中（图9-6）。

4. 中分式微波不锈钢自动门

该自动门的传感系统是采用国际流行的微波感应方式，当人或其他活动目标进入传感器的感应范围时，门扇自动开启，离开感应范围后，门扇自动关闭，如果在感应范围内静止不动3s以上，门扇将自动关闭。其特点是门扇运行时有快、慢两种速度自动变换，使启动、运行、停止等动作达到最佳协调状态。同时，可确保门扇之间的柔性合缝，即使门意外地夹人或门体被异物卡阻时，自控电源

图9-4

图9-5

图9-6

图9-7

具有自动停机功能，安全可靠（图9-7）。

不锈钢微波自动门不仅起着出入口的作用，其造型、功能、选材都对建筑物的整体效果产生着极大的影响。主要适用于机场、计算机房、高级净化车间、医院手术室以及大厦门厅等处（图9-8）。

5. 感应式微波旋转不锈钢自动门

感应式微波旋转不锈钢自动门是一种由固定扇、活动扇和圆顶组成的较大型门，外观华丽、造型别致、密封性好，适用于高级宾馆、俱乐部、银行等建筑。只限于人员出入，而不适用于货物通过。

（二）压型钢板

使用冷轧板、镀锌板、彩色涂层板等不同类别的薄钢板，经辊压、冷弯而成，其截面呈V形、U形、梯形或类

似这几种形状的波形，为建筑用压型钢板（简称压型板）。

压型钢板具有质量轻（板厚0.5~1.2mm）、波纹平直坚挺、色彩鲜艳丰富、造型美观大方、耐久性强（涂敷耐腐涂层）、抗震性高、加工简单、施工方便等特点，广泛用于工业与民用建筑及公共建筑的内外墙面、屋面、吊顶等的装饰以及轻质夹芯板材的面板等（图9-9）。

（三）塑料复合镀锌钢板

塑料复合板是在钢板上覆以0.2~0.4mm半硬质聚氯乙烯塑料薄膜而成。它具有绝缘性好、耐磨损、耐冲击、耐潮湿，以及良好的延展性及加工性等特点，可弯曲180°。塑料层不脱离钢板，既改变了普通钢板的乌黑面貌，又可在其上绘制图案和艺术条纹，如布纹、木纹、皮革纹、大理石纹等。该复合板可用作地板、门

使用建筑装饰用不锈钢板，应注意掌握以下几方面原则：	① 表面处理决定装饰效果，由此可根据使用部位的特点去追求镜面效果或亚光风格，还可设计加工成深浅浮雕花纹等。
	② 根据所处环境，确定受污染与腐蚀程度，选择不同品种的不锈钢。
	③ 不同类型、厚度及表面处理都会影响工程造价。为此，在保证使用前提下，应十分注意选择不锈钢板的厚度、类型及表面处理形式。

图9-8

图9-9

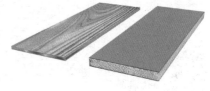

图9-10

板、顶棚等。

复合隔热夹芯板是采用镀锌钢板做面层，表面涂以硅酮和聚酯，中间填充聚苯乙烯泡沫或聚氨酯泡沫制成的。质轻、绝热性强、抗冲击、装饰性好，适用于厂房、冷库、大型体育设施的屋面及墙体（图9-10）。

（四）彩色涂层钢板门窗

彩色涂层钢板门窗，也称涂色镀锌钢板门窗。它是一种新型金属门窗，具有质量轻、强度高、采光面积大、防尘、隔声、保温密封性能好、造型美观、色彩绚丽、耐腐蚀等特点。因此，可以代替铝合金门窗用于高级建筑物的装修工程。

涂色镀锌钢板门窗也有平开式、推拉式、固定式、立悬式、中悬式、单扇及双扇弹簧门等。可配用各种平板玻璃、中空玻璃。颜色有红色、乳白色、棕色、蓝色等（图9-11）。

（五）轻钢龙骨

所谓龙骨指罩面板装饰中的骨架材料。罩面板装饰包括室内隔墙、隔断、吊顶。与抹灰类和贴面类装饰相比，罩面板大大减少了装饰工程中的湿作业工程量。

以冷轧钢板（带）、镀锌钢板（带）或彩色喷塑钢板（带）做原料，采用冷弯工艺生产的薄壁型钢称为轻钢龙骨。按断面分，有U形龙骨、C形龙骨、T形龙骨及L形龙骨（也称角铝条）。按用途分，有墙体（隔断）龙骨（代号Q）、吊顶龙骨（代号D）；按结构分，吊顶龙骨有承载龙骨、覆面龙骨；墙体龙骨有竖龙骨、横龙骨和通贯龙骨。

轻钢龙骨防火性能好、刚度大、通用性强，可装配化施工，适应多种板材的安装。多用于防火要求高的室内装饰和隔断面积大的室内墙（图9-12）。

（六）铸铁

铸铁是铁合金，它被倒入湿型砂模，而后又被机加工成所需的形状。

铁在很久以前——被当作建筑材料之前，它已被加工成各种工具和武器了。铸铁和锻铁构成了装饰性要素。维多利亚时期建筑对铁适于装饰的可变性质以及适于早期高层建筑的结构都进行过探索。建筑风格还会使铁适应钢和玻璃建筑的需要。到了新艺术运动，铸铁不但被用作建筑物装饰性的细部，而且让它发挥工艺美术

图9-11

轻钢龙骨吊顶

单层轻钢龙骨隔墙

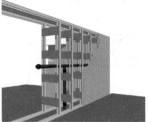

双层轻钢龙骨隔墙

图9-12

的作用。

装饰铸铁被用于格栅、大门、终端装饰、五金件和无数的其他建筑附件。其他的装饰性金属，如青铜、黄铜、紫铜、铝和不锈钢，并不应用于主要构造部分，而是内镶嵌材料。上述材料包括铜板、铝板、不锈钢和上釉金属合金板（图9-13）。

（七）多孔金属板

多孔金属由金属骨架及孔隙所组成，具有金属材料的基本金属属性，如可焊性。相对于致密金属材料，多孔金属材料的显著特征是其内部具有大量的孔隙，而大量的内部孔隙又使多孔金属材料具有诸多优异的特性，因此，多孔金属材料被广泛应用于航空航天、医药、环保、建筑等行业。另外，还可制作成多种复合材料和填充材料。多孔金属既可作为许多场合的功能材料，也可作为一些场合的结构材料，而一般情况下它兼有功能和结构双重作用，是一种性能优异的多用工程材料（图9-14）。

（八）彩钢板

彩钢板英文名：Color Plate，是指彩涂钢板，彩涂钢板是一种带有有机涂层的钢板。彩钢板的夹芯材料分为泡沫彩钢板（化学名称为聚苯乙烯彩钢板）、岩棉彩钢板、聚氨酯彩钢板、纸蜂窝夹芯板、玻璃棉彩钢板等。玻璃棉和酚醛泡沫夹芯彩钢板比起泡沫和岩棉彩钢板价格稍微贵些。酚醛泡沫材料属高分子有机硬质铝箔泡沫产品，是由热固性酚醛树脂发泡而成。它具有轻质、防火、遇明火不燃烧、无烟、无毒、无滴落，使用温度围广（-196～+200℃），低温环境下不收缩、不脆化的特点。适用于大跨度厅馆的屋面，工业厂房，大中小型装配式冷库，楼房加层，无菌净化车间，电磁屏蔽室及活动房屋等（图9-15）。

（九）金属编织网

金属编织网这一新产品，是由金属丝在电脑控制的纯机器作用下编织而成。由于它的美观大方、外观高雅、坚固耐用、环保等特质，被欧洲设计师广泛运用于室内及室外的装饰。其中包括：幕墙、墙壁、顶棚、栏杆、前台和隔断、地板的装饰等，甚至它本身就能塑造出一个极具艺术感的装饰品，何况在目前，环保节能又是一个全球的话题，金属织物又在很多项目中担当起了遮阳的重任，所以

图9-13

图9-14

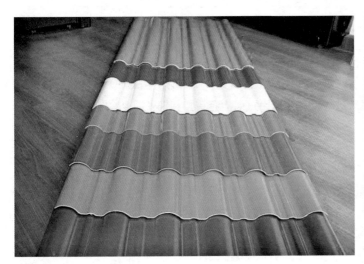

图9-15

图9-16

金属编织网更是备受青睐（图9-16）。

（十）压花钢板

压花钢板是表面带有凸起（或凹陷）花纹的钢板，也称网纹钢板。钢板是由普通碳素钢1-3号乙类钢生产的，厚度为2.5~8mm，宽度为600~1800mm，长度为2000~12000mm。花纹钢板的规格以基本厚度（突棱的厚度不计）表示，有2.5~8mm10种规格。压花钢板高不小于基板厚度0.2倍。其花纹主要起防滑和装饰作用，组合型花纹板的防滑能力、抗弯能力、节约金属量及外观等方面的综合效果，均明显优于单一型花纹板。广泛用于造

图9-17

图9-18

图9-19

船、汽车、火车车厢及建筑等行业（图9-17）。

（十一）角钢

角钢俗称角铁，是两边互相垂直成角形的长条钢材，有等边角钢和不等边角钢之分。等边角钢的两个边宽相等。其规格以边宽×边宽×边厚的毫米数表示。如"∟30×30×3"，即表示边宽为30mm、边厚为3mm的等边角钢。也可用型号表示，型号是边宽的厘米数，如∟3#。型号不表示同一型号中不同边厚的尺寸，因而在合同等单据上将角钢的边宽、边厚尺寸填写齐全，避免单独用型号表示。热轧等边角钢的规格为2#-20#。角钢可按结构的不同需要组成各种不同的受力构件，也可做构件之间的连接件。广泛地用于各种建筑结构和工程结构，如房梁、桥梁、输电塔、船舶、工业炉、反应塔、容器架等（图9-18）。

（十二）方钢

方钢指的是用方坯热轧出来的一种方形金属材料，或者由圆钢经过冷拔工艺，拔出来的方形材料。方钢理论重量计算公式：边长×边长×0.00785=kg/m。方钢是实心的，棒形金属材料，区别于属于管材的空心方管。类似的棒材还有圆钢，六角钢，八角钢。广泛用于建筑工程、装

饰等行业（图9-19）。

（十三）工字钢与槽钢

工字钢也称为钢梁（英文：Universal Beam），是截面为工字形状的长条钢材。主要分为普通工字钢和轻型工字钢。无论是普通型还是轻型的，由于截面尺寸均相对较高、较窄，故对截面两个主轴的惯性矩相差较大，仅能直接用于在其腹板平面内受弯的构件或将其组成格构式受力构件。对轴心受压构件或在垂直于腹板平面还有弯曲的构件均不宜采用，这就使其在应用范围上有着很大的局限，应依据设计图纸的要求进行选用（图9-20）。

槽钢（英文：Channel Steel）是截面为凹槽形的长条钢材。槽钢分普通槽钢和轻型槽钢。热轧普通槽钢的规格为5-40#。经供需双方协议供应的热轧变通槽钢规格为6.5-30#。属建造用和机械用碳素结构钢，是复杂断面的型钢钢材。主要用于建筑结构、车辆制造、其他工业结构和固定盘柜等，槽钢还常常和工字钢配合使用。在使用中要求其具有较好的焊接、铆接性能及综合机械性能。槽钢的原料钢坯为含碳量不超过0.25%的碳结钢或低合金钢钢坯。成品槽钢经热加工成型、正火或热轧状态交货。其规格以腰高（h）×腿宽（b）×腰

图9-20

图9-21

图9-22

厚（d）的毫米数表示，如100×48×5.3，表示腰高为100mm，腿宽为48mm，腰厚为5.3mm的槽钢，或称10#槽钢。腰高相同的槽钢，如有几种不同的腿宽和腰厚也须在型号右边加a、b、c予以区别，如25#a、25#b、25#c等（图9-21）。

（十四）钢筋

钢筋（Rebar）是指钢筋混凝土用和预应力钢筋混凝土用钢材，其横截面为圆形或带圆角的方形。种类包括光圆钢筋、带肋钢筋、扭转钢筋。作为目前建筑的结构模式主要组成部分，钢筋质量的好坏会直接影响整个工程项目，它具有坚固、抗压等特点。钢筋的直径为8~50mm，通常采用的直径为8、12、16、20、25、32、40mm。钢筋在混凝土中主要承受拉应力。变形钢筋和混凝土有较大的粘结能力，因而能更好地承受外力的作用。钢筋广泛用于各种建筑结构。特别是大型、重型、轻型薄壁和高层建筑结构（图9-22）。

四、铝材

铝属于有色金属中的轻金属，银白色，比重为2.7，熔点为660℃。铝的导电性能良好，化学性质活泼，耐腐蚀性强，便于铸造加工，可染色。极有韧性，无磁性，有很好的传导性，对热和光反射良好，并且有防氧化作用。在铝中加入镁、铜、锰、锌、硅等元素组成铝合金后，其化学性质变了，机械性能明显提高了。

铝合金可制成平板、波形板或压型板，也可压延成各种断面的型材。表面光平，光泽中等，耐腐蚀性强，经阳极化处理后更耐久。广泛运用于墙体和屋顶上。有各种断面形状的挤压成型的铝材，主要用于格栅状物、窗户和门框。这种材料的表面常镀上"阳极氧化层"——这是一种坚固无孔的表面氧化膜，可以防止铝材损坏。在许多不同的装饰中，这样的覆盖层常用得上。

（一）铝锰合金（A1-Mn合金）

LF（防锈铝）为该合金的典型代表。其突出的性能是塑性好，耐腐蚀，焊接性优异。加锰后有一定的固溶强化作用，但高温强度较低，适用于受力不大的门窗、罩壳、民用五金、化工设备等。现代建筑中铝板幕墙采用的是该合金（图9-23）。

（二）铝镁合金（A1-Mg合金）

该合金的性能特点是抗蚀性好，疲劳强度高，低温性能良好，即随温度降低，抗拉强度、屈服强度、伸长率均有所提高，虽热处理不可强化，但冷却硬化后具有较高强度。常将其制作成各种波形的板材，它具有质轻、耐腐、美观、耐久等特点。适用于建筑物的外墙和屋面，也可用于工业与民用建筑的非承重外挂板（图9-24）。

图9-23　　　　　　图9-24

（三）铝及铝合金的应用

铝合金以它所特有的力学性能广泛应用于建筑结构，如美国用铝合金建造了跨度为66m的飞机库，大大降低了结构物的自重。日本建造了硕大无比的铝合金异形屋顶，轻盈新颖。我国山西太原34m悬臂钢结构的屋面与吊顶采用了铝合金另加保温层等，都充分显示了铝合金良好的性能。

除此之外，铝合金更以它独特的装饰性领先于建筑装饰，如日本高层建筑98%采用了铝合金门窗。我国南极长城站的外墙采用了轻质板，其板的外层为彩色铝合金板，内层为阻燃聚苯乙烯、矿棉材料等，具有轻质、高强、美观大方、施工简便、隔热隔声等特点。近几年，各种铝合金装饰板应运而生，在建筑装饰中大显风采，铝板幕墙作为新型外墙围护材料，极大地表现了现代建筑的光洁与明快。

（四）装饰铝及铝合金制品

1. 铝合金门窗

铝合金门窗在建筑上的使用，已有30余年的历史。尽管其造价较高，但由于长期维修费用低，且造型、色彩、玻璃镶嵌、密封材料和耐久性等均比钢、木门窗有着明显的优势，所以在世界范围内得到了广泛应用。

表面处理后的型材，经下料、打孔、铣槽、攻丝、组装等工艺，即可制成门窗框料构件，再与连接件、密封件、开闭五金件一起组合装配成门窗。

铝合金门窗按结构与开闭方式可分为，推拉窗（门）、平开窗（门）、固定窗（门）、悬挂窗、回转窗、百叶窗，铝合金门还分为地弹簧门、自动门、旋转门、卷闸门等。

铝合金门窗能承受较大的挤推力和风压力；铝合金门窗用材省、质量轻，每平方米门窗用量只有8～12kg。

铝合金门窗采用了高级密封材料，因而具有良好的气密性、水密性和隔声性；铝合金门窗的密封性高，空气渗透量小，因而保温性较好；铝合金门窗的表面光洁，具有银白、古铜、黄金、暗灰、黑等颜色，质感好，装饰性好；铝合金门窗不锈蚀，不褪色，使用寿命长。

铝合金门窗主要用于各类建筑物内外，它不仅加强了建筑物立面造型，更使建筑物富有层次。当它与大面积玻璃配合时，更能突出建筑物的新颖性。同时起到了节能降耗、保证室内功能的作用。因此，铝合金门窗广泛用于高层建筑或高档次建筑中。近年来，普通民用住宅中也较普遍地应用这类门窗。

2. 渗铝空腹钢窗

渗铝空腹钢窗是国内20世纪80年代末期所开发的一种装饰效果与铝合金窗相差无几的新型门窗。有人认为，它应属铝合金门窗的一个新品种。因为它具有耐蚀性好（在型材表面形成了一定厚度的渗铝层）、装饰性好（可对渗铝层进行阳极氧化着色处理）、外形美观（采用组角工艺代替焊接工艺，线条挺拔、窗面平整）、价格低廉等特点，是一种适于国内经济水平，中、低档换代产品。

由于渗铝空腹钢窗采用的是普通空腹钢窗用型材，且沿用了其结构，因此安装技术问题可参照普通钢窗安装来处理，施工较为简便。

3. 铝合金百叶窗帘

窗帘在室内装饰方面也发挥着独特的功效，是室内设计者体现整体装饰效应和美感的材料之一。窗帘的种类很多，其中铝合金百叶窗帘启闭灵活，质量轻巧，使用方便，经久不锈，造型美观，可以调整角度来满足室内光线明暗、通风量大小的要求，也可遮阳或遮挡视线受到用户的青睐。

铝合金百叶窗帘是铝镁合制成的百叶片，通过梯形尼龙绳串联而成。拉动尼龙绳可将叶片翻转180°，达到调节通风量、光线明暗等作用。应用于宾馆、工厂、医院、学校和住宅建筑的遮阳和室内装潢设施。

4. 铝质浅花纹板

以冷却硬化后的铝材作为基质，表面加以浅花纹处理后得到的装饰板称为铝质浅花纹板。它的花纹精巧别致，色泽美观大方。除具有普通铝板的优点外，刚度相对提高了20%，抗污垢、抗划伤、抗擦伤能力均有提高。对白光的反射比为75%～90%，热反射比为85%～95%，作为外墙装饰板材，不但增加了立体图案和美丽的色彩，使建筑物生辉，而且发挥了材料的热学性质（图9-25）。

5. 铝合金扣板

将纯铝或防锈铝在波纹机上轧制形成的铝及铝合金波纹板，和在压型机上压制形成的铝及铝合金压型板是目前世界上被广泛应用的新型建筑装饰材料。它具有质量轻、外形美观、耐久、耐腐蚀、安装容易、施工进度快等优点，尤其是通过表面着色处理可得到各种色彩的波纹板和压型板。

铝合金扣板与传统的吊顶材料相比，质感和装饰感方面更优。铝合金扣板分为吸声板和装饰板两种，吸声板孔型有圆孔、方孔、长圆孔、长方孔、三角孔、大小组合孔等，底板大都是白色或银色；装饰板特别注重装饰性，线条简洁流畅，有古铜、黄金、红、蓝、奶白等颜色可以选择。铝合金扣板有长方形、方形等，长方形板的最大规格有600mm×300mm，一般居室的宽度约5m多，较大居室的装饰选用长条形板材整体感更强，对小房间的装饰一般可选用500mm×500mm的，由于金属板的绝热性能较差，为了获得一定的吸声、绝热功能，在选择金属板进行吊顶装饰时，可以利用内加玻璃棉、岩棉等保温吸声材料的办法达到绝热吸声的效果。主要用于顶棚、墙面和屋面的装修（图9-26）。

6. 铝塑板

铝塑板由三层组成，表层与底层由2～5mm厚铝合金构成，中层由合成塑料构成。表层喷涂氟碳涂料或聚酯涂料。规格为：1220mm×2440mm。耐候性强，外墙保证十年的装饰效果。耐酸碱、耐磨擦、耐清洗。典雅华贵、色彩丰富、规格齐全。成本低、自重轻、重量轻、防水、防火、防蛀虫，表面的花色图案变化也非常多，并且耐污染、好清洗，有隔声、隔热的良好性能，使用更为安全，弯折造型方便，效果佳。适合用于大型建筑墙面装饰用玻璃幕组合装饰、室内墙体、商场门面的装修、大型广告、标语、车站、机场等公共寓所的装修，是室内外理想的装饰板材（图9-27）。

7. 铝合金穿孔板

铝合金穿孔（吸声）板是铝合金板经机械冲孔而成。其孔径为6mm，孔距为10～14mm，孔型可根据需要冲成圆形、方形、长方形、三角形或大小组合型。铝合金板穿孔后，既突出了板材轻、耐高温、耐腐蚀、防火、防震、防潮垢的特点，又可以将孔型处理成一定图案，起到良好的装饰效果，同时，内部放置吸声材料后可以解决建筑中吸声的问题，是一种降噪兼装饰双重功能的理想材料。

铝合金穿孔板主要用于影剧院等公共建筑，也可用于棉纺厂等噪声大的车间、各种控制室、电子计算机房的顶棚或墙壁，以改善音质。

在商业建筑中，入口处的门面、柱面、招牌的衬底，使用铝合金板装饰时，更能体现建筑物的风格，吸引顾客

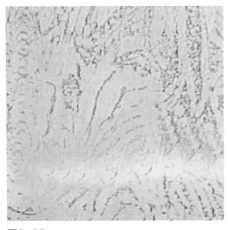

图9-25

图9-26

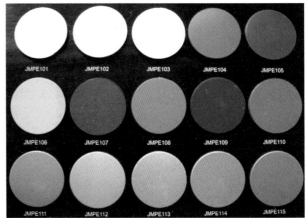

图9-27

注目、光临。根据建筑物造型特点，利用压型铝板易成型、延展性好的特点，选用铝合金板作为整个墙面装饰，即所谓的铝合金幕墙，不但丰富了建筑的简单形体，又体现了现代建筑的光洁与明快。如日本大阪站前的一所饭店，外墙全部采用铝板，通过立面的窗洞变化，丰富了建筑的造型。又如日本神奈川的一家营业所，在转角处利用了铝板的延展性，使圆角过渡完美（图9-28）。

8. 铝合金龙骨

铝合金龙骨多为铝合金挤压件。质轻、不锈、不蚀、美观、防火、安装方便。特别适用于室内吊顶装饰。从饰面板的固定方法上分类，将饰面板明摆浮在龙骨上往往是与铝合金龙骨配套使用，这样使外露的龙骨更能显示铝合金特有的色调，既美观又大方。铝合金龙骨除用于室内吊顶装饰外，还广泛用于广告栏、橱窗及建筑隔断等。目前在建筑装饰中采用的另一种形式新颖的吊顶为敞开式吊顶，常用的是铝合金格栅单体构件（图9-29）。

9. 铝合金花格网

铝合金花格网是由铝合金挤压型材拉制及表面处理等而成的花格网。该花格网有银白、古铜、金黄、黑等颜色，并且外形美观，质轻，机械强度大，式样规格多，不积污、不生锈，防酸碱腐蚀性好。用于公寓大厦平窗、凸窗、花架、屋内外设置、球场防护网、栏杆，及护沟和学校等的围墙安全防护、防盗设施和装饰，遮阳（图9-30）。

10. 铝合金空间构架

铝合金空间构架由杆件互相联结成三角形所构成，用来围护某空间。不同于所有杆件在同一平面上的框架（图9-31）。

11. 铝箔

铝箔是用纯铝或铝合金加工成6.3～200μm的薄片制品。按铝箔的形状分为卷状铝箔和片状铝箔，按铝箔的状态和材质分为硬质箔、半硬质箔和软质箔，按铝箔的表面状态分为单面光铝箔和双面光铝箔，按铝箔的加工状态分为素箔、压花箔、复合箔、涂层箔、上色箔、印刷箔等。

厚度为0.025mm以下时，尽管有针孔存在，但仍比没有针孔的塑料薄膜防潮性好。铝是一种温度辐射性能极差而对太阳光反射力很强（反射比87%～97%）的金属。在热工设计时常把铝箔视为良好的绝热材料。铝箔以全新的多功能保温隔热材料、防潮材料和装饰材料广泛用于建筑工程。

建筑上应用较多的卷材是铝箔牛皮纸和铝箔布，它是将牛皮纸和玻璃纤维布作为依托层，用粘合剂粘贴铝箔而成的。前者用在空气间层中做绝热材料，后者多用在寒冷

图9-28

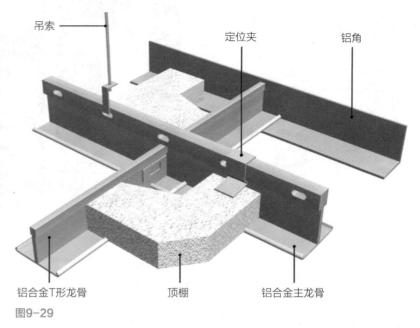

图9-29

吊索　　　定位夹　　　铝角

铝合金T形龙骨　　　顶棚　　　铝合金主龙骨

图9-30

图9-31

装饰材料 设计与应用

图9-32　　　　　　　　　　　　图9-33　　　　图9-34

地区做保温窗帘，炎热地区做隔热窗帘。另外将铝箔复合成板材或卷材，常用于室内或者设备内表面上，如铝箔泡沫塑料板、铝箔石棉夹心板等，若选择适当色调和图案，可同时起到很好的装饰作用。若在铝箔波形板上打上微孔，还具有很好的吸声作用（图9-32）。

12. 铝粉

铝粉（俗称银粉）是以纯铝箔加入少量润滑剂，经捣击压碎为极细的鳞状粉末，再经抛光而成。铝粉质轻，漂浮力强，遮盖力强，对光和热的反射性能均很高。经适当处理后，亦可变成不浮型铝粉。主要用于油漆、油墨等工业。建筑中常用它制备各种装饰涂料和金属防锈涂料（图9-33），也用于土方工程中的发热剂和加气混凝土中的发气剂。

13. 铝合金门

铝合金地弹簧门、折叠铝合金门、旋转铝合金门等，广泛应用在大型公共建筑门厅、入口等处。铝合金地弹簧门承载能力大，启闭轻便，维护简便，经久耐用，适用于人流不定的入口。折叠铝合金门是一种多门扇组合的上吊挂下导向的较大型门，适用于礼堂、餐厅、会堂等门洞口宽而又不需频繁启闭的建筑，也可作为大厅的活动隔断，以使大厅功能更趋完备（图9-34）。

14. 铝合金格栅型材

铝合金格栅型材具有突出的耐候性、耐磨损、耐腐蚀性等特性，且具有硬度高、不易变形、不褪色、不脱落等特点。这种装饰格栅多为装配式的构件，组合装配后可作为敞开式吊顶室内装饰。这种装饰是将棚面的空间构造和灯光照明效果综合处理的一种设计形式。由于预制格栅板在空间呈规则排列，周期性变换，故在艺术上给人以工整规则，整齐划一的工艺概念和机械韵律感。适合室内外各类场合使用。可以提高建筑、装饰、园林及市政设施的档次，带动建筑、装饰、园林及市政等行业环保材料的发展（图9-35）。

15. 断桥铝门窗

断桥铝门窗又叫隔热断桥铝型材，它比普通的铝合金型材有着更优异的性能。"断桥铝"这个名字中的"桥"是指材料学意义上的"冷热桥"，而"断"字表示动作，也就是"把冷热桥打断"。具体地说，因为铝合金是金属，导热比较快，所以当室内外温度相差很多时，铝合金就可以成为传递热量的一座"桥"，这样的材料做成门窗，它的隔热性能就不佳了。而断桥铝是将铝合金从中间断开的，它采用硬塑将断开的铝合金连为一体，我们

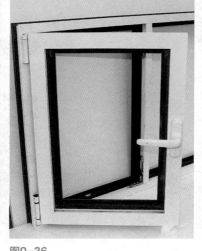

图9-35　　　　　图9-36　　　　　图9-37

知道塑料导热明显要比金属慢，这样热量就不容易通过整个材料了，材料的隔热性能也就变好了，这就是"断桥铝（合金）"的名字由来。突出优点是刚性好、超强硬度、防火性好、保温隔热性能极佳、高强度、采光面积大、耐大气腐蚀性，综合性能优秀，使用寿命长，装饰效果好，使用高档的断桥隔热型材铝合金门窗，是高档建筑用窗、中档家居装修的首选产品。按系列型号分类：50系列，55系列，60系列等（图9-36）。

五、铜材

铜材在建筑装修中有悠久的历史，应用广泛。铜材表面光滑，光泽中等，有很好的导电、传热性能，经磨光处理后表面可制成亮度很高的镜面铜。常被用于制作铜装饰件、铜浮雕、门框、铜条、铜栏杆及五金配件等（图9-37）。

金属的发现和使用是人类技术史上一颗耀眼的星星，自冉冉升起之时，便以其实用性和艺术性影响人类的生活。考古学的研究表明，人类最先造出的金属是铜，人们用它来制铜镜、铜针、铜壶和兵器，这一时代被称为青铜器时代。古希腊、古罗马及古代中国的许多宗教、宫殿建

铜材长时间可产生绿锈，故应注意保养，特别是在公共场所应有专门工作人员定时擦拭。也可面覆保护膜，或做成可活动组合拆卸的，以便日后重新再作表面处理。在装修工程中常用的铜材种类有：

① 纯铜　性软、表面光滑、光泽中等，可产生绿锈。
② 黄铜　是铜与亚铝的合金，耐腐蚀性好。
③ 青铜　铜锡合金。
④ 白铜　含 9% ~ 11% 镍。
⑤ 红铜　铜与金的合金。

图9-38

筑，以及纪念性建筑随后均较多地采用了金、铜等金属材料用于建筑装饰、雕塑之中。它们中的许多作品成为不朽之作，是人类古代文明的历史见证。

在现代建筑装饰中，铜材仍是一种集古朴和华贵于一身的高级装饰材料，可用于宾馆、饭店、机关等建筑中的楼梯扶手、栏杆、防滑条。有的西方建筑用铜包柱，光彩照人、美观雅致、光亮耐久，体现了华丽、高雅的氛围。除此之外，还可用于外墙板、执手、把手、门锁、纱窗。在卫生器具、五金配件方面，铜材也有着广泛的用途。

铜合金经挤制或压制可形成不同横断面形状的型材。有空心型材和实心型材。铜合金型材也具有铝合金型材类似的优点，可用于门窗的制作，尤其是以铜合金型材作骨

架，以吸热玻璃、热反射玻璃、中空玻璃等为立面形成的玻璃幕墙，一改传统外墙的单一面貌，使建筑物乃至城市环境生辉。另外，利用铜合金板材制成铜合金压型板，应用于建筑物外墙装饰，同样使建筑物金碧辉煌，光亮耐久（图9-38）。

铜合金的另一应用是铜粉，俗称"金粉"，是一种由铜合金制成的金色颜料。主要成分为铜及少量的锌、铝、锡等金属，其制造方法同铝粉。常用于调制装饰涂料，代替"贴金"（图9-39）。

古希腊的宗教及宫殿建筑较多地采用金、铜等进行装饰、雕塑。具有传奇色彩的帕特农神庙大门为铜质镀金。古罗马的雄狮凯旋门，图拉真骑马座像都有青铜的雕饰（图9-40）。中国盛唐时期，宫殿建筑多以金、铜来

图9-39   图9-40   图9-41

装饰，人们认为以铜或金来装饰的建筑是高贵和权势的象征。

　　现代建筑装饰中，显耀的厅门配以铜质的把手、门锁、执手；变幻莫测的螺旋式楼梯扶手栏杆选用铜质管材，踏步上附有铜质防滑条；还有浴缸龙头，坐便器开关，淋浴器的铜制配件；各种灯具，家具使用精致、色泽光亮的铜合金制作，这些无疑会在原有豪华、高贵的氛围中更增添了装饰的艺术性，把铜材画龙点睛的作用发挥得淋漓尽致（图9-41）。

六、银

　　银是排在白金、金之后的第三位贵金属。在古代，人类就开始使用银，至今已有4000多年的历史。天然银多半是和金、汞、锑、铜或铂成合金，天然金几乎总是与少量银成合金。我国古代已知的琥珀金，在英文中称为Electrum，就是一种天然的金银合金，含银约20%。

　　银具有诱人的白色光泽，较高的化学稳定性和收藏观赏价值，深受人们的青睐，因此有"女人的金属"之美称，因其价值贵重，在装饰中多数以工艺品呈现。广泛用作首饰、装饰品、银器、餐具等，深受收藏者的爱好（图9-42）。

图9-42

图9-43

图9-44

七、钛

钛在建筑领域的应用已有30年历史，应用广泛。其本色为银灰色，可氧化着色，还可通过腐蚀处理获得凹凸浮雕图案、文字等。用钛制作雕塑，色彩斑斓，更富有艺术性和装饰性，因此备受建筑师们的青睐。

目前我国对于钛在建筑装饰方面的应用处于初步阶段，用钛理念逐渐形成。最早用钛的案例为宝钛集团，在1986年建厂三十年之际，建立于厂前区的钛雕塑——"崛起"（图9-43），作为中国钛城的标志与象征。还在1987

年制造了"海豚与人"（图9-44），作为一重要景观坐落于宝鸡河滨公园内，用钛约1吨。随后又放大尺寸做了一个更大的"海豚与人"被置于国家海洋局门前。最具代表性的建筑领域应用为北京天安门广场西侧的国家大剧院，其蛋形的外观即采用钛金属与玻璃组合设计，用钛面积约为3.5万m²。目前全国多项用钛建筑已经立项，钛在建筑装饰领域中的应用也带来了无限商机。

钛金属在建筑材料上的应用主要为纯钛，具有较好

钛在建筑装饰领域中常用的六种表面：

① 酸洗表面　最为常见，在 HF+HNO₃（氢氟酸 + 硝酸）的酸液中处理，使得表面呈现钛的本色。

② 轧制压花毛化表面　关键是轧辊的表面处理，处理方法目前有喷砂处理、电火花处理、激光处理等，处理后使得钛板有凹凸感。

③ 喷砂、喷丸表面　用一定的喷丸对钛表面进行喷砂，使得表面粗糙毛化，降低其反光性。

④ 砂光拉毛表面　表面用一定粒度的砂带及抛光轮进行砂磨抛光，使得表面产生整齐的直线排列条纹。

⑤ 彩色板面　利用阳极氧化装置，通以直流或交流电，电压升高，颜色变化。依次为：金色、紫色、青色、青绿、黄绿。

⑥ 大晶粒表面　表面进行加热处理，使得晶粒长大，得到冰花质感。

的耐蚀性、美观性、高档性、概念性、时尚性，为设计师们提供了更多的设计想法。钛与其他金属相比，热膨胀系数最低（不锈钢及合金的1/2，铝合金的1/3），与玻璃、砖、石相近，因此可以配合使用。也可作相对整体的材料设计来使用。除此，钛的密度相对低，使用寿命长且环保节能，质感富有创意性。

八、锡

早在远古时代，人们便发现并使用锡了。在我国的一些古墓中，常发掘到一些锡壶、锡烛台之类锡器。据考证，周朝时，锡器的使用已十分普遍了。它富有光泽、无毒、不易氧化变色，具有很好的杀菌、净化、保鲜效用。锡在我国古代常被用来制作青铜，即锡和铜的比例为3：7。锡器历史悠久，可以追溯到公元前3700年，那时候人们常在井底放上锡块，净化水质。在日本宫廷中，精心酿制的御酒都是用锡器作为盛酒的器皿。它具有储茶色不变，盛酒冬暖夏凉，淳厚清冽的功效。锡茶壶泡茶特别清香，用锡杯喝酒清冽爽口，锡瓶插花不易枯萎。在18世纪末和19世纪初，锡用来做保鲜罐头。

锡器的材质是一种合金，其中纯锡含量在97%以上，不含铅的成分，适合日常使用。锡器平和柔滑的特性，高贵典雅的造型，常新的光泽，历来受到人们喜爱，在欧洲更成为古典文化的一种象征。锡也是一种质地较软的金属，熔点较低，可塑性强。它可以有各种表面处理工艺，能制成多种款式的产品，从传统典雅的欧式酒具、烛台、

图9-45

高贵大方的茶具（图9-45），到令人一见倾心的花瓶和精致夺目的桌上饰品，锡可媲美熠熠生辉的银器。锡器以其典雅的外观造型和独特的功能效用早已风靡世界各国，在装饰配饰中备受青睐。

九、金属工艺

金属工艺是中国工艺艺术的一个特殊门类，主要包括景泰蓝、烧瓷、花丝镶嵌、铁画、锡制工艺、金银饰品等。金属工艺使室内装饰更加丰富多彩，有内涵。

（一）景泰蓝

北京特有的工艺之一，明朝的景泰年间为鼎盛时期，颜色以蓝色为主，故名"景泰蓝"。其用细扁铜丝掐成图案，焊在铜胎上，再上彩色釉料烧制而成。工艺精致，具有富丽典雅的装饰艺术特色（图9-46）。

（二）烧瓷

又名"铜胎画珐琅"，与景泰蓝属金属工艺中的姐妹艺术。工艺产生较晚于景泰蓝。它与景泰蓝的区别在于不用掐丝，而是在以铜制胎之后，在胎体上敷上一层白釉，烧结后用釉色进行彩绘，经二、三次填彩、修正后再烧结、镀金、磨光而成（图9-47）。

（三）花丝镶嵌

又叫"细金工艺"。它是用金、银等材料，镶嵌宝石、

图9-46　　　　　　　　　　　　　　　　　图9-47　　　　　　　　　　图9-48

珍珠，或用编织技艺制造而成。分为两类：一类是花丝，是把金、银抽成细丝，用堆垒、编织技法制成工艺品；另一类镶嵌则是把金、银薄片锤打成器皿，然后錾出图案，镶以宝石而成（图9-48）。

（四）铁画

也称铁花，产于安徽芜湖，为中国独具风格的工艺之一。铁画是以低碳钢为原料，将铁片和铁线锻打焊接成的各种装饰画。它将民间剪纸、雕刻、镶嵌等各种艺术的技法融为一体，采用中国画章法，黑白对比，虚实结合，装饰气息浓厚，有情调（图9-49）。

图9-49

 实例研究：埃菲尔铁塔与阿拉伯世界文化中心

1. 埃菲尔铁塔

法国埃菲尔铁塔是1889年为纪念法国大革命100周年，在巴黎举行了一次国际博览会时建造的。博览会由一个U形主厅、一个机械馆和埃菲尔设计的300m高的铁塔组成。机械馆毁于1910年，而埃菲尔铁塔却雄踞于战神广场上，成为法国乃至世界现代建筑史上的奇迹。

埃菲尔铁塔占地12.5hm^2，塔高320.7m（1959年在塔的顶部安装了广播天线）。铁塔总共使用了7000吨优质钢铁，由18038个精密度达到1/10mm的部件和250万个铆钉铆接而成。塔身分三层，每层均有平台和高栏，第一层距地50m，第二、三层分别为115m和174m，再往上就是顶端的塔楼。由于当时电梯还没有发明，塔内仅有四部液压升降梯以供人们登塔所用。

埃菲尔铁塔不仅是法国建筑史上的杰作，更是世界人民的宝贵财富，是世界文明史上一颗璀璨的明珠（图9-50）。

2. 阿拉伯世界文化中心

法国巴黎的阿拉伯世界文化中心作为阿拉伯世界文化在巴黎的一个陈列橱窗，其本身并不是一座阿拉伯建筑，而是一座西方建筑。由著名建筑师让·努维尔在1981～1987年间设计。建筑由博物馆、临时展览空间、图书馆文献中心、展览及会议礼堂、餐馆，以及儿童游乐场等部分组成。

这栋"绝对现代"的建筑，使用了当时前卫的营造技术：混凝土结构和釉料立面，铝材装饰覆盖着结构局部并且像一张皮一样伸展开。让·努维尔将阿拉伯世界文化中心设计成精密的科学产品，建筑的南立面排列了近百个光圈般构造的灰蓝色玻璃窗格，其背后是整齐划一的金属构件，具有强烈的图案表现性和科学幻想效果。让·努维尔说："建筑设计灵感源自于阿拉伯文化，是对一种精巧、神秘、蕴含宗教氛围的东方文化的赞美。我对清真寺建筑的雕刻窗很感兴趣，光透过它洒在地上形成了几何形、精确的、波动旋转的深浅阴影。所以我采用了如同照相机光圈般的几何孔洞，运用铝材，通过内部机械驱动光圈开合，根据天气阴晴调节进入室内的光线量。"该建筑在1987年落成，阿拉伯世界文化中心被评为当年最佳建筑设计，赋予银角尺奖（图9-51）。

图9-50

图9-51

第十章　装饰涂料

涂料是指涂附于物体表面，能与物体表面粘结在一起，并能形成连续性涂膜，从而对物体起到装饰、保护，或使物体具有某种特殊功能的材料。涂料与油漆是同一概念，因"油漆"名称已不能很好表达日益扩大的涂料品种，故现统称为涂料。

由于涂料最早是以天然植物油脂、天然树脂，如亚麻子油、桐油、松香、生漆等为主要原料，因而涂料在过去被称为油漆。随着石油化学工业的发展，合成树脂的产量不断增加，且其性能优良，已大量替代了天然植物油和天然树脂，并以人工合成有机溶剂为稀释剂，甚至以水为稀释剂，继续称为油漆已不确切，因而改称涂料。但有时习惯上还将溶剂型涂料称为油漆，而将乳液型涂料称为乳胶漆。

建筑涂料是指用于建筑物表面的涂料。建筑装饰涂料则是主要起装饰作用的，并起到一定的保护作用，或使建筑物具有某些特殊功能的建筑涂料。

建筑装饰涂料具有色彩鲜艳、造型丰富、质感与装饰效果好、品种多样的特点，可满足各种不同要求。此外，建筑装饰涂料还具有施工方便、易于维修、造价较低、自身重量小、施工效率高，可在各种复杂的墙面上施工等优点，因而是一种很有发展前途的装饰材料（图10-1）。

一、装饰涂料的组成

涂料的主要组成包括成膜物质（有桐油、亚麻仁油等油料与松香、虫胶等天然树脂及酚醛、醇酸、硝酸纤维等合成树脂）、颜料、溶剂（稀释剂）、催干剂等，用于墙面的涂料为了增加色彩感和提高质感，常掺入经加工的砂、石粒料。

二、装饰涂料的分类

（一）有机涂料

有机涂料分为溶剂型涂料、水溶性涂料、乳液型涂料。

1. 溶剂型涂料又称溶液型涂料，是以合成树脂为基料，有机溶剂为稀释剂，加入适量的颜料、填料、助剂等，经研磨、分散等而成的涂料。

溶剂型涂料形成的涂膜细腻、光洁、坚韧，有较高的硬度、光泽、耐水性、耐洗刷性、耐候性、耐酸碱性和气密性，对建筑物有较高的装饰性和保护性，且施工方便。溶剂型涂料的使用范围广，适用于建筑物的内外墙及地面等。但涂膜的透气性差，可燃或具有一定的燃烧性。此外，溶剂型涂料本身易燃，挥发出的溶剂对人体有害，施工时要求基层材料干燥。而且价格较高（图10-2）。

2. 水溶性涂料是以水溶性合成树脂为基料，加入水、颜料、填料、助剂等，经研磨、分散等而成的涂料。

水溶性涂料的价格低，无毒无味，施工方便，但涂膜的耐水性、耐候性、耐洗刷性差，一般用于建筑内墙面（图10-3）。

3. 乳液型涂料又称乳胶涂料、乳胶漆，是以合成树脂乳液为基料，加入颜料、填料、助剂等经研磨、分散等而成的涂料。合成树脂乳液是粒径为0.1～0.5μm的合成树脂分散在含有乳化剂的水中所形成的乳状液。

乳液型涂料无毒、不燃，对人体无害，价格较低，具有一定的透气性，其他性能接近于或略低于溶剂型涂料，特别是光泽度较低。乳液型涂料施工时不需要基层材料很干燥，但施工时温度宜在10℃以上，用于潮湿部位的乳液型涂料需加入防霉剂。乳液型涂料是目前大力发展的涂料。水溶性涂料和乳液型涂料统称水性涂料（图10-4）。

（二）无机涂料

无机涂料是以水玻璃、硅溶胶、水泥等为基料，加入颜料、填料、助剂等，经研磨、分散等而成的涂料。无机涂料的价格低、无毒、不燃，具有良好的遮盖力，对基层

图10-1

图10-2

图10-3

图10-4

图10-5

图10-6

材料的处理要求不高，可在较低温度下施工，涂膜具有良好的耐热性、保色性、耐久性，且涂膜不燃。无机涂料可用于建筑内外墙面等。

（三）无机-有机复合涂料

无机-有机复合涂料是既使用无机基料又使用有机基料的涂料。按复合方式的不同，分为无机基料与有机基料通过物理方式混合而成和无机基料与有机基料通过化学反应进行接枝或镶嵌的方式而成。

无机-有机复合涂料既具有无机涂料的优点，又具有有机涂料的优点，且涂料的成本较低，适用于建筑物内外墙面等。

（四）按在建筑物上的使用部位分类

按在建筑物上的使用部位的不同，建筑涂料分为外墙涂料、内墙涂料、顶棚涂料、地面涂料、屋面防水涂料等。

（五）按涂膜厚度、形状与质感分类

按涂膜的厚度可分为薄质涂料和厚质涂料，前者的厚度一般为50～100μm，后者的厚度一般为1～6mm。按涂膜的形状和质感可分为平壁状涂层涂料、砂壁状涂层涂料、凹凸立体花纹涂料。

1. 平壁状涂层涂料

涂膜表面平整、光滑的平面涂料，厚度一般为50～100μm（图10-5）。

2. 砂壁状涂层涂料

涂膜表面呈砂粒状装饰效果的砂壁状涂料，厚度一般约为1mm（图10-6）。

3. 凹凸立体花纹涂料

凹凸立体花纹涂料，简称立体花纹涂料，即复层涂

料。涂膜表面分为环山状花纹、环点状花纹、橘皮状花纹、拉毛状花纹、轧花状花纹等（图10-7）。

（六）按装饰涂料的特殊功能分类

按建筑装饰涂料的特殊功能可分为防火涂料、防水涂料、防腐涂料、保温涂料、防霉涂料、弹性涂料等。

三、内墙装饰涂料

（一）聚乙烯醇系内墙涂料

聚乙烯醇系内墙涂料又称803内墙涂料，是以聚乙烯醇与甲醛进行不完全缩合醛化反应生成的聚乙烯醇系水溶液为基料，加入颜料、填料及助剂经搅拌研磨等而成的水溶性内墙涂料。

聚乙烯醇系内墙涂料的成本与聚乙烯醇水玻璃内墙涂料相仿，耐洗刷性略优于聚乙烯醇水玻璃内墙涂料，可达100次，其他性能与聚乙烯醇水玻璃内墙涂料基本相同。聚乙烯醇系内墙涂料可广泛用于住宅、一般公用建筑的内墙与顶棚等（图10-8）。

（二）改性聚乙烯醇系内墙涂料

改性聚乙烯醇系内墙涂料又称耐湿擦洗聚乙烯醇系内墙涂料。提高聚乙烯醇系内墙涂料耐水性和耐洗刷性的措施有：提高缩醛度、采用乙二醛和丁醛来代替部分甲醛或全部甲醛、加入活性填料等。

改性聚乙烯醇系内墙涂料具有较高的耐水性和耐洗刷性，耐洗刷性可达300~1000次。改性聚乙烯醇系内墙涂料的其他性质与聚乙烯醇水玻璃内墙涂料基本相同，适用于住宅、一般公用建筑的内墙和顶棚，也适用于卫生间、厨房等的内墙、顶棚（图10-9）。

（三）丝感墙面漆

特别为装饰及保护室内墙面、顶棚及石膏板而设，是良好抗碱及抗菌的半光乳胶漆。漆膜耐用及附着力良好，半光效果提供较佳清洗性及减少污迹附着，多种标准颜色并加上万象彩韵，超过1600种色彩。适用于住宅、学校、酒店及医院等地方，无气味，方便室内施工（图10-10）。

图10-7

图10-8

图10-9　　　　　　　　　　图10-10　　　　　　　　图10-11

（四）多色彩优质乳胶漆

为一种高质量乳胶漆，用于住宅、酒店等内墙、顶棚及石膏板之装饰。特别配方以提高附着力、抗菌及抗碱能力，清理维修方便。有多种标准颜色供选择，无味，施工方便，流平性极佳（图10-11）。

（五）多彩内墙涂料

多彩内墙涂料简称多彩涂料，是目前国内外流行的高档内墙涂料，它是经一次喷涂即可获得具有多种色彩的立体涂膜的涂料。目前生产的多彩涂料主要是水包油型（即水为分散介质，合成树脂为分散相，以油/水或O/W来表示）。分散相为各种基料、颜料及助剂等的混合物，分散介质为含有乳化剂、稳定剂等的水。不同基料间、基料与水互相掺混而不互溶，即水中分散着肉眼可见的不同颜色的基料微粒。为获得理想的涂膜性能，常采用三种以上的树脂混合使用。

多彩涂料的色彩丰富，图案变化多样，立体感强，生动活泼，具有良好的耐水性、耐油性、耐碱性、耐化学药品性、耐洗刷性，并具有较好的透气性。多彩涂料对基层的适应性强，可在各种建筑材料上使用，要求基层材料干燥、清洁、平整、坚硬。多彩涂料主要用于住宅、办公室、商店等的内墙面、顶棚等。多彩涂料不宜在雨天或湿度高的环境下施工，否则易使涂膜泛白，且附着力也会降低（图10-12）。

（六）幻彩涂料

幻彩涂料，又称梦幻涂料、云彩涂料，是用特种树脂乳液和专门的有机、无机颜料制成的高档水性内墙涂料。幻彩涂料的种类较多，按组成的不同，主要有用特殊树脂与专门的有机、无机颜料复合而成的，用特殊树脂与专门制得的多彩金属化树脂颗粒复合而成的，用特殊树脂与专门制得的多彩纤维复合而成的等3种。其中使用较多，应用较为广泛的为第一种，该类又按是否使用珠光颜料分为两种。特殊的珠光颜料赋予涂膜以梦幻般的感觉，使涂膜呈现珍珠、贝壳、飞鸟、游鱼等所具有的优美珍珠光泽。

幻彩涂料以其变幻奇特的质感及艳丽多变的色彩为人们展现出一种全新感觉的装饰效果。幻彩涂料涂膜光彩夺目、色泽高雅、意境朦胧，并具有优良的耐水性、耐碱性和耐洗刷性。幻彩涂料的造型丰富多彩，加入多彩金属化树脂颗粒或多彩纤维可使幻彩涂料获得丝状、点状、棒状等不同的形状，丝状造型如灿烂的晚霞，彩点如满天繁星闪烁，棒状如礼花四射。幻彩涂料的图案变幻多姿，可按使用者的要求进行随意创作，艺术性和创造性的施工可使幻彩涂料的图案似行云流水、朝霞满天，或像一幅抽象

图10-12

的画卷，具有梦幻般、写意般的装饰效果。幻彩涂料主要用于办公室、住宅、宾馆、商店、会议室等的内墙、顶棚等。幻彩涂料适用于混凝土、砂浆、石膏、木材、玻璃、金属等多种基层材料，要求基层材料清洁、干燥、平整、坚硬。幻彩涂料可采用喷、涂、刷、辊、刮等多种方式施工（图10-13）。

（七）纤维状涂料

纤维状涂料是以天然纤维、合成纤维、金属丝为主，加入水溶性树脂而成的水溶性纤维涂料。

纤维状涂料无毒、无味、色彩艳丽、色调柔和，涂层柔软且富有弹性、无接口、不变形、不开裂、立体感强、质感独特，并具有良好的吸声、耐潮、透气、不结露、抗老化等功能。纤维状涂料通过涂抹时的色彩搭配可获得不同的装饰效果，纤维状涂料还可用来绘制各种壁画，创造出不同的室内气氛，广泛用于各种商业建筑、宾馆、饭店、歌舞厅、酒吧、办公室、住宅等的装饰。

纤维状涂料适合任何基层材料的室内墙面。纤维状涂料施工时对墙壁的光滑度要求不高，但要求基层干燥，

表面不得有脏物、浮灰等，对局部的疏松部分应进行修补平整。当基层材料上有铁钉、铁件等时，应涂防锈漆作为底漆，以防产生锈蚀，污染涂层。当基层材料为三合板、纤维板、石膏板等时应涂一道封闭底漆，以免泛色（图10-14）。

（八）马来漆

马来漆又名马莱漆、丝绸抹灰、仿古釉面抹灰、仿大理石漆、丝涂蔻、威尼斯抹灰、欧洲彩玉等，是20世纪70年代末80年代初在欧洲兴起的内墙高级装饰涂料，英文Stocco。其表面平滑，但具有明暗深浅纹理，可调制任意颜色或金属颜色，能营造特殊肌理效果的艺术墙面，表现出良好的立体釉面效果和层次感，可令墙面光滑柔顺，达到如鹅绒般轻柔光滑的触感。施工随意，漆膜坚硬、防水，具有其他涂料无法比拟的装饰和使用性能。只是由于价格高昂，所以20世纪80年代中期传入亚洲后，仅仅在日本、东南亚等国流行，是高档酒店、写字楼、别墅等内部小面积装饰墙面的首选涂料。20世纪90年代初马来漆传入中国，因当时其已在东南亚中高档内装修中普及，且

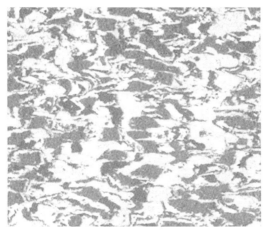

图10-13（左）

图10-14（右）

厂家繁多，名称和花样复杂，所以在我国统称它为马来漆，也有一些马来文化的寓意（图10-15）。

（九）硅藻内墙乳胶漆

硅藻内墙乳胶漆，蕴含吸附力超强的纯天然硅藻，配合分解甲醛技术，能有效分解室内空气中的游离甲醛，净化室内空气。同时产品本身还具有超级耐擦洗、可弥盖细微裂纹、防水透气、超强抗碱、加倍防霉、可调色等多种实用功效，是追求更高生活品质家居装修的理想选择（图10-16）。

（十）防辐射涂料

防辐射涂料是能够吸收投射到它表面的电磁波能量、并通过材料的损耗转变成热能的一类材料（能量转换的原理）。在各种的电磁辐射防护材料中，涂料以其方便、轻量、不占空间以及与基材一体化等众多优势成为其中的佼佼者，因为，防辐射涂料可吸收多余的电磁波，这样不仅能减少杂波对自身设备的干扰，也有效防止了电磁辐射对周围设备及人员的骚扰和伤害。防辐射涂料有很多颜色，主要用于核装置如核电站、核反应堆、核燃料、广播、电视发射台、医疗设备、同位素加工厂及有关实验室和附近建筑物。随着航空航天的发展，航空用涂料的需求在增加，航空用涂料，要求很高的耐辐照性能（图10-17）。

（十一）真石漆

真石漆是一种装饰效果酷似大理石、花岗岩的涂料，采用特殊合成树脂乳液粘结剂，天然彩砂、功能性助剂配制而成，又称液态石。真石漆装修后的建筑物，具有天然真实的自然色泽，给人以高雅、和谐、庄重之美感，适合于各类建筑物的室内外装修。特别是在曲面建筑物上装饰，生动逼真，有一种回归自然的效果。真石漆具有防火、防水、耐酸碱、耐污染、无毒、无味、粘结力强、永不褪色等特点，能有效地阻止外界恶劣环境对建筑物侵蚀，延长建筑物的寿命。主要应用于高级酒店、会所、住宅、别墅、写字楼、学校、厂房等外墙装饰，包括各种砂浆面、混凝土面等。由于真石漆具备良好的附着力和耐冻融性能，因此适合在寒冷地区使用（图10-18）。

（十二）磁性漆

磁性漆并不是像名字似的带有磁性，磁性漆本身无磁性，是在涂料中掺入很多铁屑，可以与磁铁产生吸力，所以铁质物品吸在墙上是不可能的，但可以被具有磁性特质的物体所吸附。磁性漆是一种底漆，它的上面可以覆盖任何颜色的涂料（如：油漆、水泥漆、乳胶漆等），经磁性漆处理过的墙面，该墙壁就可以吸附磁铁，一般多用在儿童室、办公室、厨房、书房等地方（图10-19）。

图10-15

图10-16

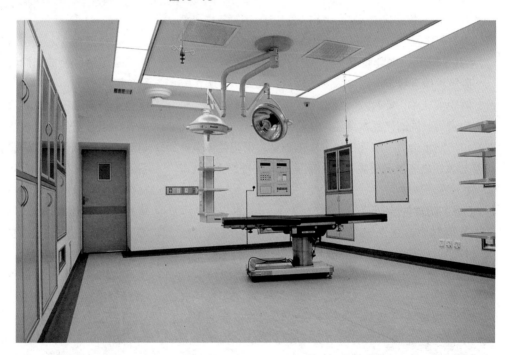

图10-17

图10-18

图10-19

图10-20

四、外墙装饰涂料

（一）苯乙烯-丙烯酸酯乳液涂料

苯乙烯-丙烯酸酯乳液涂料，简称苯-丙乳液涂料，是以苯-丙乳液为基料，加入颜料、填料、助剂等配制而成的水性涂料，是目前质量较好的外墙乳液涂料之一，也是我国外墙涂料的主要品种。苯-丙乳液涂料分为无光、半光、有光三类。

苯-丙乳液涂料具有优良的耐水性、耐碱性和抗污染性，外观细腻、色彩艳丽、质感好，耐洗刷次数可达2000次以上，粘附在水泥混凝土等大多数建筑材料的能力强，并具有丙烯酸类涂料的高耐光性、耐候性和不泛黄性。苯-丙乳液涂料适用于办公室、宾馆、商业建筑以及其他公用建筑的外墙、内墙等，但主要用于外墙（图10-20）。

（二）聚氨酯系外墙涂料

聚氨酯系外墙涂料是以聚氨酯树脂或聚氨酯树脂与其他树脂的混合物为基料，加入颜料、填料、助剂等配制而成的双组分溶剂型外墙涂料。

聚氨酯外墙涂料包括主涂层涂料和面涂层涂料。主涂层涂料是双组分聚氨酯厚质涂料，通常采用喷涂施工，形成的涂层具有良好的弹性和防水性。面层涂料为双组分的非黄变性丙烯酸改性聚氨酯涂料。

聚氨酯系外墙涂料具有一定的弹性和抗伸缩疲劳性，能适应基层材料在一定范围内的变形而不开裂，抗伸缩疲劳次数可达5000次以上。并具有优良的粘结性、耐候性、耐水性、防水性、耐酸碱性、耐高温性和耐洗刷性，耐洗刷次数可达2000次以上。聚氨酯外墙涂料的颜色多样，涂膜光洁度高，呈瓷质感，耐沾污性好，使用寿命可达15年以上，属于高档外墙涂料。聚氨酯系外墙涂料主要用于办公楼、商店等公用建筑。聚氨酯系外墙涂料在施工时需在现场按比例混合后使用。施工时须防火、防爆（图10-21）。

（三）合成树脂乳液砂壁状建筑涂料

合成树脂乳液砂壁状建筑涂料原称彩砂涂料，是以合成树脂乳液（一般为苯-丙乳液或丙烯酸乳液）为基料，加入彩色骨料（粒径小于2mm的彩色砂粒、彩色陶瓷粒等）或石粉及其他助剂，配制而成的粗面厚质涂料，简称砂壁状涂料。合成树脂乳液砂壁状涂料按所用彩色砂和彩色粉的来源分为三种类型，A型：采用人工烧结彩色砂粒和彩色粉；B型：采用天然彩色砂粒和彩色粉；C型：采用天然砂粒和石粉，加颜料着色。目前常用的为A

图10-21

图10-22

图10-23

型和B型。

合成树脂乳液砂壁状建筑涂料可用不同的施工工艺做成仿大理石、仿花岗石质感与色彩的涂料，因而又称之为仿石涂料、石艺漆、真石漆。一般采用喷涂法施工，涂层具有丰富的色彩和质感，保色性、耐水性、耐候性良好，涂膜坚实，骨料不易脱落，使用寿命可达10年以上。合成树脂乳液砂壁状涂料主要用于办公楼、商店等公用建筑的外墙面，也可用于内墙面。合成树脂乳液砂壁状涂料也可采用抹涂施工，涂层平滑，称之为薄抹涂料。合成树脂乳液砂壁状涂料适用于多种基层材料，要求基层较为平整，一般需对基层进行封闭处理（图10-22）。

（四）复层建筑涂料

复层建筑涂料又称凹凸花纹涂料、立体花纹涂料、浮雕涂料、喷塑涂料，它是由两种以上涂层组成的复合涂料。复层建筑涂料一般由基层封闭涂料（底涂涂料）、主层涂料、罩面涂料组成。复层建筑涂料按主涂层涂料基料的不同，分为聚合物水泥系复层涂料（CE）、硅酸盐系复层涂料（Si）、合成树脂乳液系复层涂料（E）、反应固化型合成树脂乳液系复层涂料（RE）等四大类。我国目前主要使用的为前三类。

复层涂料广泛用于商业、宾馆、办公室、饭店等的外墙、内墙、顶棚等。复层涂料适用于多种基层材料，要求基层平整、清洁。施工时首先刷涂1～2道基层封闭涂料（CE系和RE系不须基层封闭涂料）。主层涂料在喷涂后，可利用橡胶辊（或塑料辊）、橡胶刻花辊进行辊压以获得所要求的立体花纹与质感。主层涂料施涂24h后，即可喷涂或刷涂罩面涂料，罩面涂料需施涂两道（图10-23）。

（五）防霉抗藻外墙涂料

特为装饰及保护已上漆及未上漆之混凝土或水泥外墙及砖墙，具极佳防霉、抗藻效果，极佳耐户外气候性、存色性、附着力、抗碱性、挡水性及耐洗刷性平滑表面，减低藏污。广泛用于新建或维修工程，诸如住宅大楼、学校、医院、民房及酒店、研究院等大型建筑物。适用于高

图10-24

图10-25

湿度之室内环境及如浴室顶棚、楼梯间等空气流通较差的地方（图10-24）。

（六）清水混凝土氟碳透明涂料

清水混凝土氟碳透明涂料，是一种以高耐久性常温固化氟树脂（Bonnflon）透明（或半透明）涂料，对混凝土表面进行喷涂从而起到长久保护混凝土免受外界环境破坏

并保持混凝土自然机理和质感的喷涂工艺。可保持混凝土自然的颜色、机理及质感，达到独特的、个性化的表面效果，氟碳树脂极好的耐候性可使混凝土表面保持15至20年免予维护。清水混凝土氟碳透明涂料广泛用于办公楼、厂房等的外墙（图10-25）。

五、地面装饰涂料

（一）聚氨酯地面涂料

聚氨酯地面涂料分为以下两种。

1. 聚氨酯厚质弹性地面涂料

聚氨酯厚质弹性地面涂料是以聚氨酯为基料的双组分溶剂型涂料。具有整体性好、色彩多样、装饰性好的特点，并具有良好的耐油性、耐水性、耐酸碱性和优良的耐磨性，此外还具有一定的弹性，脚感舒适。聚氨酯厚质弹性地面涂料的缺点是价格高且原材料有毒。聚氨酯厚质弹性地面涂料主要适用于水泥砂浆或水泥混凝土的表面，如用于高级住宅、会议室、手术室、放映厅等的地面装饰，也可用于地下室、卫生间等的防水装饰或工业厂房车间的

耐磨、耐油、耐腐蚀等地面（图10-26）。

2. 聚氢酯地面涂料

聚氢酯与聚氨酯厚质弹性地面涂料相比，涂膜较薄，涂膜的硬度较大、脚感硬，其他性能与聚氨酯厚质弹性地面涂料基本相同。聚氢酯地面涂料（薄质）主要用于水泥砂浆、水泥混凝土地面，也可用于木质地板。

（二）环氧树脂地面涂料

环氧树脂地面涂料分为以下两种。

1. 环氧树脂厚质地面涂料

环氧树脂厚质地面涂料是以环氧树脂为基料的双组分

图10-26

图10-27

图10-28

溶剂型涂料。环氧树脂厚质地面涂料具有良好的耐化学腐蚀性、耐油性、耐水性和耐久性，涂膜与水泥混凝土等基层材料的粘结力强，坚硬、耐磨，且具有一定的韧性，色彩多样，装饰性好。环氧树脂厚质地面涂料的缺点是价格高、原材料有毒。环氧树脂厚质地面涂料主要用于高级住宅、手术室、实验室、公用建筑、工业厂房车间等的地面装饰，能够防腐、防水（**图10-27**）。

2. 环氧树脂地面涂料

环氧树脂地面涂料与环氧树脂厚质地面涂料相比，涂膜较薄、韧性较差，其他性能则基本相同。环氧树脂地面涂料主要用于水泥砂浆、水泥混凝土地面，也可用于木质地板。

（三）环氧自流平地面

环氧自流平地面选用无溶剂高级环氧树脂加优质固化剂制成。表面平滑、美观，达镜面效果，更优良的流动性，自动精确地找平地面；耐酸、碱、盐、油类介质腐蚀，特别耐强碱性能好；耐磨、耐压、耐冲击，有一定弹性。方便快捷，加水即可，2小时之后便可行走，1~2天后即可使用。厚度1mm以上，使用寿命8年以上。

可用于要求高度清洁、美观、无尘，无菌的电子、微电子行业，实行GMP标准的制药行业、血液制品行业，也可用于学校、办公室、家庭等地坪。施工工艺：基面处理，涂刷封闭底漆，刮涂中层漆，打磨，吸尘，用自流平环氧色漆涂1~2遍（**图10-28**）。

六、油漆涂料

（一）调合漆

系由油料、颜料、溶剂、催干剂等调合而成。漆膜有各种色泽，质地较软，具有一定的耐久性，适用于室内外一般金属、木材等表面，施工方便，采用最为广泛（图10-29）。

（二）树脂漆

又名清漆，漆膜干燥迅速，一般为琥珀色透明或半透明体，十分光亮。树脂漆分为醇质与油质两类（图10-30）。

1. 醇质树脂漆俗称泡立水，系将虫胶（一种天然树漆，也叫漆片）溶于乙醇中而成。漆膜的耐久性较差，受到热烫易生白斑。限用于室内木门窗、木地板和木制家具的表面。

2. 油质树脂漆俗称凡立水，系由合成树脂、油料、溶剂、催干剂等配合而成。常用的为酚醛清漆和醇酸清漆，前者漆膜容易泛黄，用于涂刷木器，后者耐久性较高，可用于室内金属、木制的表面。

（三）漆

系在油质树脂中加入无机颜料而成。漆膜坚硬平滑，可呈各种色泽，附着力强，耐候性和耐水性高于清漆而低于调合漆。适用于室内外金属和木质表面（图10-31）。

图10-29（左）

图10-30（右）

图10-31

图10-32

图10-33

（四）硝基清漆

俗称腊克，系由硝化纤维、天然树脂、溶剂等制成。漆膜无色透明，光泽度高，适用于室内金属与木材表面。最宜做醇质树脂漆的罩面层，以提高漆膜质量，并使之能耐受热烫（图10-32）。

（五）喷漆

系由硝化纤维、合成树脂、颜料（或染料）、溶剂、增塑剂等制成。施工采用喷涂法，故名喷漆。漆膜尤亮平滑，坚硬耐久，色泽特别鲜艳，适用于室内金属和木材表面（图10-33）。

七、特种油漆涂料

（一）防锈涂料

系由油料与阻蚀性颜料（红丹、黄丹、铝粉等）调剂而成。油料加40%～80%红丹制成的红丹漆，对于钢铁的防锈效果好。一般金属、木材、混凝土等表面的防腐蚀，可用沥清漆（内加溶剂）（图10-34）。

（二）防腐涂料

常用防腐涂料的种类及基本特性：

（1）过氟乙烯系抗化学腐蚀涂料（能抗硝酸，但结合力不强）。

（2）氯化橡胶系抗化学腐蚀涂料。

（3）环氧树脂系抗化学腐蚀涂料（化学性能良好，但需经烘干）。

（4）漆酚树脂系抗化学腐蚀涂料（大漆的改进，干燥较快）。

（5）沥清系抗化学腐蚀涂料。

（6）聚二乙烯乙炔系抗化学腐蚀涂料（价廉，性能不稳定）。

（7）磁化底漆附着力好，为金属材料底漆的常用品。

图10-34

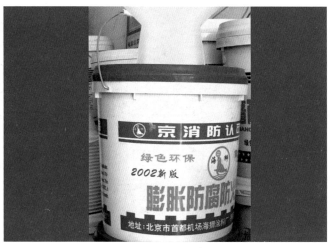

图10-35

八、特种装饰涂料

（一）防火涂料

涂刷在基层材料表面上能形成防火阻燃涂层或隔热涂层，并能在一定时间内保证基层材料不燃烧或不破坏、不失去使用功能，为人员撤离和灭火提供充足时间的涂料，称为防火涂料。防火涂料既具有普通涂料所拥有的良好的装饰性及其他性能，又具有出色的防火性。防火涂料按用途分为钢结构用防火涂料、混凝土结构用防火涂料、木结构用防火涂料等。防火涂料按其组成材料和防火原理的不同，一般分为膨胀型和非膨胀型两大类（图10-35）。

1. 非膨胀型防火涂料的防火机理

非膨胀型防火涂料是由难燃性或不燃性树脂及阻燃剂、防火填料等组成。其涂膜具有较好的难燃性，能阻止火焰的蔓延。厚质非膨胀防火涂料常掺入大量的轻质填料，因而涂层的导热系数小，具有良好的隔热作用，从而起到防火和保护基层材料的作用。

2. 膨胀型防火涂料的防火机理

膨胀型防火涂料是由难燃性树脂、阻燃剂及成碳剂、脱水成碳催化剂、发泡剂等组成。涂层在火焰的作用下会发生膨胀，形成比原来涂层厚度大几十倍的泡沫碳质层，能有效地阻挡外部热源对基层材料的作用，从而能阻止燃烧的发生或减少火焰对基层材料的破坏作用。其阻燃效果大于非膨胀型防火涂料。

（二）饰面型防火涂料

饰面型防火涂料是指涂于可燃基材（如木材、塑料、纤维板等）表面，能形成具有防火阻燃保护和装饰作用涂膜的一类防火涂料的总称。饰面型防火涂料按其防火性分为一、二两级。饰面型防火涂料的色彩多样，耐水性好，耐冲击性高，耐燃时间较长，可使可燃基材的耐燃时间延长10～30min。饰面型防火涂料可喷涂、刷涂和滚涂，涂膜厚度一般为1mm以下，通常为0.2～0.4mm。

（三）钢结构防火涂料

是施涂于建筑物及构筑物的钢结构表面，能形成耐火隔热保护层以提高钢结构的耐火极限的涂料。

钢结构防火涂料按其涂层的厚度及性能特点分为：

B类，即薄涂型钢结构防火涂料，又称钢结构膨胀

图10-36

图10-37

防火涂料，其涂层厚度一般为2～7mm，有一定的装饰效果，高温时膨胀增厚，耐火隔热，耐火极限可达0.5～1.5h。该类防火涂料的基料主要为难燃树脂。

H类，即厚涂型钢结构防火涂料，又称钢结构防火隔热涂料，其涂层厚度一般为8～50mm，粒状表面，体积密度较小，导热系数低，耐火极限可达0.5～3.0h。该防火涂料以难燃树脂和无机胶结材料为主，并大量使用了轻质砂，如膨胀珍珠岩。

钢结构防火涂料涂层厚度大，耐火极限长，达0.5～3.0h以上，可大大提高钢结构抵御火灾的能力。并且具有一定的粘结力，较高的耐候性、耐水性和抗冻性，膨胀型（B型）防火涂料还具有一定的装饰效果，并且可喷涂、滚涂、抹涂、刮涂或刷涂，能在自然条件下干燥固化，适用于钢结构的防火处理（图10-36）。

（四）聚氨酯防水涂料

聚氨酯防水涂料为双组分涂料，A组分为预聚体，B组分为交联剂及填料等。使用时在现场按比例混合均匀后涂刷于基层材料的表面，经交联成为整体弹性涂膜。国内已开始生产和使用多种浅色聚氨酯防水涂料。聚氨酯防水涂料的质量应满足《聚氨酯防水涂料》GB/T 19250—2013的规定。聚氨酯防水涂料的弹性高，延伸率大（可

达350%～500%），耐高低温性好，耐油及耐腐蚀性高，能适应任何复杂形状的基层，使用寿命15年。主要用于外墙和屋面等工程（图10-37）。

（五）丙烯酸防水涂料

丙烯酸防水涂料是以丙烯酸乳液为主，加入填料、助剂等配制而成的乳液型防水涂料。丙烯酸防水涂料耐高低温性好，不透水性高、无毒，可在各种复杂的表面上施工，并具有白色和多种浅色及黑色。丙烯酸防水涂料的缺点是延伸率较小。使用寿命10年以上。丙烯酸防水涂料主要用于外墙防水装饰及各种彩色防水层（图10-38）。

（六）防霉涂料

防霉涂料是一种对各类霉菌、细菌和母菌具有杀灭或抑制生长作用，而对人体无害的涂料。防霉涂料由基料、防霉剂、颜料、填料、助剂等组成。防霉涂料所用基料应是不含或少含可供霉菌生活的营养基，并具有良好的耐水性和耐洗刷性，通常使用钾水玻璃、硅溶胶、氯乙烯-偏氯乙烯共聚乳液等。防霉剂是防霉涂料的最重要的成分，为提高防霉效果，一般采用两种以上的防霉剂。所用颜料、填料、助剂等也应选择不含易霉变或可作为霉菌营养基的成分。防霉涂料用于一般建筑的内外墙，特别是地下室及食品加工厂的厂房、仓库等的内墙。

图10-38

图10-39

（七）防雾涂料

玻璃和透明塑料在高湿度情况下，或当室内外温差较大时，因玻璃内侧的温度低于露点而会在玻璃的表面上结露，致使玻璃表面雾化，影响玻璃的透视性。防雾涂料是涂于玻璃、透明塑料等的表面能起到防止结露作用的涂料。防雾涂料主要由亲水性高分子、交联剂和表面活性剂等组成，其防雾机理是利用树脂涂层的吸水性将表面的水分吸收，因表面没有水珠，故不影响玻璃的光透射比和光反射比。防雾涂料可用于高档装饰工程中的玻璃，或挡风板、实验室、通风橱窗等的玻璃及透明塑料板等。

（八）JS防水涂料

J就是指聚合物，S指水泥；即JS就是聚合物水泥防水涂料，是一种以聚丙烯酸酯乳液、乙烯−醋酸乙烯酯共聚乳液等聚合物乳液与各种添加剂组成的有机液料，和水泥、石英砂、轻重质碳酸钙等无机填料及各种添加剂所组成的无机粉料通过合理配比，复合制成的一种双组分、水性建筑防水涂料。

JS防水乳胶为绿色环保材料，它不污染环境、性能稳定、耐老化性优良、防水寿命长；使用安全、施工方便、操作简单，可在无明水的潮湿基面直接施工；粘结力强，材料与水泥基面粘结强度可达0.5MPa以上，对大多数材料具有较好的粘结性能；材料弹性好、延伸率可达200%，因此抗裂性、抗冻性和低温柔性优良；施工性好，不起泡，成膜效果好、固化快；施工简单，刷涂、滚涂、刮抹施工均可（图10-39）。

（九）氟碳喷涂

一种静电喷涂，也是液态喷涂的方式，氟碳喷涂涂料将聚偏二氟乙烯为基料与金属微粒铝粉合成建筑用罩面漆，又称金属漆，大面积用于铝板幕墙氟碳喷涂具有优异的抗褪色性、抗起霜性、抗大气污染（酸雨等）的耐腐蚀性，抗紫外线能力强，抗裂性强以及能够承受恶劣天气环境。能够满足高档建筑室内外铝材的涂装，广泛的颜色选择，美丽庄重的外观，及耐久性为世界各地许多宏伟的幕墙建筑增添了光彩，是一般涂料所不及的（图10-40）。

（十）氟碳涂料

氟碳涂料"底漆+中间漆+面漆"的涂层体系是钢结构最经常使用的长效重防腐涂层体系的设计方法。国内外著名的钢结构重防腐涂层，如杭州湾跨海大桥钢箱梁结构、日本明石海峡大桥钢结构、国家体育场（鸟巢）钢结构等均采用类似的设计方法。并且在《色漆与清漆−钢结构涂层保护体系》ISO 12944，《公路桥梁钢结构防腐涂

图10-40   图10-41

装技术条件》JT/T 722-2008等国内外标准中，有较为
明确的涂层配套体系设计，用于钢结构表面的长效重防腐
涂层体系，由鳞片型醇溶无机富锌底漆涂层、环氧云铁

（厚浆）中间漆涂层、高耐候四氟乙烯-乙烯基醚共聚型氟
碳面漆涂层构成。该涂层体系设计防腐寿命可以达到30
年以上（图10-41）。

九、装饰涂料的分类

按不同使用部位选用建筑装饰涂料

建筑装饰涂料的使用部位不同，其所经受的外界环
境因素的作用也不同。如外墙长年受风吹、日晒、雨
淋、冻融、灰尘等的作用；地面则经常受到摩擦、刻
划、水擦洗等作用；内墙及顶棚也会受到一些相应的作
用。因此，选用的建筑装饰涂料应具备相应的性能，以
保证涂膜的装饰性和耐久性，即应按不同使用部位正确
地选用建筑装饰涂料。

（1）屋面——耐水性优良，耐候性优良，屋面防水
涂料。

（2）外墙面——耐水性优良，耐候性优良，耐沾污性
好，外墙涂料。

（3）室外地面——耐水性优良，耐磨性优良，耐候性
好，室外地面涂料。

（4）室内内墙及顶棚——颜色品种多样，透气性良
好，不易结露，内墙涂料。

（5）工厂车间内墙、顶棚——防霉性好，耐水性好，
表面光洁，内墙涂料。

（6）室内地面——耐水性好，耐磨性好，颜色多样，
室内地面涂料。

（7）工厂车间地面——耐水性优良，耐磨性优良，耐
油性好，耐腐蚀好，室内地面涂料。

实例研究：美国奥兰多迪士尼世界

　　美国奥兰多迪士尼世界天鹅旅馆和海豚旅馆围绕着一片新月形的湖水，一条分割湖面的散步道连接着两个旅馆的门厅，它可以用作通往其他的景区的航运码头。占地57134m²的天鹅旅馆由拥有758套客房的旅馆部和会议中心组成。海豚旅馆有客房1510套，占地130060m²。格雷夫斯为两座旅馆都设计了舞厅、会议室和零售商店，旅馆的色彩和装饰暗示了佛罗里达州的性格，并在文脉上同迪士尼的"娱乐建筑"保持一致。外墙涂料使用耐水性优良、耐候性优良、耐沾污性好的丙烯酸防水涂料（图10-42）。

图10-42

第十一章　装饰织物与制品

纤维织物与制品是现代室内重要的装饰材料之一，主要包括地毯、挂毯、墙布、浮挂、窗帘等纤维织物，以及岩棉、矿渣棉、玻璃棉制品等。这类织物具有色彩丰富、质地柔软、富有弹性等特点，均会对室内的景观、光线、质感及色彩产生直接的影响。矿物纤维制品则具有吸声、不燃、保温等特性。所以合理地选用装饰织物与纤维制品不仅能美化室内环境，给人们生活带来舒适感，又能增加室内的豪华气派，对现代室内装饰起到锦上添花的作用（图11-1）。

一、纤维

装饰织物用纤维有天然纤维、化学纤维和无机玻璃纤维等。这些纤维材料各具特点，均会直接影响到织物的质地、性能等。

（一）天然纤维

天然纤维包括羊毛、棉、麻、丝等。

1. 羊毛纤维

羊毛纤维弹性好、不易变形、耐磨损、不易燃、不易污染、易于清洗，而且能染成各种颜色，色泽鲜艳、制品美丽豪华、经久耐用，并且毛纺品是热的不良导体，给人温暖的感觉。但羊毛易受虫蛀，对羊毛及其制品的使用应采取相应的防腐、防虫蛀措施。羊毛制品虽有许多优点，但因其价格高，应用受到限制。羊毛制成的地毯和挂毯是一种高级的装饰制品（图11-2）。

2. 棉、麻纤维

棉、麻均为植物纤维。棉纺品有素面和印花等品种，可以做墙布、窗帘、垫罩等。棉织品易洗熨烫。斜纹布和灯芯绒布均可作垫套装饰之用。棉布性柔，不能保持摺线，易皱、易污。麻纤维性刚，强度高，制品挺括、耐磨，但价格高。由于植物棉麻纤维的供源不足，所以常掺入化学纤维混合纺制而成混纺制品，不仅性能得到了改善，而且价格也大大降低（图11-3）。

3. 丝纤维

自古以来，丝绸就一直被用作装饰材料。它滑润、半透明、柔韧、易上色，而且色泽光亮柔和。可直接用作室内墙面浮挂装饰或裱糊，是一种高级的装饰材料（图11-4）。

4. 其他纤维

我国幅员广阔，植物纤维资源丰富，品种也较多，如椰壳纤维、木质纤维、苇纤维及竹纤维等均可被用于制作不同类型的装饰制品。

（二）化学纤维

石油化学工业的发展，为各种化学纤维的生产创造了良好的条件。目前国内外纺织品市场上，化学纤维占有十分重要的地位。

图11-1

图11-2

图11-3

图11-4

纤维装饰织物中主要使用合成纤维，常用的主要有以下几种：

1. 聚酰胺纤维（锦纶）

锦纶旧称尼龙，耐磨性能好，在所有天然纤维和化学纤维中，它的耐磨性最好，比羊毛高20倍，比粘胶纤维高50倍。如果用15%的锦纶和85%的羊毛混纺，其织物的耐磨性能比羊毛织物高3倍多。它不怕腐蚀，不怕虫蛀，不发霉，吸湿性能低，易于清洗。

但锦纶也存在一些缺点，如弹性差、易变形、易吸尘、遇火易局部熔融，在干热环境下易产生静电，在与80%的羊毛混合后其性能可获得较为明显的改善。

2. 聚酯纤维（涤纶）

涤纶耐磨性能好，虽略比锦纶差，但却是棉花的2倍，羊毛的3倍，仅次于锦纶。尤其可贵的是，它在湿润状态和干燥时同样耐磨。它耐热、耐晒、不发霉、不怕虫蛀，但涤纶染色较困难。清洗地毯时，使用清洁剂要小心，以免颜色褪浅。

3. 聚丙烯纤维（丙纶）

丙纶具有质地轻、强力高、弹性好、不霉、不蛀、易于清洗、耐磨性好等优点，而且原料（丙烯）来源丰富，生产过程也较其他合成纤维简单，生产成本较低。

4. 聚丙烯腈纤维（腈纶）

腈纶纤维轻于羊毛（腈纶的密度1.07g/cm³，而羊毛的密度为1.32g/cm³，蓬松卷曲，柔软保暖，弹性好，在低伸长范围内弹性回复能力接近羊毛，强度相当于羊毛的2~3倍，且不受湿度影响。腈纶不霉、不蛀，耐酸碱腐蚀。它还有个突出的特点，那就是非常耐晒，这是天然纤维和大多数合成纤维所不能比的。如果把各种纤维放在室外曝晒1年，腈纶的强力只降低20%，棉花则降低90%，其他如蚕丝、羊毛、锦纶、粘胶纤维之类，强力完全丧失。但是腈纶耐磨性稍差，在合成纤维成员中，是耐磨性较差的一个。

（三）玻璃纤维

玻璃纤维是由熔融玻璃制成的一种纤维材料，直径数微米至数十微米。玻璃纤维性脆，较易折断，不耐磨，但抗拉强度高，吸湿性小、伸长率小，不燃、耐腐蚀、耐高温，吸声性能好，可纺织加工成各种布料、带料等，或织成印花墙布。

上述各种纤维的优缺点，用于装饰织物中，固能反映织物的质量情况，但是随着科学技术的发展，有些缺陷正在解决。至于有些纤维的缺点，现实中也不是绝对的，往往用混纺的办法可以得到解决。需要指出的是，有些织物（如地毯）的质量也不能单靠材质来评比，还要从编织结构、织物的厚度、衬底的形式等多方面综合评价。

（四）纤维的鉴别方法

目前市场上销售的纤维品种比较多，正确地识别各类纤维，对于使用及铺设都是有利的。鉴别方法很多，比较简便可行的办法是燃烧法。各种化学纤维与天然纤维燃烧速度的快慢，产生的气味和灰烬的形状等均不相同。可以从织物上取出几根纱线，用火柴点燃，观察它们燃烧时的情况，即能辨出是哪一种纤维。

纤维的燃烧特征

1. 棉：燃烧很快，产生黄色火焰，有烧纸般的气味，灰末细软，呈深灰色。

2. 麻：燃烧起来比棉花慢，也产生黄色火焰与烧纸般气味，灰烬颜色比棉花深些。

3. 丝：燃烧比较慢，且缩成一团，有烧头发气味，烧后呈黑褐色小球，用指压即碎。

4. 羊毛：不燃烧，冒烟而起泡，有烧头发的气味。灰烬多，烧后成为有光泽的黑色脆块，用指压即碎。

5. 锦纶：燃烧时没有火焰，稍有芹菜气味，纤维迅速卷缩，熔融成胶状物，趁热可以把它拉成丝，遇冷就成为坚韧的褐色硬球，不易研碎。

6. 涤纶：点燃时纤维先蜷缩、熔融，然后再燃烧。燃时火焰呈黄白色，很亮，无烟，但不延燃，灰烬成黑色硬块，但能用手压碎。

7. 腈纶：点燃后能燃烧，但比较慢。火焰旁边的纤维先软化，熔融，然后再燃烧，有辛酸气味，然后成脆性小黑硬球。

8. 维纶：燃烧时纤维发生很大收缩，同时发生熔融，但不延燃。开始时，纤维端有一点火焰，待纤维都融化成胶状物之后，就燃成熊熊火焰，有浓色黑烟。燃烧后剩下黑色小块，可用手指压碎。

9. 丙纶：燃烧时可发出黄色火焰，并迅速蜷缩，熔融，燃烧后呈熔融状胶体，几乎无灰烬，如不待其烧尽，趁热时也可拉成丝，冷却后也成为不易研碎的硬块。

10. 氯纶：燃烧时发生收缩，点燃时几乎不能起燃，冒黑烟，并发出氯气的刺鼻臭味。

二、地毯

地毯是一种历史悠久的世界性产品。最早是以动物毛为原料编织而成，可铺地、御寒防潮及坐卧之用。随着社会的发展，逐渐采用毛、麻、丝和合成纤维为制造地毯的原料。我国生产和使用地毯起源于西部少数民族地区的游牧部落，已有2000多年的历史，产品闻名于世。

地毯既具有实用价值又有欣赏价值。它能起到抗风湿、吸尘、保护地面和美化室内环境的作用。它富有弹性、脚感舒适，且能隔热保温，可以降低空调费用。地毯还能隔声、吸声、降噪，可使住所更加宁静、舒适。并且地毯固有的缓冲作用，能防止滑倒，减轻碰撞，使人步履平稳。另外，丰富而巧妙的图案构思及配色，使地毯具有较高的艺术性。

地毯作为地面覆盖材料，同其他材料相比，它给人以高贵、华丽、美观、舒适而愉快的感觉，是比较理想的现代室内装饰材料。当今的地毯，颜色从艳丽到淡雅，绒毛从柔软到坚韧，使用从室内到室外，结构款式多种多样，其原料更是种类繁多，已形成了地毯的高、中、低档系列产品。

（一）地毯的选择方法

室内设计师在选择地毯时，应考虑以下几个环节：

1. 基本条件，如防火、防静电性能。

2. 应用地毯的环境及各种需求，选择功能相配的品种。例如：对防污、防霉、防菌等方面的卫生要求，粗用量、交通量的多寡及地毯相应的保原形程度等。

3. 配合整体室内设计，创造美观和谐的气氛。基本要求为防火、防静电：建筑规范对于墙壁、顶棚及地板所采用的建筑材料，有一定的限制，因为这些室内装修的易燃性在发生火灾时影响很大，火灾蔓延越小，对生命财产威胁越小，控制及扑灭也比较容易。

人体在活动时，例如行走，更换衣服，穿、脱皮鞋等，每一个动作都会产生静电。在未释放之前，便积储在人体内。在干燥环境下，积储速度很快便超过3.5kV。在此水平下，当人体接触另一导电体，如人、金属等，静电能量便会迅速释放而令人感到静电冲击。而有电子仪器操作的地带，静电的干扰就更严重。因为数码电子装置，是通过一连串的脉冲电流来控制，电子仪器靠辨认不同脉冲电流为指令而启动或终止某一动作。静电释放时也产生同样的脉冲电流。当静电量在2kV以上，所释放出的脉冲电流即可被电子仪器误读为指令而产生异常动作——仪器本身并不能分辨正常与误导之脉冲电流。假如地毯所能产生的最高静电量保持在3.5kV以下，则可称为防静电地毯。

（二）常用地毯的主要编织方法

1. 手工打结地毯

即以手工打结方式形成栽绒结的地毯。又分手工打结"8"字扣（波斯结）地毯、手工打结马蹄扣（土耳其结）地毯、手工打结双结地毯三个品种。此种方法多用于纯毛地毯，它是采用双经双纬，通过人工打结栽绒，将绒毛层与基底一起织作而成。这种地毯图案千变万化，色彩丰富，做工精细，质地好，价格昂贵（图11-5）。

2. 簇绒地毯

簇绒法是目前生产化纤地毯的主要方式。它是由带有往复式针的簇绒机织造的地毯，即在簇绒机上，将绒头纱线在预先制出的初级背衬（底布）的两侧编织成线圈，然

图11-5

图11-6

图11-7

后再将其中一侧用涂层或胶粘剂固定在底布上，这样就生产出了厚实的圈绒地毯图，若再用锋利的刀片横向切割毛圈顶部，并经修剪，则就成了割绒地毯图。簇绒地毯生产时绒毛高度可以调整，圈绒的高度一般为5~10mm，割绒绒毛高度多在7~10mm。簇绒地毯毯面纤维密度大，因而弹性好，脚感舒适，并且可在毯面上印染各种图案花纹，为很受欢迎的中档产品（图11-6）。

3. 无纺地毯

指针刺地毯、粘合毯等品种。它是近年出现的一种普及型廉价地毯。它是无经纬编织的短毛地毯。它的制造方法，是先以无纺织造的方式将各种纤维（一般为短纤维）制成纤维网，然后再以针扎、缝编、粘合等方式将纤维网与底衬复合。故有针刺地毯、粘合地毯等品种之分。这种地毯因其生产工艺简单、生产效率较高，故成本低、价廉，但其耐久性、弹性、装饰性等均比较差。为提高其强度和弹性，可在毯底加缝或加贴一层麻布底衬，或再加贴一层海绵底衬（图11-7）。

地毯的命名以基础名称和附加名称构成地毯产品的全称。基础名称指构成毯面的加工工艺，附加名称指构成地毯毯面材料名称和后整理过程名称。地毯原材料名称有羊毛、桑蚕丝、黄麻、人造丝、锦纶、腈纶、涤纶、丙纶等。地毯的后整理主要包括剪花、片凸、化学处理、仿古处理、防虫蛀整理、抗静电整理、阻燃整理、防尘整理、防污整理、背衬整理等。如手工打结羊毛防虫蛀地毯和簇绒丙纶抗静电地毯就是两种加工工艺、原材料、后整理过程均不同的地毯。

（三）按图案类型分类

地毯按图案类型不同，可分为以下几种：

1. 素凸式地毯，见图11-8。

2. 乱花式地毯，见图11-9。

3. 几何纹样地毯，见图11-10。

4. 古典图案地毯，见图11-11。

（四）按材质类型分类

1. 纯毛地毯

即羊毛为主要原料，具有弹性大、拉力强、光泽好的优点，为高档铺地装饰材料（图11-12）。

2. 混纺地毯

是将羊毛与合成纤维混纺后再织造的地毯，其性能介于纯毛地毯和化纤地毯之间。由于合成纤维的品种多，性能也各不相同，所以，当混纺地毯中所用纤维品种或掺量不同时，混纺地毯的性能也不尽相同。如在羊毛中加入20%的尼龙纤维，可使地毯的耐磨性提高5倍，装饰性能不亚于纯毛地毯，且价格下降（图11-13）。

3. 化纤地毯

也叫合成纤维地毯，是指以各种化学纤维为主要原

图11-8

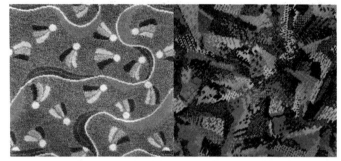

图11-9

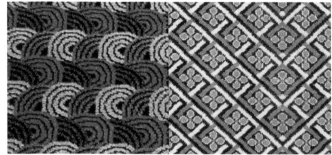

图11-10

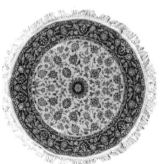

图11-11（左）

图11-12（右）

图11-13

图11-14

料加工制成的一种地毯。现常用的为合成纤维材料，主要有丙纶、腈纶、锦纶、涤纶等。其外观和触感酷似羊毛，耐磨而富有弹性，为目前用量最大的中、低档地毯品种（图11-14）。

4. 剑麻地毯

剑麻地毯可以说是植物纤维地毯的代表。它是采用剑麻纤维（西沙尔麻）为原料，经过纺纱、编织、涂胶、硫化等工序制成。产品分素色和染色两类，有斜纹、罗纹、鱼骨纹、帆布平纹、半巴拿马纹、多米诺纹等多种花色品种。幅宽4m以下；卷长50m以下，可按需要裁切。剑麻地毯具有耐酸碱、耐磨、尺寸稳定、无静电现象等特点。较羊毛地毯经济实用，但弹性较其他类型的地毯差。可用于宾馆、饭店、会议室等公共建筑地面及家庭地面（图11-15）。

5. 塑料地毯

是以聚氯乙烯树脂为基料，加入填料、增塑剂等多种辅助材料和添加剂，然后经混炼、塑化，并在地毯模具中成型而制成的一种新型地毯。这种地毯具有质地柔软、色泽美观、脚感舒适、经久耐用、易于清洗、质量轻等特点。塑料地毯一般是方块地毯，常见规格有500mm×500mm，400mm×600mm，1000mm×1000mm等数种，为一般公共建筑和住宅地面的铺装材

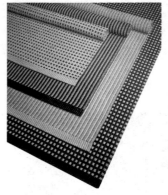

图11-15   图11-16

料，如宾馆、商场、舞台等公用建筑及高级浴室，也有外用人造草坪等（图11-16）。

6. 橡胶地毯

它是以天然橡胶为原料，用地毯模具在蒸压条件下模压而成的。所形成的橡胶绒长度一般为5~6mm。橡胶地毯的供货形式一般是方块地毯，常见产品规格为500mm×500mm，1000mm×1000mm。橡胶地毯除具有其他材质地毯的一般特性，如色彩丰富、图案美观、脚感舒适、耐磨性好等之外，还具有隔潮、防霉、防滑、耐蚀、防蛀、绝缘及清扫方便等优点，适用于各种经常淋

图11-17

图11-18

水或须经常擦洗的场合，如浴室、走廊、卫生间、客厅等（图11-17）。

7. 真丝地毯

真丝地毯指的就是丝毯，以桑蚕丝线、柞蚕丝线栽绒绾结而编织成的手工栽绒地毯。丝毯的生产工艺与羊毛栽绒地毯大致相同，仅是原料准备和后处理不同。蚕丝先要经过练丝，即将生丝浸在碱溶液中，去除丝纤维外表的胶质，成为熟丝。一般将27根熟丝捻成一股丝线，经过酸性染料染色，成为栽绒原料。丝毯的中档产品采用细棉纱线做经纬线，而高档产品则必须以丝线做经纬线（图11-18）。

（五）按规格尺寸分类

地毯按其规格尺寸可分为以下两类：

1. 块状地毯

不同材质的地毯均可成块供应，形状多为方形及长方形，通用规格尺寸从610mm×610mm至660mm×610mm，共计56种。另外还有圆形、椭圆形等。厚度则随质量等级而有所不同。纯毛块状地毯还可成套供应，每套由若干块形状和规格不同的地毯组成。花式方块地毯是由花色各不相同的500mm×500mm的方块地毯组成一箱，铺设时可组成不同的图案。

块状地毯铺设方便灵活，位置可随意变动，给室内设计提供了更大的选择性，可以满足不同主人的不同情趣要求。同时，对已磨损的部位，可随时调换，从而可延长地毯的使用寿命，达到既经济又美观的目的。

门口毯、床前毯、道毯等小块地毯在室内的铺设，不仅使室内不同的功能有所划分，还可打破大片灰色地面的单调感，起到画龙点睛的作用，尼龙等化纤小块地毯还可铺放在浴室、卫生间，起到防滑作用。

2. 卷状地毯

化纤地毯、剑麻地毯及无纺纯毛地毯等常按整幅成卷供货，其幅宽有1～4m等多种，每卷长度一般为20～50m，也可按要求加工。这种地毯一般适合于室内满铺固定式铺设，可使室内具有宽敞感、整洁感，但损坏后不易更换。楼梯及走廊用地毯为窄幅，属专用地毯。幅宽有700、900mm两种，也可按要求加工。

（六）按使用场所不同分类

地毯按其所用场所不同，可分为以下六级。

1. 轻度家用级：铺设在不常使用的房间或部位。

2. 中度家用级或轻度专业使用级：用于主卧室或餐室等。

3. 一般家用或中度专业使用级：用于起居室及楼

梯、走廊等交通频繁的部位。

4. 重度家用或一般专业使用级：用于家中重度磨损的场所。

5. 重度专业使用级：价格甚贵，家庭一般不用，用于特殊要求的场合。

三、纯毛地毯（羊毛地毯）

纯毛地毯分手工编织地毯和机织地毯两种：

（一）手工编织纯毛地毯

手工编织的纯毛地毯是采用中国特产的优质绵羊毛纺纱，用现代染色技术染出最牢固的颜色，用精湛的技巧织成瑰丽的图案后，再以专用机械平整毯面或剪凹花地周边，最后用化学方法洗出丝光。

羊毛地毯的耐磨性，一般是由羊毛的质地和用量来决定。用量以每平方厘米的羊毛量来衡量，即绒毛密度。对于手工编织的地毯，一般以"道"的数量来决定其密度，即指垒织方向（自下而上）上约30cm内垒织的纬线的层数（每一层又称一道）。地毯的档次亦与道数成正比关系，一般家用地毯为90～150道，高级装修用的地毯均在250道以上，目前最精制的为400道地毯。

手工地毯具有图案优美、色泽鲜艳、富丽堂皇、质地厚实、富有弹性、柔软舒适、经久耐用等特点，其铺地装饰效果极佳。纯毛地毯的质量多为1.6～2.6kg/m²。

手工地毯由于做工精细，产品名贵，故售价高，所以仅用于国际性、国家级的大会堂、迎宾馆、高级饭店和高

四、化纤地毯

化纤地毯是20世纪70年代发展起来的一种新型地面铺装材料，它是以各种化学合成纤维（丙纶、腈纶、涤纶、锦纶等）为原料，经过机织法或簇绒法等加工成面层织物后，再与麻布背衬材料复合处理而成的（图11-21）。

6. 豪华级：地毯品质好，绒毛纤维长，豪华气派，用于高级卧室。

建筑室内地面铺设的地毯，是根据建筑装饰的等级、使用部位及使用功能等要求而选用的。总之，高级装饰选用纯毛地毯，一般装饰则选用化纤地毯。

级住宅、会客厅、舞台，以及其他重要的、装饰性要求高的场所（图11-19）。

（二）机织纯毛地毯

机织纯毛地毯具有毯面平整、光泽好、富有弹性、脚感柔软、抗磨耐用等特点。与化纤地毯相比，其回弹性、抗静电、抗老化、耐燃性等都优于化纤地毯。与纯毛手工地毯相比，其性能相似，但价格远低于手工地毯。因此，机织纯毛地毯是介于化纤地毯和纯毛手工地毯之间的中档地面铺盖材料。

机织纯毛地毯最适合用于宾馆、饭店的客房、楼梯、楼道、宴会厅、酒吧间、会客室、会议室及体育馆、家庭等满铺使用。另外，这种地毯还有阻燃性产品，可用于防火性能要求高的建筑室内地面。

近年来，我国还发展生产了纯羊毛无纺地毯，它是不用纺织或编织方法而制成的纯毛地毯。它具有质地优良，销声抑尘，使用方便等特点。这种地毯工艺简单，价格低，但其弹性和耐久性稍差（图11-20）。

（一）化纤地毯的构造

化纤地毯由面层、防松涂层、背衬三部分构成。

1. 面层

化纤地毯的面层是以聚丙烯纤维（丙纶）、聚丙烯腈纤维（腈纶）、聚酯纤维（涤纶）、聚酰胺纤维（锦纶）

图11-19　　　　　　　图11-20　　　　　　图11-21

（a）　　　　　　　　　　（b）

等化学纤维为原料，采用机织和簇绒等方法加工成为面层织物。面层织物过去多以棉纱作初级背衬，现逐渐由丙纶扁丝替代。在以上各种纤维中，从性能上看，丙纶纤维的密度较小，抗拉强度、湿强度、耐磨性都较好，但回弹性、耐光性与染色性较差。腈纶纤维密度稍大，有足够的耐磨性，色彩鲜艳，静电小，回弹性优于丙纶。涤纶纤维具有上述两种纤维的优点，但价格稍贵。从纤维的生产来看，丙纶和腈纶都是由丙烯衍生而来，锦纶和涤纶都从芳香烃衍生而来，在价格上丙纶类较便宜。为适应对地毯的不同功能和价格方面的要求，也可用两种纤维混纺制作面层，在性能和造价上可以互相补充。织作面层的纤维还可进行耐污染和抗静电等处理。在现代地毯的生产中，由于选用了适当分散的酸性阴离子型的染料，在同一染缸中可染成多种色彩，且染色具有良好的热稳定性。印染簇绒地毯的出现，是化纤地毯的重要发展。

化纤地毯机织面层的纤维密度较大，毯面平整性好，但工序较多，织造速度不及簇绒法快，故成本较高。

化纤地毯面层的绒毛可以是长绒、中长绒、短绒、起圈绒、卷曲绒、高低圈绒、平绒圈绒组合等多种，一般多采用中长绒制作面层，因其绒毛不易脱落和起球，且使用寿命长。另外，纤维的粗细也会直接影响地毯的弹性和脚感。

2. 防松涂层

防松涂层是指涂刷于面层织物背面初级背衬上的涂层。这种涂层材料是以氯乙烯-偏氯乙烯共聚乳液为基料，再添加增塑剂、增稠剂及填料等配制而成的一种乳液型涂料，将其涂于面层织物背面，可以增加地毯绒面纤维在初级背衬上的粘结牢固程度，使之不易脱落。同时，待涂层经热风烘至干燥成膜后，当再用胶粘贴次级背衬时，还能起防止胶粘剂渗透到绒面层而使面层发硬的作用，因而可控制和减少胶粘剂的用量，并增加粘结强度和地毯的弹性。

3. 背衬

化纤地毯的背衬材料一般为麻布，采用胶结力很强的丁苯乳胶、天然乳胶等水乳型橡胶做胶粘剂，将麻布与已经防松涂层处理过的初级背衬相粘合，以形成次级背衬，然后再经加热、加压、烘干等工序，即成卷材成品。次级背衬不仅保护了面层织物背面的针码，增强了地毯背面的耐磨性，同时也加强了地毯的厚实程度与弹性，使人更感步履轻松。

一般来说，化纤地毯具有的共同特性是不霉、不蛀，耐腐蚀，质轻，耐磨性好，富有弹性，脚感舒适，步履轻便，吸湿性小，易于清洗，铺设简便，价格较低等，它适用于宾馆、饭店、招待所、接待室、餐厅、住宅居室、活动室及船舶、车辆、飞机等地面装饰铺设。对于高绒头、高密度、流行色、格调新颖、图案美丽的化纤地毯，可用于三星级以上的宾馆。机织提花工艺地毯属高档产品，其外观可与手工纯毛地毯媲美。

化纤地毯的缺点是，与纯毛地毯相比，均存在着易变形、易产生静电以及吸附性和粘附性污染，遇火易局部熔化等问题。

化纤地毯可以摊铺，也可以粘铺在木地板、陶瓷锦砖地面、水磨石地面及水泥混凝土地面上。

（二）地毯的使用与养护

地毯是相对比较高级的装饰材料，所以应正确、合理地选用、搬运、贮存和使用，以免造成浪费和损坏。

1. 在订购地毯时，应说明所购地毯的品种，包括材质、图案类理（或图案号码）、颜色、规格尺寸等。如果是高级羊毛手工编织地毯，还应说明经纬线的道数、厚度。如有特殊需要，可自行提出图样颜色及尺寸。

2. 在搬运地毯前，应先把地毯卷在圆管上，圆管直径不宜过细，在搬运过程中，不能弯曲，不能局部重压，以防止地毯折皱和损坏毯面。

3. 运输地毯的车船应洁净、无潮湿，并需覆盖防雨苫布，防日晒、雨淋。如地毯暂时不用时，应卷起来，并用塑料薄膜包裹，分类贮存在通风、干燥的室内，距热源不得小于1m，温度不超过40℃，并避免阳光直接照射。

4. 大批量地毯的存放不可码垛过高，以防毯面出现压痕。

5. 对于纯毛地毯应定期撒放防虫药物。

6. 铺设地毯时应尽量避免阳光的直射。

7. 使用过程中不得沾染油污、碱性物质、咖啡、茶渍等，如有沾污，应立即清除。

8. 在地毯上放置家具时，其接触毯面的部分，最好放置面积稍大的垫片，或定期移动家具的位置，以减轻对毯面的压力，以免变形。

9. 对于那些经常行走、践踏或磨损严重的部分，应采取一些保护措施，或把地毯调换位置使用。

（三）铺设方法和要求

1. 基层处理：铺前基层混凝土地面应平整，无凸凹不平处，凸出部分应先修平，凹处用108胶加水泥砂浆修补，基层表面应保证平整清洁，干燥基层表面的含水率要小于8%；基层面上粘结的油脂、油漆蜡质等物，应用丙酮、松节油，或用砂轮机清净。

2. 地毯下料：按房间大小（依房间净尺寸为依据）裁毯下料。裁下的每段地毯长要比房间长约2cm，宽度要以裁去地毯边缘线后的尺寸计算。裁后卷好编号，对号进入房间（也可在现场剪裁）。

3. 地毯铺法：分不固定式与固定式两种，按铺的面积分满铺与局部铺。

4. 经常要把地毯卷起或搬动的场合，宜铺不固定式地毯。将地毯裁边，粘结拼缝成一整片，直接摊铺于地上，不与地面粘贴，四周沿墙脚修齐。

5. 对不需要卷起，而在受外力推动下不至隆起（如走廊前厅）等场合可采用固定式铺法。将地毯裁边，粘结拼缝成一整片，四周与房间地面用胶粘剂或带有朝天小钩的木卡条（倒刺板）将地毯背面与地面固定。

6. 采用固定式，在地毯铺设前，先把胶或倒刺在地面四周安放好，然后先铺地毯橡胶（底垫），地毯由一端展开随打开随铺，地毯摊平台，使用脚蹬张紧器把地毯向纵横向伸展，张紧由地毯中心线呈"V"字形向外拉开张紧固定，使地毯保持平整，然后用扁铲将地毯四边砸牢。

7. 在门框下的地面处应用铝压条把地毯压住。

8. 地面应在室内其他工程全部完工后，最后铺。地毯铺完后应用吸尘器清扫干净。

（四）楼地面地毯铺设

铺设楼地面地毯分为带地毯胶垫和不带地毯胶垫两类，其铺设操作方法如下：

1. 根据铺设的面积，合理地剪裁配料。

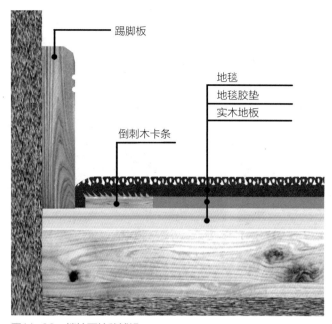

踢脚板

地毯
地毯胶垫
实木地板

倒刺木卡条

图11-22 楼地面地毯铺设

2. 沿周边地面墙边钉钩地板木条，木条离墙边的距离约10mm，钉尖组间隙的空间用混凝土钉或普通铁钉将钉钩木条钉牢于地面上（图11-22）。

3. 整理地毯接缝处正面不齐的毛绒（用剪刀或电铲修葺）。

4. 铺设地毯。碾平后用"膝撑"推张地毯，使之拉紧、平伏于地面，用混凝土钉逐行逐段暂时锚固，避免表面松弛出现波浪纹。如带地毯胶垫，先铺地毯胶垫，后铺地毯。"膝撑"底部有许多细齿，可将地毯卡紧而推移。推移的力量要适当，过大易将地毯撕破，过小则推移不平，推移要适宜。

5. 两块地毯接缝处需用胶烫带粘贴，先在地面上用粉笔画出胶烫带的中心线，将胶烫带一端钉在地面上，然后将两侧的地毯线压在胶带粘面上，拔掉两端钉子，压下地毯接缝，用电烫斗放置在胶面上，使胶质熔解，随着电烫斗向前移动，用扁铲在接缝处碾平压实，使相接的两块

地毯同时粘贴在烫带上，连成整体。

6. 在门口处为了避免地毯被踢起或翘起，常用锑条钉压在门口，将地毯边嵌入锑条内，使倒钩勾扣住地毯，不至踢起。锑条分弧形和方形两种。

7. 地毯修整。待地毯铺好后，用刀裁去墙边多出的部分，再用扁铲将地毯边塞进木条和墙角边之间的间隙中，使钩钉地板木条上的钉尖抓住地毯。拔掉暂时锚固的钢钉，清扫吸尘交工。

（五）楼梯地毯铺设

楼梯地毯铺设也分为带地毯胶垫和不带地毯胶垫两类，其铺设操作方法如下：

1. 带地毯胶垫者，先将胶垫用地板木条分别钉在楼梯阴角两边固定。

2. 将预先裁好的地毯角铁钉在每级压板与踏板所形成的转角的胶垫上。由于整条角铁都有突起的抓钉，可将整条地毯抓住。

3. 地毯要从楼梯的最高一级铺起，将始端翻起，在顶级的踢板上钉住，然后用扁铲将地毯压在第一级角铁的抓钉上，使地毯拉紧包住梯级，顺踢板而下，在楼梯阴角处用扁铲将地毯压进阴角，并使地板木条上的抓钉紧紧抓住地毯，然后铺设第二个梯级，固定角铁。如此一直连续铺下去，到最下一个梯级的踢板为止。

如果所用地毯带有海绵衬底，可用地毯粘着剂代替固定角铁。将胶粘剂涂抹在踢板与踏板面上粘贴地毯。注意铺设时以绒毛的走向朝下为准。在梯级阴角处用扁铲压实，地板木条上都有突起的抓钉抓住地毯。在每级踢板与踏板转角处用铜螺钉拧紧铜角防滑条，作到稳固。

另一种铺设方法，先在梯级的阴角两边距离端部100~150mm处，两端各自安装一个铜或不锈钢的地毯压条固定座，待地毯铺好后，将地毯压条套入两端固定座上，压住每梯级地毯防止下滑（图11-23）。

图11-23   图11-24   图11-25

五、挂毯

挂在墙上供人观赏的地毯称为挂毯或艺术挂毯，是珍贵的装饰品和艺术品。它有吸声、隔热等实用功能，又给人以美的享受。用艺术挂毯装点室内，不仅产生高雅艺术的美感，还可以增加室内安逸平和的气氛。挂毯不仅要求图案花色精美，其材质往往也为上乘，一般为纯毛和丝。挂毯的规格尺寸多样，大的可达上百平方米，小的则不足一平方米。

挂毯的图案题材十分广泛，多为动物花鸟、山水风光等，这些图案往往取材于优秀的绘画名作，包括国画、油画、水彩画等，例如规格为3050mm×4270mm的"奔马图"挂毯，即取材于一代画师徐悲鸿的名画。另外，还可取材于成功的摄影作品。艺术挂毯是采用我国高级纯毛地毯的传统做法——栽绒打结编织技法织造而成（图11-24）。

六、墙面装饰织物

在一般建筑中，室内墙面的装饰常常是灰墙、涂料、塑料、玻璃之类，给人以一种单调、刻板、冷漠之感。采用织物装饰墙面，织物将以其独特的柔软质地和特殊效果的色彩来柔化空间、美化环境，可以起到把温暖和祥和带到室内的作用，从而深受人们的喜爱。

墙面装饰织物是指以纺织物和编织物为面料制成的壁纸（或墙布），其原料可以是丝、羊毛、棉、麻、化纤等，也可以是草、树叶等天然材料。目前，我国生产的主要品种有织物壁纸、玻璃纤维印花贴墙布、无纺贴墙布、化纤

装饰墙布、棉纺装饰墙布、织锦缎等（图11-25）。

（一）织物壁纸

织物壁纸现有纸基织物壁纸和麻草壁纸两种：

1. 纸基织物壁纸

纸基织物壁纸是由棉、毛、麻、丝等天然纤维及化纤制成的各种色泽、花色的粗细纱或织物再与纸基层粘合而成。这种壁纸是用各色纺线的排列达到艺术装饰效果，有的品种为绒面，可以排成各种花纹，有的带有荧光，有的线中编有金、银丝，使壁面呈现金光点点，还可以压制成

浮雕图案，别具一格。

纸基织物壁纸的特点是，色彩柔和幽雅，墙面立体感强，吸声效果好，耐日晒，不褪色，无毒无害，无静电，不反光，且具有透气性和调湿性。适用于宾馆、饭店、办公大楼、会议室、接待室、疗养所、计算机房、广播室及家庭卧室等室内墙面装饰。

2. 麻草壁纸

麻草壁纸是以纸为基底，以编织的麻草为面层，经复合加工而制成的墙面装饰材料。

（二）无纺贴墙布

无纺贴墙布是采用棉、麻等天然纤维或涤纶、腈纶等合成纤维，经无纺成型、涂布树脂、印刷彩色花纹等工序而制成。

这种贴墙布的特点是，挺括，富有弹性，不易折断，纤维不老化，不散头，对皮肤无刺激作用，色彩鲜艳，图案雅致，粘贴方便，具有一定的透气性和防潮性，能擦洗而不褪色，且粘贴施工方便。适用于各种建筑物的室内墙面装饰，尤其是涤纶无纺墙布，除具有麻质无纺墙布的所有性能外，还具有质地细洁，光滑等特点，特别适用于高级宾馆、高级住宅等。

（三）化纤装饰墙布

化纤装饰贴墙布是以化学纤维织成的布（单纶或多纶）为基材，经一定处理后印花而成。常用的化学纤维有粘胶纤维、醋酯纤维、丙纶、腈纶、锦纶、涤纶等。所谓"多纶"是指多种化纤与棉纱混纺制成的贴墙布。

这种墙布具有无毒、无味、透气、防潮、耐磨、不分层等特点。适用于各级宾馆、饭店、办公室、会议室及居民住宅。

（四）棉纺装饰墙布

棉纺装饰墙布是以纯棉平布为基材经前处理、印花、涂布耐磨树脂等工序制作而成。该墙布强度大、静电小、无光、吸声、无毒、无味，对施工人员和用户均无害，花型色泽美观大方。可用于宾馆、饭店及其他公共建筑和较高级的民用建筑中的装饰，适合于水泥砂浆墙面、混凝土墙面、白灰墙面、石膏板、胶合板、纤维板、石棉水泥板等墙面基层的粘贴或浮挂。

棉纺装饰墙布还常用做窗帘，夏季采用这种薄型的淡色窗帘，无论其是自然下垂或双开平拉成半弧形式，均会给室内创造出清静和舒适的氛围。

（五）高级墙面装饰织物

高级墙面装饰织物是指锦缎、丝绒、呢料等织物，这些织物由于纤维材料、织造方法及处理工艺的不同，所产生的质感和装饰效果也不相同，它们均能给人以美的感受。

锦缎也称织锦缎，是我国的一种传统丝织装饰品，其上织有绚丽多彩、古雅精致的各种图案，加上丝织品本身的质感与丝光效果，使其显得高雅华贵，具有很高的装饰作用。常被用于高档室内墙面的浮挂装饰，也可用于室内高级墙面的裱糊，但因其价格昂贵，柔软易变形，施工难度大，不能擦洗，不耐脏、不耐光，易留下水迹，易发霉，故其应用受到了很大的限制。

丝绒色彩华丽，质感厚实温暖，格调高雅，主要用作高级建筑室内窗帘、软隔断或浮挂，可营造出富贵、豪华的氛围。

粗毛呢料或仿毛化纤织物和麻类织物，质感粗实厚重，具有温暖感，吸声性能好，还能从纹理上显示出厚实、古朴等特色，适用于高级宾馆等公共厅堂柱面的裱糊装饰。

（六）窗帘

随着现代建筑的发展，窗帘已成为室内装饰不可缺少的内容。窗帘除了装饰室内之外，还有遮挡外来光线，防止灰尘进入，保持室内清静，并起到隔声消声等作用。若窗帘采用厚质织物，尺寸宽大，折皱较多，其隔声效果最佳。同时还可以起调节室内温度的作用，给室内创造出舒适的环境。随着季节的变化，夏季选用淡色薄质的窗帘为宜，冬天选用深色和质地厚实的窗帘为最佳。另外合理选择窗帘的颜色及图案也是达到室内装饰目的较为重要的一个环节。

窗帘的悬挂方式很多，从层次上，分单层和双层；从

窗帘一般按材质分四大类：
　　1.　粗料，包括毛料、仿毛化纤织物和麻料编织物等。
　　2.　绒料，含平绒、条绒、丝绒、毛巾布等。
　　3.　薄料，含花布、府绸、丝绸、的确良、乔其纱和尼龙纱等。
　　4.　网扣及抽纱。

图11-26

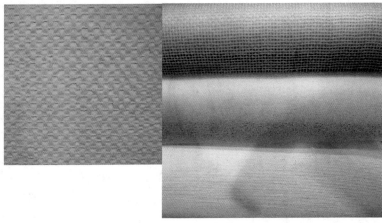

图11-27

开闭方式上，分为单幅平拉、双幅平拉、整幅竖拉和上下两段竖拉等；从配件上，分设置窗帘盒，有暴露和不暴露窗帘杆；从拉开后的形状，分自然下垂和半弧形，等等。

　　现代装饰的快速发展，使得织物已成为一种十分重要的装饰材料。用织物作室内装饰，可以通过与窗帘、台布、挂毯、靠垫等室内织物的呼应，改善室内的气氛、格调、意境、使用功能，增加室内装饰效果。因此，各种织物在建筑装饰中将会得到广泛的应用（图11-26）。

七、矿物棉装饰吸声板

　　矿物棉装饰吸声板按原料的不同，分为岩棉装饰吸声板和矿渣棉装饰吸声板。

（一）矿渣棉装饰吸声板

　　矿渣棉是以矿渣为主要原料，经熔化、高速离心或喷吹等工序制成的一种棉状人造无机纤维，矿渣棉的直径为

（七）墙面用玻璃纤维壁布

　　墙面用玻璃纤维壁布，具有极高的可装饰性，同时又是一种典型的安全防火的高科技现代材料。具有出色的健康环保性能，独特的防虫蛀、透气防霉性能。具有 不燃性、可着色性 、防水可清洗性、耐酸碱，防开裂、抗撞击、使用寿命长。适用于多种墙面，是办公楼、医院、酒店、机场、商场、影剧院、娱乐场所及家庭等装饰的首选材料（图11-27）。

4~8μm，它具有优良的保温、隔热、吸声、抗震、不燃等性能。矿渣棉装饰吸声板是以矿渣棉为主要原料，加入适量的胶粘剂（通常为酚醛树脂）、防尘剂、憎水剂等，经加压成型、烘干、固化、切割、贴面等工序而制成。

　　矿渣棉装饰板的规格尺寸主要有500mm×500mm、

600mm×600mm、610mm×610mm、625mm×625mm、600mm×1000mm、600mm×1200mm、625mm×1250mm，厚度分为12mm、15mm、20mm。

矿渣棉装饰吸声板表面具有多种花纹图案，如毛毛虫、十字花、大方花、小朵花、树皮纹、满天星、小浮雕等，色彩繁多，装饰性好。同时还具有质轻、吸声、降噪、保温、隔热、不燃、防火等性质。矿渣棉装饰吸声板作为吊顶材料（有时也作为墙面材料），广泛用于影剧院、音乐厅、播音室、录音室、旅馆、医院、办公室、会议室、商场及噪声较大的工厂车间等，以改善室内音质、消除回声，提高语言的清晰程度，或降低噪声，改善生活和劳动条件（图11-28）。

（二）岩棉装饰吸声板

岩棉是采用玄武岩为主要原料生产的人造无机纤维，其生产工艺与矿渣棉相同。岩棉的性能略优于矿渣棉。

岩棉装饰吸声板的生产工艺与矿渣棉装饰吸声板相同，板材的规格、性能与应用也与矿渣棉装饰吸声板基本相同。

八、吸声用玻璃棉制品

玻璃棉是以玻璃为主要原料，熔融后以离心喷吹法、火焰喷吹法等制成的人造无机纤维。吸声用玻璃棉分1号玻璃棉（直径<5μm）、2号玻璃棉（包括2a号、2b号，直径<8μm）、3号玻璃棉（直径<13μm）。吸声用玻璃棉制品分为吸声板和吸声毡，装饰工程中常用吸声板。

（一）吸声玻璃棉板

玻璃棉装饰吸声板是以玻璃棉为原料，加入适量的胶粘剂、防潮剂等，经热压成型等工序而成。

使用玻璃棉装饰吸声板时，为了具有良好的装饰效果，常将表面进行处理，一是贴上塑料面纸，二是进行表面喷涂，做成浮雕形状，色彩以白色为多。

玻璃棉装饰吸声板较矿物棉装饰吸声板质轻，具有防火、吸声、隔热、抗震、不燃、美观、施工方便、装饰效果好等优点。广泛应用于剧院、礼堂、宾馆、商场、办公室、工业建筑等处的吊顶，及用于内墙装饰保温、隔热，也可控制调整混响时间，改善室内音质，降低噪声，改善环境和劳动条件（图11-29）。

（二）吸声用玻璃棉毡

装饰工程中有时也使用玻璃棉毡。玻璃棉毡按所用玻璃棉的种类分为1号吸声毡和2号吸声毡。

1号玻璃棉毡的密度等级为8kg/m³，规格为2800mm×600mm，厚度为50mm、75mm、100mm、150mm。

2号玻璃棉毡的密度等级分为10kg/m³、12kg/m³、16kg/m³、20kg/m³、24kg/m³，长度分为1200mm、2800mm、5500mm、11000mm，宽度分为600mm、1200mm，厚度分为25mm、40mm、50mm、75mm、100mm、150mm。

玻璃棉毡的降噪系数略高于玻璃棉板，其他性能与玻璃棉板基本相同，但强度很低，并可卷曲（图11-30）。

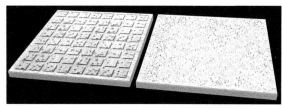

图11-28

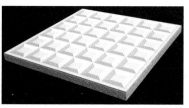

图11-29

图11-30

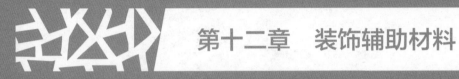

第十二章　装饰辅助材料

建筑装饰辅助材料指在建筑装饰施工中用到的各种辅助材料，经常使用的有胶粘剂、密封材料、修补材料与腻子等。

一、胶粘剂

胶粘剂是一种能将两个物体的表面紧密地粘结在一起的物质。随着高分子材料的发展和建筑构件向预制化、装配化、施工机械化方向的发展，特别是各种建筑装饰材料的使用，使得胶粘剂越来越广泛地用于建筑构件、材料等的连接及装饰材料的粘贴。使用胶粘剂粘结材料、构件等具有工艺简单、省工省料、接缝处应力分布均匀、密封和耐腐蚀等优点。

（一）粘接的基本概念

胶粘剂能够将材料牢固地粘结在一起，是因为胶粘剂与材料间存在有粘结力。一般认为粘结力主要来源于以下这几个方面：

1. 机械粘结力 胶粘剂涂敷在材料的表面后，能渗入材料表面的凹陷处和表面的孔隙内，胶粘剂在固化后如同镶嵌在材料内部。正是靠这种机械锚固力将材料粘接在一起。

2. 物理吸附力 胶粘剂分子和材料分子间存在的物理吸附力，即范德华力将材料粘结在一起。

3. 化学键力 某些胶粘剂分子与材料分子间能发生化学反应，即在胶粘剂与材料间存在有化学键力，是化学键力将材料粘结为一个整体。

对不同的胶粘剂和被粘材料，粘接力的主要来源也不同，当机械粘接力、物理吸附力、化学键力和扩散共同作用时，可获得很高的粘接强度。

（二）胶粘剂的基本要求

为将材料牢固地粘结在一起，无论哪一种类的胶粘剂都必须具备以下基本要求：

1. 室温下或加热、加溶剂、加水后易产生流动。
2. 具有良好的浸润性，可很好地浸润被粘材料的表面。
3. 在一定的温度、压力、时间等条件下，可通过物理和化学作用而固化，从而将被粘材料牢固地粘结为一个整体。

4. 具有足够的粘接强度和较好的其他物理力学性质。

（三）胶粘剂的基本组成材料

1. 粘料

粘料是胶粘剂的基本组成，又称基料，它使胶粘剂具有粘结特性。粘料一般由一种或几种高聚物配合组成。用于结构受力部位的胶粘剂以热固性树脂为主，用于非结构和变形较大部位的胶粘剂以热塑性树脂和橡胶为主。

2. 固化剂（交联剂）

固化剂用于热固性树脂，使线型分子转变为体型分子；交联剂用于橡胶，使橡胶形成网型结构。固化剂和交联剂的品种应按粘料的品种、特性以及对固化后胶膜性能（如硬度、韧性、耐热性等）的要求来选择。

3. 填料

加入填料可改善胶粘剂的性能（如强度、耐热性、抗老化性、固化收缩率等）、降低胶粘剂的成本。常用的填料有石英粉、滑石粉、水泥以及各种金属与非金属氧化物。

4. 稀释剂

稀释剂用于调节胶粘剂的粘度、增加胶粘剂的涂敷浸润性。稀释剂分活性和非活性两种，前者参与固化反应，后者不参与固化反应而只起到稀释作用。稀释剂须按粘料的品种来选择。一般地，稀释剂的用量越大，则粘结强度越低。

此外，为使胶粘剂具有更好的性能，还加入一些其他的添加剂，如增韧剂、抗老化剂、增塑剂等。

（四）常用胶粘剂

热塑性树脂胶粘剂

1. 聚乙烯醇缩醛胶粘剂

为聚乙烯醇在酸性条件下与醛类缩聚而得，属于水溶性聚合物，这种胶的耐水性及耐老化性很差。最常用的是低聚醛度的聚乙烯醇缩甲醛（PVFM），其为市售107胶的主要成分。107胶在水中的溶解度很大，且成本低，是目前在建筑装修工程中广泛使用的胶粘剂，如用于粘贴塑料壁纸，配制粘结力较高的砂浆等。

2. 聚醋酸乙烯胶粘剂

聚醋酸乙烯胶粘剂即聚醋酸乙烯（PVAC）乳液，俗称白乳胶或乳白胶。它是一种使用方便、价格便宜、应用广泛的非结构胶。其对各种极性材料有较高的粘附力，但耐热性、对溶剂作用的稳定性及耐水性较差，只能作为室温下使用的非结构胶，如用于粘结玻璃、陶瓷、混凝土、纤维织物、木材、塑料层压板、聚苯乙烯板、聚氯乙烯塑料地板等。

热固性树脂胶粘剂

1. 不饱和聚酯树脂胶粘剂

不饱和聚酯树脂胶粘剂主要由不饱和聚酯树脂（UP）、引发剂、填料等组成，改变其组成可以获得不同性质和用途的胶粘剂。不饱和聚酯树脂胶粘剂的粘结强度高、抗老化性及耐热性好，可在室温和常压下固化，但固化时的收缩大，使用时须加入填料或玻璃纤维等。不饱和聚酯树脂胶粘剂可用于粘结陶瓷、玻璃、木材、混凝土、金属等结构构件。

2. 环氧树脂胶粘剂

环氧树脂胶粘剂主要由环氧树脂（EP）、固化剂、填料、稀释剂、增韧剂等组成。改变胶粘剂的组成可以得到不同性质和用途的胶粘剂。环氧树脂胶粘剂的耐酸、耐碱侵蚀性好，可在常温、低温和高温等条件下固化，并对金属、陶瓷、木材、混凝土、硬塑料等均有很高的粘附力。在粘结混凝土方面，其性能远远超过其他胶粘剂，广泛用于混凝土结构裂缝修补和混凝土结构的补强与加固。

（五）常用粘结剂材料

1. 牛皮胶

牛皮胶是用牛皮制成，一般呈黄色或褐色块状，半透明或不透明块状或粉状。溶于热水，不溶于有机溶剂，对木质粘结牢度大，使用时须隔水加温溶化。一般用甲醛（40%浓度）涂于被粘物的一方，另一面涂牛皮胶后相粘结，甲醛起防潮、防腐、促硬作用。适用于木材、字画贴金等。

2. 骨胶

骨胶是用动物骨骼制成，呈金黄色，半透明体，分粉末状、片状、颗粒状等，性能用途使用方法同牛皮胶，唯粘性稍差。

3. 108胶

108胶系一种透明稀糊状液体，有良好的胶粘性能，适用于作粉刷用胶料，配制腻子，粘结木材、墙纸、皮革等，用途广泛。

4. 白乳胶（聚醋酸乙烯乳液）

白乳胶粘性较强，胶层韧性较好，无毒，能耐稀酸、稀碱，但耐水性差、耐热性差，冬季低温使用时，易冻结。多用于木家具粘结用，也可用于玻璃纤维壁纸、薄木贴面板等。

5. 纤维素

纤维素呈白色粉状或筋状体，无味、无毒，溶于水，有良好的胶粘性能，使用时，应将粉末逐渐倒入水中，并不断搅拌，纤维素与水的比例为1∶40，经8～12小时待其完全溶解成胶状后即可使用。适用于粘结墙纸，调配涂刷粉浆等。

6. 墙纸粉

墙纸粉是一种涂裱墙纸的专用材料，粘结性强，溶化迅速，内含防霉、防虫咬、防潮剂，外观以洁白的粉状为佳，结板、发黄则不可用。

7. 木胶粉

木胶粉呈白色粉状，易吸潮结板，粘结性能特佳，耐热，适用于粘接家具木器等一些受力大的地方。使用时用水溶即可。

8. 玻璃胶

玻璃胶系一种透明或不透明膏状体，有浓的醋酸味，微溶于酒精，不溶于其他溶剂，抗冲击力、耐水性强，柔韧性强，适用于粘接玻璃门窗、玻璃容器及其他防水、防潮的地方。

9. FN-309胶

FN-309胶系由特种混炼胶与油溶性酚醛树脂，溶解在有机溶剂中制成，粘性强、抗拉性好，适用于皮革、人革、橡皮、木材、塑料板等。

10. 宝剑牌立时得

宝剑牌立时得粘性强，耐水、耐热（70℃）、耐酸碱、耐老化，抗拉、抗剥性强，易发挥，适用于皮革、纸张、橡胶、木材、各种防火板贴面等。

11. HN-302胶

HN-302胶系室温固化环氧胶粘剂，酸液与催干剂分装，使用时按比例混合。具有粘结强度高、耐水、耐热、耐冷、耐冲击的性能，适用于粘结金属、塑料、橡胶、玻璃、木材、皮革等。

12. 地板胶

地板胶无霉、无刺激气味，抗水性好，有一定的初粘强度，分油性及水性两种，油性适于干燥的地面粘贴，水性能在潮湿基底粘贴，用于粘贴木地板，塑料地板等。

13. TAS高强耐水瓷砖胶

TAS高强耐水瓷砖胶由双组分构成，耐水、耐候、耐一般化学药品，强度较高。

14. 建筑胶粘剂

建筑胶粘剂室温固化，单组分，粘结力强，初始强度高，防水，抗冻，挥发快，使用方便，收缩小。

（六）装饰工程用胶粘剂的技术要求

1. 陶瓷墙地砖胶粘剂的技术要求：

陶瓷墙地砖胶粘剂按组成与物理形态分为5类：

A类：由水泥等无机胶凝材料、矿物集料和有机外加剂等组成的粉末产品。

B类：由聚合物分散液与填料等组成的膏糊状产品。

C类：由聚合物分散液与水泥等无机胶凝材料、矿物集料等两部分组成的双包装产品。

D类：由聚合物溶液和填料等组成的膏糊状产品。

E类：由反应性聚合物及其填料等组成的双包装或多包装产品。

2. 陶瓷墙地砖胶粘剂按耐水性分为3个级别：

F级，较快具有耐水性的产品。

S级，较慢具有耐水性的产品。

N级，无耐水性要求的产品。

胶粘剂的晾置时间是指表面涂胶后到叠合前试件所能达到的拉伸胶接强度0.17MPa的时间间隔。调整时间是指试伴叠合后仍可调整试件位置并能达到拉伸胶接强度0.17MPa的时间间隔。适宜的晾置时间和调整时间可获得理想的粘贴效果。

（七）壁纸胶粘剂的技术要求

壁纸胶粘剂按其材性和应用分为两大类：

第1类：适用于一般纸基壁纸粘贴的胶粘剂。

第2类：具有高湿粘性，适用于各种基底壁纸的胶粘剂。

每类按其物理形态又分为粉型（F）、调制型（H）、成品型（Y）三种，每类的三种形态分别以1F，1H，IY和2F，2H，2Y表示。

湿粘性指胶粘层仍为湿态时胶粘剂对被粘基材的粘附性。

（八）顶棚胶粘剂的技术要求

顶棚胶粘剂按其组成分为4类：

乙酸乙烯系：以聚乙酸乙烯酯（即聚醋酸乙烯PVAC）及其乳液为粘料，加入添加剂。

乙烯共聚系：以乙烯和乙酸乙烯的共聚物（E/VAC）为粘料，加入添加剂。

合成胶乳系：以合成胶乳为粘料，加入添加剂。

环氧树脂系：以环氧树脂为粘料，加入添加剂。

顶棚胶粘剂在产品上标有适用的基材和顶棚材料，如用于石膏板和矿棉板的乙酸等。

二、建筑密封材料

建筑密封材料又称建筑密封膏或防水接缝材料，主要用于嵌入建筑结构中的缝隙（包括玻璃门窗的缝隙），以防止水分、空气、灰尘、热量和声波等通过建筑接缝。建筑密封材料在保证装饰工程质量方面有着十分重要的作用。

在许多室外的花岗石贴面装饰工程中，由于雨水的作用，水泥砂浆内的氢氧化钙溶出并随雨水在接缝处或在板材表面上流过。时间一长就会在板面上渗出氢氧化钙，并逐渐碳化成为碳酸钙，即会在板材表面上形成众多的白色污斑，严重影响装饰效果。因此在高档的装饰工程中应对板间的缝隙进行密封处理。

通常是在水泥砂浆中掺入无机防水剂、有机硅憎水剂或掺入合成树脂乳液来封闭和堵塞水泥砂浆中的孔隙，起到阻止雨水渗入水泥砂浆而使氢氧化钙溶解的作用。此外，也可采用合成高分子密封材料，如聚氨酯密封膏、聚硫橡胶密封膏、硅酮密封膏（即有机硅密封膏）、丙烯酸酯密封膏对板缝进行处理。

装饰与密封要求高的玻璃工程中，也应使用合成高分子密封材料。

常用的品种及其性能可参考建筑材料、防水材料类相关书籍与资料。

三、装饰板材修补材料与装饰工程用腻子

（一）石材常用修补材料

花岗石、大理石、水磨石等装饰板材由于各种原因可能会造成缺损，因而需进行适当的修补。修补石材装饰面扳的胶粘剂及腻子的配合比（质量比）6101环氧树脂：乙二胺：邻苯二甲酸二丁酯：水泥：颜料（与石材颜色相同）环氧树脂胶粘剂=100：6~8：20：0：适量环氧树脂腻子=100：10：10：100~200：适量。

（二）涂料工程常用腻子及润粉

1. 混凝土表面、抹灰表面用腻子的配合比（质量比）=聚醋酸乙烯乳液：滑石粉或大白粉：2%羧甲基纤维素溶液：水泥：水

室内=1：5：3.5：0：0

外墙、厨房=1：0：0：5：1

2. 木料表面用腻子的配合比（质量比）=石膏粉：熟桐油：水：大白粉：骨胶：土黄或其他颜料：松香水

木料表面的石膏腻子=20：7：50：0：0：0：0

木料表面清漆的润水粉=0：0：18：14：1：1：0

木料表面清漆的润油粉=0：2：0：24：0：0：16

3. 金属表面用腻子（质量比）=石膏粉：熟桐油：油性腻子或醇酸腻子：底漆水=20：5：10：7：45

4. 刷浆工程常用腻子的配合比（质量比）=聚醋酸乙烯乳液：水泥：水

室外刷浆工程的乳胶腻子=1：5：1

室内刷浆工程的腻子=1：5：3.5

5. 玻璃工程常用油灰的配合比（质量比）=混合油的配合比为三级脱蜡油：熟桐油：硬脂油：松香=63：30：2.1：4.9

高档玻璃工程应采用合成高分子密封材料。

（三）墙衬

墙衬是821腻子的一种最佳替代产品，其关键原料为进口产品。

墙衬的优点：

1. 附着力强，粘结强度高，有一定的韧性，透气性好。

2. 受潮后不会出现粉化现象，具有较强的耐水性。

3. 使用墙衬时的墙面不会出现开裂、起皮、脱落等

现象。

4. 使用墙衬的墙面手感细腻、观感柔和、质感好。

5. 使用墙衬的墙面污染后可以直接擦洗或直接刷涂内墙漆，并能提高涂料的性能和使用寿命。

6. 再次粉刷内墙时，无须铲除墙面，直接刷涂内墙漆。

7. 墙衬为环保型材料，对室内空气不产生任何污染。经过中国劳动保护科学研究院测试，墙衬中不含苯、二甲苯、甲醛等有毒物质，对人体无害。因此，墙衬是墙体与涂料的最佳结合层。

怎样使用墙衬处理墙面？

在使用墙衬时正确的墙面处理方式是：第一步，原墙铲除干净到基底；第二步，原墙修补，把开裂、空鼓的地方加网状带或牛皮纸后，用墙衬满墙操作；第三步，刮板印经砂纸打磨后，浮尘清理干净后，直接刷面漆。

（四）石材耐污防水剂

石材耐污防水剂是一种无毒、无味、不挥发、不燃烧的无色液体。使用方法简单方便，只需在石材表面喷、刷即可。它具有很强的渗透性，当喷刷在石材表面的同时，可迅速渗入其表层内部，渗透深度可大于5mm，与其内部的碱性物质产生脱水交联反应，形成不溶于水的长链状结晶。在其内部迅速膨胀，生成物能堵塞石材内部的微孔及水分蒸发时留下的毛细孔道，从而提高其密实度，抗压、抗拉强度，阻止外来污水渗入表层，也阻止石材内部

某些微溶性矿物质（氢氧化亚铁、硫化铁等）借助水分渗出表层（俗称吐红）。防止水分在石材内部的交换进出，达到防水、防污、保色的目的。防止可溶性物体对石材表面的粘贴，从而使石材表面的天然色彩，保持原来的光鲜、光滑度。当雨水吹打在物体表面上，雨水呈水珠状自然流淌，滴水不渗，同时又具有神气的透气性，达到长久防水、防污、保色的目的。防止石材泛碱、锈斑、吐黄、污斑、油斑、草绳黄及风化、老化、褪色、光泽磨损等。养护寿命可达数10年之久。

使用范围：各种大理石、花岗石等天然石材内外墙壁板、地板、台面、柱石及石雕艺术品等石材类建筑装修及艺术产品。

（五）室内外木材防水剂

室内外木材防水剂是一种（USP）配方，无色透明的油性有机硅防水剂，适合于所有没有上漆的木材，包括原木、木方、板材、木线、人造木板、（夹板、纤维板、大芯板）木地板、户外木装饰、室内外木装饰、并可做家具防水底漆，等等，具有极高的渗透性穿透性，其作用机理是完全渗入木材内部形成晶体，堵塞细微孔隙形成阻水阻油保护层并长期有效地保护木材，表面形成憎水层降低木材的吸水率，因而具有良好的抗水性能。有效地防止木材出现氧化变色，发黑、发霉、虫蛀等现象，免受各种侵蚀。具有良好的耐化学药剂性和耐候性、透气性、抗冻融、抗老化、抗霉，是一种综合性能极好，性价比极高的产品。

第十三章　常用室内装修小五金

一、圆钉类

室内装修常用钉的种类有以下几种。

（一）圆钉

圆钉，主要用于木质结构的连接。圆钉的规格有10mm、16mm、20mm、25mm、35mm、45mm、100mm、200mm等20种（图13-1）。

（二）麻花钉

麻花钉，钉身有麻花花纹，钉着力特强，适用于需要钉着力强的地方，如家具抽屉部位，木质顶棚吊杆等。麻花钉的规格有50～85mm等（图13-2）。

（三）拼钉

拼钉，又称橄榄形钉或枣核钉，外形为两头呈尖锥状，适用木板拼合时作销钉用。拼钉的规格有25～120mm等（图13-3）。

（四）水泥钢钉

水泥钢钉，是采用优质钢材制造，坚硬、抗弯，可用锤子等工具直接钉入低强度混凝土、砖墙等，适用于建筑装修、安装行业等。水泥钢钉的规格有7～35mm等（图13-4）。

（五）木螺钉

木螺钉，又称木牙螺钉。可用于将各种材料的制品固定在木质制品之上，按用途不同分为：

1. 沉头木螺钉，又称平头木螺钉，适用于要求紧固后钉头不露出制品表面之用。

2. 半沉头木螺钉，该钉被拧紧以后，钉头略微露出制品表面，适用于要求钉头强度较高的地方。

3. 半圆头木螺钉，该钉拧紧后不易陷入制品里面，钉头底部面积较大，强度高，适用于要求钉头强度高的地方，如木结构棚顶钉固铁蒙皮之用（图13-5）。

（六）自攻螺钉

自攻螺钉，钉身螺牙较深，螺距宽，硬度高，可直接在钻孔内攻出螺牙沟，可减免一道攻丝工序，提高工效，适用于安装软金属板、薄铁板构件的连接固定之用。价格便宜，常用于铝门窗的制作中（图13-6）。

（七）抽芯铝铆钉

抽芯铝铆钉又称抽芯钉、拉钉。该钉是由一端带球头状的镀锌铁钉杆穿入铝铆钉头中而成。铆接时将铆钉杆插入专用的拉钉枪嘴中，铆钉头则塞进铆孔中，不断合紧枪柄将钉杆抽紧，抽紧的过程中铝铆头不断膨胀缩短，将铆件固紧，紧固后用力合紧枪柄，将多余的钉杆切除，即完成铆固。抽芯铆钉的价格比自攻螺钉稍贵，但装配劳动强度、紧固速度远胜于自攻螺钉，故适合大批量的铝合金门窗铆件紧固之用（图13-7）。

（八）射钉

射钉系利用射钉器（枪）击发射钉弹，使火药燃烧，释放出能量，把射钉钉入混凝土、砖砌体、钢铁上，将需要固定的物体固定上去。射钉紧固技术是一种先进的固接技术，它比人工凿孔、钻孔紧固施工方法既牢固又经济，并且大大减轻了劳动强度。适用室内外装修、安装施工（图13-8）。

（九）螺栓

装修工程中常用的螺栓，分为塑料和金属两种，用于代替预埋螺栓使用。

1. 塑料胀锚螺栓，系用聚乙烯、聚丙烯塑料制造，用木螺钉旋入塑料螺栓内，使其膨胀压紧钻孔壁而锚固物体，适用于锚固各种拉力不大的物体。

2. 金属胀锚螺栓，又称拉爆螺栓，系由底部成锥形的螺栓，能膨胀的套管，平垫圈、弹簧垫圈及螺母组成。使用时将螺栓塞入钻孔内，旋紧螺母拉紧带锥形的螺栓杆，使套管膨胀压紧钻孔壁而锚固物体。该螺栓锚固力强，适于各种墙面、地面锚固建筑配件和物体（图13-9）。

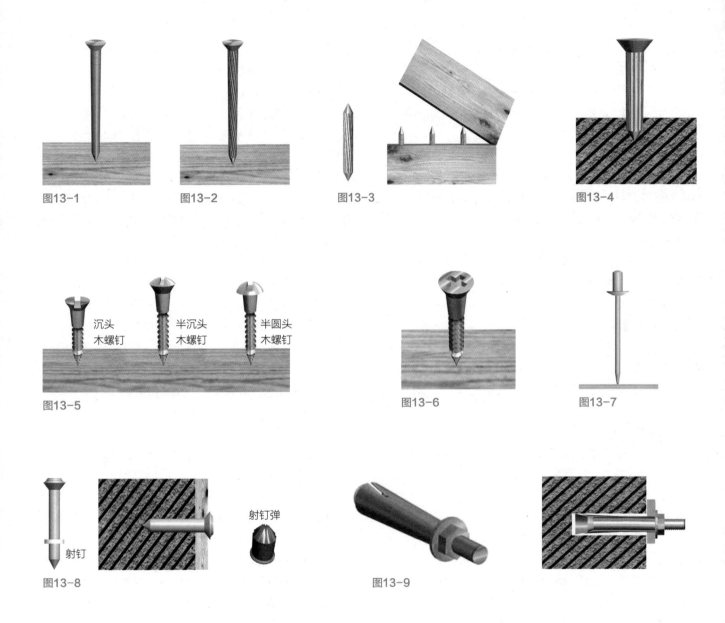

图13-1

图13-2

图13-3

图13-4

沉头
木螺钉

半沉头
木螺钉

半圆头
木螺钉

图13-5

图13-6

图13-7

射钉弹

射钉

图13-8

图13-9

二、锁类

　　建筑装修用锁，品种繁多，用途各异，不同时代和地区的锁都有不同的款式。例如，现国内流行的宾馆球形门锁是仿英式的，而有些仿古怀旧锁款式的设计风格则带有欧美味，另外还有传统的款式。

锁的种类除常用的之外，还
有各种专用锁、组合锁、电
子邮码锁等。常用的室内装
修用锁包括：

① 执手门锁；

② 三保险弹子门锁；

③ 不锈钢球型门锁；

④ 钢化玻璃门用锁、门夹及门条；

⑤ 玻璃窗门锁；

⑥ 抽屉锁；

⑦ 高保安电子机械锁等（图13-10）。

图13-10

图13-11

三、各式拉手（执手）

目前国内市售的拉手花色品种有近百种之多，款式不
断更新换代。主要款式可分为普通式、封闭式、单头式、
双头式、管形、条形、球形、几何形和仿古镂空图案形等。

拉手的质地有木质、塑料、有机玻璃、电镀铁皮、铜
质、不锈钢、铝合金等。

（一）普通形拉手

普通形拉手，所示拉手为木门窗常用的款式，普通装

修可用普通形拉手。较高级的装修可选管形、仿古形拉手
（图13-11）。

（二）钢化玻璃门专用拉手

图中所示为四款钢化玻璃门专用拉手和豪华型厚玻璃
上下横式门拉手，它们使用起来均成配对，两个为一套。
铝合金门拉手安装时，将拉手底板钻两个孔，用沉头形螺
栓穿过门柱拧紧即可。上下横式门拉手安装时，先将厚玻

家具拉手：

① 方形封闭式拉手；
② 蛋形封闭式拉手；
③ 扣形雕花外露式拉手；
④ 半封闭形拉手；

⑤ 桥形外露拉手；
⑥ L 形外露拉手；
⑦ 封闭式拉手；
⑧ 外露式拉手安装示意图（图 13-13）；

图13-12

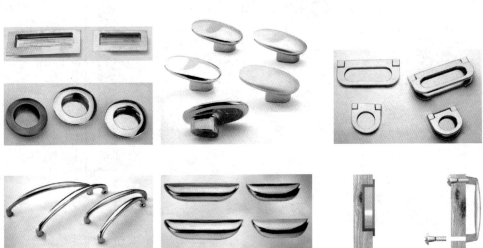

图13-13

璃门定位钻孔，把外拉手的螺栓杆从孔中穿过，用螺母固定，再将里拉手套上固定即可（图13-12）。

（三）家具拉手

家具拉手，主要分外露式及封闭式两种，外露式安装方便简单，封闭式安装时需按拉手底面大小在柜门或抽屉板上挖凹坑，用万能胶粘牢即可。

四、闭门器

（一）常用闭门器的分类

1. 地弹簧：轻型适用于700mm×2100mm～800mm×2100mm的铝框门、全玻璃门。中型适用于800mm×2100mm～1000mm×2200mm的铝框门、

全玻璃门。重型适用于1000mm×2200mm～1200mm×2300mm的铝框门、全玻璃门。

2. 自动闭门器，适用于700mm×1950mm～1000mm×250mm的各类门。

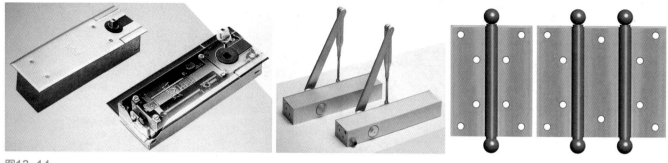

图13-14

3. 弹簧铰链, 适用于400mm×1000mm～600mm×1950mm双向门、轻便门。

（二）各类闭门器的适用范围及特点 (图13-14)

1. 地弹簧

地弹簧分为弹簧式及油压式两种, 两者区别在于前者闭门速度迅速且无调速, 后者闭门速度较慢, 可调速, 有闭门缓冲作用。地弹簧适用于做高级装饰中的铝框门, 豪华全玻璃门等重型门的自动闭门器之用, 饰面一般分不锈钢和铜皮两种, 底座通常为铸铁件。

其特点为, 能使门扇向里或向外开启, 当开启角度小于90°时, 门能自动关闭, 开启角度等于90°时, 门则停留于此角度位置。

2. 自动闭门器

适用于木质门、轻型铝合金框门和小型铁门, 作自动闭门器之用。

特点: ①只能作单向开启。②门向外开时, 门顶弹簧应装在门外; 向内开时, 应安装在门内。③只适用于右内开门或左外开门, 对用于左内开门或右外开门, 必须将牵引臂反装方可使用。④闭门速度快慢可通过螺钉调节。

安装时, 可将油泵壳体在门扇顶上做个记号, 再将牵引臂的固定端在门框上也做个记号, 用手将壳体和臂固定端分别按在记号上, 人慢慢开合门扇, 不断调整壳体至门边、壳体和臂固定端之间的距离, 认为满意时, 再定位固紧, 固定后可通过调整牵引臂的长短, 使门扇开启自如。

3. 弹簧铰链

适用于一些轻便门, 作自动闭门器使用, 例如浴室门、卫生间门等。弹簧铰链分单管式及双管式, 规格有75～250mm不等, 单管式只能单向开启门扇, 双管式能里外双向开启。

五、其他配套五金配件

（一）尼龙垫圈合页（无声合页）

该合页是在转轴上套进尼龙垫圈, 使两页片之间不产生直接摩擦, 具有开合使用时无声的优点, 制造工艺较为精细, 能迎合人们审美观和使用的要求, 因此, 在中高档的装饰中, 使用越来越普遍, 长度规格有75～100mm (图13-15)。

（二）玻璃门铰链及磁吸

由单头或双头磁吸座、转轴夹、铁皮夹及尼龙转轴套等组成。该铰链是玻璃柜门的专用铰链。安装时不须在玻璃上打孔, 磁吸用于闭合玻璃门, 使用时可将门向里按一下, 门便会自动弹开。

将转轴夹带圆轴的一端靠近柜门框, 上下端划线定位（转轴夹面和柜门边面平齐）, 然后在圆轴的部位钻孔, 钻孔直径与深度和圆轴套相同。将磁吸座的磁头按成吸合状态, 使磁吸头面比柜边缩进一个玻璃厚度的玻璃门铰链尺

图13-15

图13-16

图13-17

图13-18

图13-19

图13-20

图13-21

图13-22

寸定位固定。

将转轴夹上的圆轴塞入钻孔中，再将玻璃门插入上下转轴夹中夹紧固定，玻璃门的边端装上用于吸闭的铁皮夹即可。注意：拧紧、夹紧螺丝时用力要均匀，适度，以防夹破玻璃（图13-16）。

（三）杏形暗铰

杏形暗铰（又称烟斗铰链）。由塑料的杏形部分和铝质部分组成。

安装方法：在离柜门边约1cm左右的距离上按杏形暗铰链圆形部位的大小挖凹坑，将圆形部分藏进板中固定。条形铰链部分安装在柜侧板上，通过移动条形部分校准位置即可。该铰链的优点在于将柜门开合和扣紧柜门于柜框上的两种功能合于一身，柜门不易松动错位。缺点在于，需在柜门上挖坑，柜门要有一定的厚度，安装也较麻烦（图13-17）。

（四）弹子铰链

弹子铰链，是暗铰的一种，外观呈弓形状，由薄铁皮冲压铆接而成，通过铰链中弹子顶压铰链成开或合状态来完成柜门开合和扣紧功能。该铰链安装方法十分简单，将铰链对称安装在门与侧板上即可。弹子铰链有60mm×20mm、80mm×30mm、100mm×40mm等规格，优点是安装简便，缺点是配合间隙较大，柜门有时会错位松动（图13-18）。

（五）柜门磁吸

柜门磁吸，用一般合页安装的柜门都不能使门碰紧，过去都是采用安装碰珠式柜门夹来解决，嵌装时位置准确性要求高，工序较繁又不耐用，目前普遍改用磁吸作柜门碰紧装置，解决碰珠、柜门夹的弊病。柜门磁吸规格有：60mm×15mm、50mm×20mm、45mm×20mm、40mm×15mm、35mm×15mm（图13-19）。

（六）大门磁阻

大门磁阻，为避免大门在拉开后，被风吹动，乱撞作响，需将门紧贴于墙边，可采用大门磁阻。磁阻磁吸力大，安装又十分简单（图13-20）。

（七）万向轮

万向轮，适宜经常移动的家具使用，如沙发、电视柜、箱形凳、金属椅等。该轮具有360°摆向，承受力达100～250kg，规格有25～75mm数种。万向轮通常是用木螺钉与家具底部固定（图13-21）。

（八）玻璃柜门滑轮

玻璃柜门滑轮，适用于书柜、碗柜和各类橱柜的玻璃滑门使用。在裁玻璃时，需在玻璃轮安装位置处，将轮凹位一起裁出，然后在玻璃板上的安装位置上粘贴胶布，填实轮子与玻璃的隙缝，使轮子不能松脱。一般玻璃柜门滑轮分大、中、小号（90、75、60mm），可根据玻璃门的大小而选择（图13-22）。

（九）吊轨

吊轨是由吊轮和轨道组成。吊轮上有四个胶轮，该轮扣在轨道槽中平稳运行。装修中，吊轨常用于餐厅的吊滑轨门、活动屏风隔墙等地方。轨道由轻钢板制成。吊轮由胶轮、圆转轴、吊装架组成。该吊轨承载力较大，安装时，将吊轮装进轨道中，然后将吊轮固定在顶棚上。轨道安装有明装或暗装，屏风可安装在吊轮的吊装架上（图13-23）。

（十）抽屉滑轨

抽屉滑轨，是一种铝质抽屉滑轨，由动轨和定轨组成。每条轨都配有尼龙胶轮，推拉轻快，适合各类抽屉采用。胶轮上面是挡块，使抽屉拉出时不致滑脱出来，动轨安装在抽屉上，定轨安装在家具的侧板上，再将动、定轨中的胶轮互相套进对方的轨槽中去，便可推拉使用。常用的抽屉滑轨规格有300mm、350mm、400mm、450mm、500mm、550mm等六种（图13-24）。

（十一）活动货角架

货角架的形式有多种，放置一般物品的可选择铝质架，放置较重物品就需采用镀铬铁质货架。这是一种活动货角架，它是以一条支柱和一只支架构成，支柱上有许多T字形孔（可用于调节高低），支架尾端也有两个凸出的T形钩，将支架的T形钩套进支柱的T字形孔中，往下一压，便装嵌完毕。常用支架规格为20mm、25mm、30cm。支柱规格为70mm、75mm、80mm、90mm、100cm（图13-25）。

图13-23

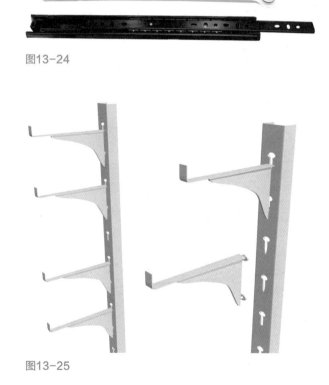

图13-24

图13-25

第十四章　常用室内照明灯具

一、居室照明作用

（一）形成虚拟空间

灯光能创造一个心理领域，虽然可能同处在一个大空间中，但照明方式和灯具选择的不同，使空间中各区域具有一定的独立性（图14-1）。

（二）改善空间感

通过照明方式、灯具、光照强弱等变化，可以非常明显地改变室内的空间感。比如，直接照明可使空间比较紧凑，而间接照明则易使空间显得较为开阔；较明亮的灯光使空间宽敞，而较弱的灯光则使空间有一种神秘感；吸顶式或嵌顶式的灯具使空间显得宽敞，而吊灯尤其是体积和重量较大的灯具会压迫空间；暗藏式灯槽则使空间或高或低、或前或后（图14-2）。

（三）表现材料质感

以较小的入射角掠过材料表面的光束，可以非常好地表现出材料的装饰质感，如粗糙感、细腻感等。而高反射性的材料在灯光下产生的强烈光泽，不仅很好地体现出这些材料的质地，也有助于使室内产生璀璨夺目的光影效果（图14-3）。

二、主要光源的特征和用途

（一）白炽灯

白炽灯是以钨丝为发光材料制成的灯泡，随着温度的升高，灯光由橙到黄，由黄到白，色温通常为2400K，光色偏暖。白炽灯装饰性强，可以垂吊、吸附、嵌入平顶或

图14-1

图14-2

图14-3

图14-4

图14-5

墙上，具有定向、散射、漫射等多种散光形式，能加强空间层次，且制造温和安静的居室氛围。但缺点是发光效率低，寿命短，且易产生炫光。日前国内外灯具市场上开发了大量的节能型冷光灯泡。100W节能冷光灯只耗用相当于40W的普通灯泡的电能，这种绿色照明产品深受人们的喜爱，已渐渐走进大众家庭中（图14-4）。

（二）荧光灯

荧光灯是利用低压汞蒸汽放电而产生的紫外线刺激荧光物质而发光的灯管。光色偏冷，色温在3500～6500K之间，荧光灯产生均匀的散射光，发光效率高，省电，寿命长，即使完全暴露装设，也不会产生很强的炫光。在实际运用中，应该将两种光源互相结合，取长补短（图14-5）。

（三）卤钨灯

卤钨灯形状小，大瓦数，易于控制配光。适用于投光灯，作为体育馆的体育照明等（图14-6）。

（四）高压钠灯

高压钠灯在普通照明所使用的光源中，有最大的效率，适用于节能的体育、投光照明，道路照明（图14-7）。

三、灯具的类型和配置

灯具的类型和形式非常丰富，有普通、定向、反射、双向、聚光及装饰灯等不同种类。

普通灯即光线不受阻碍地照射到所有方向，一般为白炽灯或荧光灯。

（一）反射灯

反射灯是从墙或顶棚上反射回的灯光，不是一种直接光线。但其光源仍是定向的聚光灯或日光灯槽里照射出来的（图14-8）。

（二）定向灯

定向灯光束被固定的障碍物或反射板挡住，光线只向一个方向照射。通常有灯罩不透明的台灯或落地灯、吊灯或固定聚光灯等（图14-9）。

（三）双向灯

双向灯是一种两端都直接有光线射出的灯具，如有灯罩的落地灯（图14-10）。

（四）装饰艺术灯

装饰艺术灯是专供人们欣赏的灯具，运用某些新技术，变幻各种光线的色彩，形成奇特的造型给人以艺术的享受。如光导纤维灯、变色灯、音乐灯和壁灯等（图14-11）。

图14-6

图14-7

图14-10

图14-11

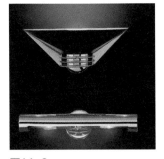

图14-8

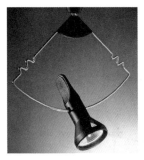

图14-9

图14-12

图14-13

（五）避难口指示灯

指示避难口或其方向，产生有助于避难的照度设在室内的避难道路和宽敞处的指示灯，以指示避难的方向，产生对避难有效的照度。底色为绿色，避难口的方向指示箭头、图形及文字为白色。电源是蓄电池或室内的交流低压干线，在通到电源的配线途中，从没有别的配线分叉的地方取。开关要用指示灯专用的开关。指示灯要安装非常电源。以蓄电池作非常电源时，要使其容量能让该设备有效地工作20min以上（图14-12）。

（六）走廊通道指示灯

设在避难通路走廊的道路指示灯，以指示避难的方向，需要产生对避难有效的照度。避难口指示灯，底色为白色，走廊通道的指示箭头、图形及文字为绿色。电源是蓄电池或室内的交流低压干线，在通到电源的配线途中，从没有别的配线分叉的地方取。开关要用指示灯专用的开关。指示灯要安装非常电源。以蓄电池作非常电源时，要使其容量能让该设备有效地工作20min以上（图14-13）。

灯具形式非常丰富，有水晶吊灯、吸顶灯、嵌顶灯（筒灯）、槽灯、发光顶棚、台灯、壁灯、落地灯、射灯、格栅灯、安全指示灯、玻璃花灯、云石工艺灯、客房灯、庭院灯等（图14-14）。

四、灯光的配光方式

谈到灯具形式，就必然与灯光的配光方式相联系，按照国际照明学会（CIE）配光分类法，灯具配光可分成五类。

图14-14

图14-15

图14-16

图14-17

图14-18

（一）直接照明型

直接照明型：90%的光线直接投射到被照物上，亮度高而集中，适用于一般房间的基础照明或局部工作照明（图14-15）。

（二）半直接照明型

半直接照明型：60%～90%的光向下直射到工作面上，而其余10%～40%的光则向上照射（图14-16）。

（三）全漫射式照明型（一般扩散照明型）

（1）向上与向下的光大致相等，具有直接照明与间接照明二者的特点。

（2）半透明的灯罩遮挡光线并产生漫射效果，适合于居室照明（图14-17）。

（3）半间接照明型

半间接照明型：60%～90%的光向顶面或墙上照射，10%～40%的光直接照于工作面（图14-18）。

（4）间接照明型

间接照明型也称反射照明，把90%～100%的光射向墙面、顶面，再反射到被照物上。这种光线没有炫光，比较柔和，适合于居室和卧室（图14-19）。

五、灯光的配置

根据灯具形式，结合居室的具体需要来进行合理的调配。以下是几种灯光的配置。

（一）壁面配置

直接安装于墙面的灯具配置形式，安装的位置一般要

图14-19

图14-20

图14-21

高于人的视线（图14-20）。

（二）吊挂配置

吊挂于顶棚上，用于餐桌面、工作面、楼梯上或起居室正中的一种灯光配置。可以根据需要作成向上、向下、漫射、直射等多种照射形式。既可作普通照明，也能用于局部照明，对空间的装饰起着很重要的作用（图14-21）。

六、灯具与配电设备的安装

（一）灯具安装的一般要求

灯具安装要注意以下几点（特殊灯具应按灯具制造厂产品说明书安装）

1. 灯具安装必须牢固（特别是吊灯）。

①普通吊线灯，灯具重量在1kg以下者可直接用软导线吊装。1kg以上的灯具则须采用吊链吊装，软线宜插在铁链内，以避免导线承受拉力。

（三）嵌入配置

嵌入墙面或顶棚的灯具配置，可根据嵌入的深度决定投射的范围，也可用于家具上的局部配套照明（图14-22）。

（四）轨道配置

利用轨道装设滑动的灯具。这种可以交换位置角度的灯具，适合于装饰陈设品的投射照明。可将轨道安装于顶棚、墙面或吊挂在空中（图14-23）。

②用软线吊灯时，在吊盆及灯头内应结扣。

③采用钢管做灯具的吊杆时，钢管内径一般不小于10mm。

④凡灯具重量超过3kg者，其与顶棚的连接须通过预埋的吊钩或螺栓。

2. 灯具安装必须防触电。

3. 安装灯具必须防燃。

图14-22（左）

图14-23（右）

①各式灯具安装在易燃的结构部位或暗装在木制吊顶内时，灯具周围应作好防火隔热处理。

②有钨丝的灯具不能在木质或其他易燃材料的吸顶上安装。

4. 灯具安装要使其本身线条与室内建筑线条相配合。

5. 携带式照明灯具的安装应符合要求。

①灯体绝缘良好，耐热，耐潮湿。

②灯头与灯体结合紧固，灯头上应无开关。

③灯具玻璃罩（或裸灯泡）外应有金属保护网。

（二）挑选、布置灯具的一般原则

既然照明离不开灯具，而灯具是照明的集中反映，在挑选灯具时应从居室整体的空间效果出发。随着居室空间、家具尺度以及人们的思想意识、生活方式的不断改变，灯具的光源、材料、风格与设置方式都发生了很大变化。选择适宜的灯具，除了经济因素外还要从整个环境条件及材料的质感与装饰效果来考虑，注意室内照明与环境的统一性。具体地讲可分为四种。

1. 灯具与空间条件相协调

如客厅比较宽敞，选用风格各异的吊灯可以增添居室的视觉美感，而低于2.8m的房间，加上空间比较小巧，则宜用吸顶灯来代替累赘的吊灯，使房间不显拥挤。小面积住宅应选用简洁实用的灯具。总之，灯具尺度宜与空间比例相一致。

2. 灯具与空间风格相协调

灯具款式虽然变化很多，但却离不开仿古、创新和实用这三类。在有古典风情的居室中，台灯、吊灯、壁灯应有相应的风格，而讲究古朴自然的房间则可选择诸如石料、陶瓷或竹木等天然材料制成的灯具，可谓浑然一体。

3. 灯具与使用内容相协调

生活中工作、学习、娱乐都需要配备相对应的照度标准和灯具形式。如住书房阅读时，配置工作型台灯很适宜。这类台灯一般有可拉伸的长杆可作一定范围的转动来控制亮度。卧室的床头台灯宜选用可调光装置的灯具，或弱或明，满足不同的使用需要。

4. 选择绿色环保灯具以及可调控的灯具

随着人们环保意识的加强，居室中应优先选择高效节能且无污染的绿色环保灯具，这样可大大降低电耗，同时注重灯具的机能性，比如可伸缩可调光灯具很符合现代人快节奏生活的需求。布置灯具时，要留意光源在空间中的位置。不同角度的投射光线，会表现出不同的视觉效果。光色强弱的不同，也会使人对同一空间的大小产生不同的感觉。因此，良好的光照通过具体的照明方式、灯具种类来组织或划分空间，创造出适宜的家庭生活氛围。

（三）布置灯具应遵循以下几个原则

1. 按房间的使用内容布置适宜的照度和亮度比。过亮或过暗均会引起使用上的不便或造成无谓的浪费。

2. 光线组织应以区域性照明、重点照明和装饰照明相结合的办法，尤其是后二者不容忽视，做到既有背景照明，又有重点强调照明。

3. 灯具种类要兼顾直接照明、间接照明和漫射照明等多种形式，避免炫光和光线性质单一。

第十五章　室内装饰工程施工主要机具

装饰工程机械化施工是现代装饰保证质量、提高效率的重要手段。国内外机具制造厂商研制生产了种类繁多、功能齐全的中小型装饰机具，可以说，传统的手工装饰作业，现在绝大多数都可以由各种专用或多用机具完成。

本章选编的装饰机具包括混凝土开洞修整、金属型材加工安装，木装饰、石材陶瓷锦面施工、喷涂施工、抹灰施工等机具。在各类机械中，介绍主要机型的结构、技术性能、使用要点和维护保养方法，供选用时参考。

一、木结构施工机具

室内装饰木结构施工常用手工工具为：尺、锯、刨、凿、斧、锤、钻等。常用小型电动工具有以下几种。

（一）电动圆锯

用于切割木夹板、木方条、装饰板。常用规格有7、8、9、10、12、14英寸几种。其中9英寸圆锯功率为1750W，转速4000r/min。12英寸功率为1900W，转速为3200r/min。

使用时双手握稳电锯，开动手柄上的电钮，让其空转至正常速度，再进行锯切工件。操作者应戴防护眼镜或把头偏离锯片径向范围，以免木屑飞击伤眼、脸。在施工时常把电动圆锯反装在木制工作台面下，并使圆锯片从工作台面的开槽处伸出台面，以便切割木夹板和木方（图15-1）。

（二）电动线锯机

线锯机亦称直锯机，其齿形切削刀刃向上，工作时作直线往复运动，冲程长度26mm，冲程速度每分钟0~3200次左右，功率350W左右，锯条规格有60mm×8mm、80mm×8mm、100mm×8mm三种，锯齿也分粗、中、细三种，最大锯切厚度为50mm左右。

电动线锯，可作直线或曲线锯割，可在木板中开孔、开槽，其导板可作一定角度的倾斜，便于在工作上锯出斜面。操作时要双手握稳机器，匀速前进，不可左右晃动，否则会折断锯条，损坏工件（图15-2）。

（三）电动刨

手提式电动刨简称为手电刨，类似倒置小型平刨机。刀轴上装两把刀片，转速为16000r/min，功率为580W左右，刨削宽度为60~90mm。电刨上部的调节旋钮，可调节刨削量。操作时双手前后握刨，推刨时平稳地匀速向前移动，刨到工件尽头时应将刨身提起，以免损坏刨好的工作表面。电动刨的底板经改装，还可以加出一定的凹凸弧面。刨刀片用钝后可卸下来重磨刀刃（图15-3）。

（四）电动压刨

电动压刨又称双面刨床，刀轴上装两把刀片，上下刨轴转速为5000~6000r/min，功率为3kW左右，刨削宽度为400~600mm。刨削厚度范围5~180mm。压刨上有调节旋柄，可调节刨削量。刨刀片用钝后可卸下来重磨刀刃（图15-4）。

（五）电动木工雕刻机

电动木工雕刻机，工作时是对工件进行铣削加工，硬质合金的平直刀头，其直径8~12mm。功率有500~1500W几种，转速23000r/min。

电动木工雕刻机可加工条形工件，对工件边缘加工。也可在工件的平面上开槽、雕刻、还能镂空工件。将其固定安装在台板上可作为小型立铣机使用（图15-5）。

（六）木工修边机

用于对工件的侧边或接口处进行修边、整形。功率500W左右，转速27000r/min。最大加工厚度为25mm（图15-6）。

（七）轻型手电钻

用在工件上打孔、铣孔。轻型手电钻的重量为1.3kg左右，功率为350W左右，高转速为2300r/min，低转速为950r/min。钻木孔直径最大为22mm，钻钢材最大直径为10mm，操作时，注意钻头垂直平稳进给，防止跳动和摇晃，要经常提出钻头去出木渣，以免钻头扭断在工件中（图15-7）。

图15-1

图15-2

图15-3

图15-4

图15-5

图15-6

图15-7

图15-8

（八）充电手电钻（电池钻）

充电手电钻又称电池钻。用在工件上打孔、铣孔、上螺钉。经常用于无电源地方的施工。电压7.2V，无负载旋转数600r/min，全长209mm，重量1.1kg，标准附件充电器1个，电池2个，钻头1个（图15-8）。

二、金属结构施工机具

室内装饰工程金属施工包括铜结构施工，铝合金结构施工。常用手工工具有钢尺、游标卡尺、钢角尺、水平仪、钢脚圆规、手工钢锯、铁锤、铁錾等。常用电动工具如下。

（一）小型钢材切断机

用于切割角铁、钢筋、水管、轻钢龙骨等。常用规格有12、14、16英寸几种。功率为1450W左右，转连为2300~3800r/min。切割刀具为砂轮片，最大切断厚度为100mm。

操作时用锯板上夹具夹紧工件，按下手柄使砂轮片轻轻接触工件，平稳地匀速进行切割。因切割时有大量火星，须注意远离木器、油漆等易燃物品。调整夹具的夹紧板角度可对工件进行有角度切割。当砂轮片磨损到一半时应该更换新片（图15-9）。

（二）手提电动砂轮机

用于打磨金属工件的边角。常用规格有5、6、7英寸，功率为500~1000W，转速为10000r/min左右。

操作时用双手平握住机身，再按下开关。以砂轮片的侧边轻触工件，并平稳地向前移动，磨到工件尽头时应提起机身，不可在工件上来回推磨，以免损坏砂轮片。该机转速度快，振动大，操作时应注意安全（图15-10）。

图15-9

图15-10

图15-11

图15-12

（三）轻型手提电焊机

轻型电焊机有体积小、功率大、搬运方便等特点，功率6.5kW，电压220V，最大工作电流120A，可用焊条直径2~3.2mm。

操作时注意电源接线，因电焊时电流较大，电源前后的电线都须2.5mm²以上的铜芯电线（图15-11）。

（四）电动铝合金切割锯

铝合金切割锯是切割铝合金构件的应用机具。该机的工作台是可调节角度的转台，可切出各种角度的切口。锯片是合金刀头，可使切口平稳光滑。常用规格有10、12、14英寸，功率1400W，转速3000r/min，其外形同铜材切割机相似。使用时按下手柄，将合金锯片轻轻与铝合金工件接触，然后再用力把工件割下（图15-12）。

三、安装施工机具

室内装饰安装施工常用手工工具手钳、一字螺钉旋具、十字螺钉旋具、手锤、钢錾、墨斗、画签、线坠、水平尺、铁角尺、钢卷尺等。常用电动机具如下。

（一）电锤

电锤又称冲击电钻，用于混凝土结构、砖结构、花岗石面、大理石面的钻孔，以便安装膨胀螺栓或木楔。常用规格为钻头直径6~25mm，冲击次数每分钟3300次，功率500W，转速800r/min。电锤振动较大，操作时应用双手握紧钻把，使钻头与地面、墙面垂直，并经常拔出钻头排屑，防止钻头扭断或崩头（图15-13）。

（二）冲击电钻

冲击电钻是一种可调节式旋转带冲击的特种电钻。当利用其冲击功能，装上硬质合金冲击钻头时，可以对混凝土、砖墙等进行打孔、开槽作业；若利用其纯旋转功能，可以当作普通电钻使用。因此，冲击电钻广泛地用于建筑装饰工程以及水、电等安装工程方面。充电式冲击电钻使用更为方便（图15-14）。

（三）射钉枪

射钉枪是利用射钉弹内火药燃烧释放出能量，将射钉直接钉入钢铁、混凝土或砖结构的基体中。因射钉枪需与射钉配套使用，而各厂家生产的规格各异，使用时应根据说明书操作。射钉种类主要有一般射钉、螺纹射钉、带孔射钉三种。射弹一般分为威力大的黑弹，中等威力红弹，弱等威力的黄弹等（图15-15）。

（四）电动、气动打钉枪

用于在木龙骨上钉木夹板、纤维板、刨花板、石膏板等板材和各种装饰木线条。配有专用枪钉，常用规格有10mm、15mm、20mm、25mm、50mm五种。电动打钉枪插入220V电源插座就可直接使用。气动打钉枪须与气泵连接，使用要求的最低压力为0.3MPa。操作时用

图15-13

图15-14

图15-15

钉枪嘴压在须钉接处，再按下开关。产效率高，劳动强度低，可以最大充分利用高级装饰板材，是建筑装饰常用机具（图15-16）。

（五）电动自攻螺钉钻

电动自攻螺钉钻是上自攻螺钉的专用机具，用于在轻钢龙骨或铝合金龙骨安装饰面板，以及各种龙骨本身的安装。功率为200～300W，转速为1200r/min（图15-17）。

（六）手提式电动石材切割机

用于安装地面、墙面石材时切割花岗石等石料板材。功率为850W，转速为11000r/min。因该机分干湿两种切割片，故用湿型刀片切割时需用水做冷却液，在切割石材前，先将小塑料软管接在切割机的给水口上，双手握住机柄，通水后再按下开关，并匀速推进切割（图15-18）。

（七）手提式磨石机

用于磨光花岗石、大理石和人造石材表面或侧边。该机净重5.2kg，便于手提操作，功率为1000W，转速4200r/min，磨砂轮尺寸为125mm（图15-19）。

（八）电动抛光机

用于花岗石、大理石、人造石材和金属装饰表面，常用规格有5、6、7英寸，功率400～500W，转速4500～20000r/min（图15-20）。

四、油漆、涂料施工机具

油漆、涂料的基本工具为油刷、排笔、滚子刷、油灰刀、牛角翘等。常用机具如下。

（一）空气压缩机

用于喷油漆和喷涂料。要求压力为0.5～0.8MPa，供气量为每分钟0.8m³，并可自动调压，电动机功率为2.5kW（图15-21）。

（二）电动喷枪

常用喷枪为吸上式PQ-2型，工作压力0.4～0.8MPa，喷嘴口径1.8mm。施工时，先将耐压皮管与气动喷枪连接，再开动空气压缩机。在喷枪的储漆罐中加入油漆或涂料，用手扣压板机开关，喷嘴就可喷出雾状油漆。油漆喷出量可用调节螺钉控制（图15-22）。

（三）打砂纸机

打砂纸机用于对高级木装饰表面进行磨光作业，使工作表面平整光滑便于油漆。由电力和压缩空气作动力，由马达带动砂布转动，使工件表面达到磨削效果。有粉尘收集袋（图15-23）。

（四）电动修整磨光机

用于砂磨工件表面，使工作表面平整光滑便于油漆。功率130～600W，转速700～5500r/min。在操作时，手握机柄在工件上边推边使加压力，切忌原地不动，以免在工件上磨出凹坑，或磨穿工件表面的打底层（图15-24）。

图15-16

图15-17

图15-18

图15-19

图15-20

图15-21

图15-22

图15-23

图15-24

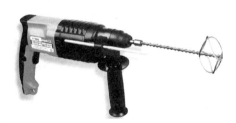
图15-25

（五）涂料搅拌器

涂料搅拌器是通过搅拌头的高速转动，使涂料（或油化）拌和均匀，满足涂料时稠度和颜色的一致。搅拌器构造简单，单相电机通过减速机构，带动长柄搅拌头。使用时，开动电机，将搅拌工作头插入涂料桶内，几分钟内就可达到搅拌均匀效果（图15-25）。

五、装饰施工测量、放线

（一）水准仪

水准仪主要由望远镜、水准器和基座三部分组成（图15-26）。

（二）水准尺（塔尺）

施工中最常见的水准尺是塔尺，尺身划有黑白相间的刻度。较宽的黑格或白格都为1cm，较窄的黑格或白格均为0.5cm。逢10cm注一个数字，表示尺底到该处的分米数。超过1m后，所注数字顶上加红点。不同的尺子注字方法不同，有注正字的，也有注倒字的。使用水准尺前应从尺底向上（图15-27）。

（三）激光旋转示线仪

激光旋转示线仪主要由激光发射系统、微电机、减速传动机构、调平系统及外壳等五部分组成。激光旋转示线仪的基本原理是通过微电机的驱动，使激光发射系统在水

图15-26

图15-27

图15-28

图15-29

图15-30

平（或垂直）平面内旋转，所发射的激光束扫描形成水平（或垂直）激光平面。

传统的水准仪、经纬仪均须二人或数人配合方可进行抄平、放线。而激光旋转示线仪附有一个单独的光敏蜂鸣器，一旦接收到该仪器发射出来的激光束时便开始发出蜂鸣声。在安置仪器前，先按施工需要，将光敏蜂鸣器固定在相应的位置，然后再安置、调整仪器。安置者听到蜂鸣声，说明仪器扫描出来的激光平面已在所需的位置。因此该仪器安置、调整一个人便可完成，安置后可直接投入施工，无须再照看仪器（图15-28）。

（四）水平管

根据连通器原理，利用透明胶管静止时两端液面等高的规律来传递基准标高。用作水平管的透明胶管的直径以10mm左右为宜，管壁应透明清晰。使用时，在透明胶管里灌适量清水，两个操作者各持胶管的一端，其中一人先将胶管内的液面底部对准已知的标高基准线，待液面完全稳定后，另一人可按另一端液面底部标高划出等高的标高线。应注意的是，由于液体的表面张力，胶管内液面呈一凹弧形，观察时一定要以弧形底部为准。

（五）水平尺

安有水平气泡的直尺。较长的水平尺一般安有两个方向的水平气泡。一是与直尺轴线平行的方向，用于确定水平线；二是与直尺轴线垂直的方向，用于确定铅垂线。应注意的是，水平气泡往往会出现一点误差，每次使用前须进行校验。校验方法是沿同一直线分别以正、反两个方向将水平尺靠在平整的物体表面。如果正、反两次靠验，气泡处于同一位置，说明水平尺是准确的。若两次靠验，气泡不在同一位置，就须调节气泡调整螺钉。有的水平尺没有气泡调整螺钉，此时可在两次气泡位置的中点作一记号，以该记号为气泡居中的位置。当气泡处于这一位置，可以判定水平尺处于水平（或铅垂）位置（图15-29）。

（六）净空尺

在装饰施工中往往需要根据已有结构的净空确定装饰材料的下料长度。用普通的卷尺测量净空，尤其是测量楼层的净高，不但极为不便，且内尺很难测得准确读数。净空尺由外套筒和内尺两部分组成。内尺可在外套筒中自由伸缩。使用时，只需抽出内尺，让外套筒底部和内尺顶端分别顶住所测物两个结构面，即可从读数窗内读得两个结构面之间的净空（图15-30）。

第十六章　装饰材料的装饰部位分类的应用

在建筑装饰工程中，为方便使用常按建筑装饰材料在建筑物中的使用部位，来划分建筑装饰材料，分为外墙装饰材料、内墙装饰材料、地面装饰材料、吊顶装饰材料等，此外还有屋面装饰材料、卫生洁具、楼梯扶手与护栏、装饰五金、灯具等。由于隔断装饰材料基本上与内墙装饰材料相同，因而本书将隔断装饰材料划归为内墙装饰材料。

需要指出的是，按使用部位分类只是一种大致的划分，因为许多建筑装饰材料的使用部位并非单一，往往可用于两种以上的部位。因此，在按使用部位分类时，同一建筑装饰材料可以出现在不同类别中，如花岗石镜面板材既可以作为外墙装饰材料来使用，也可作为地面装饰材料、内墙装饰材料等来使用。

本章只简要介绍外墙装饰材料、内墙装饰材料、地面装饰材料和吊顶装饰材料中的常用品种、主要组成（或构造）、主要性质与应用等。其目的是为了加强建筑装饰材料与建筑装饰工程的联系，同时也是对前面所学知识的简要归纳、总结与复习，以便更好地掌握建筑装饰材料及其应用。

一、外墙装饰材料及其应用

常用外墙装饰材料的主要组成、特性与应用。

（一）天然石材

天然石材有花岗石普通板材、大理石普通板材、异型板材、蘑菇石、料石等。主要成分由石英、长石、云母等组成。天然石材强度高、硬度大、耐磨性好、耐酸性及耐久性很高。具有多种颜色，装饰性好。分有细面板材、镜面板材、粗面板材（机刨板、剁斧板、锤击板、烧毛板）等。主要应用于大中型商业建筑、纪念馆、博物馆、银行、宾馆、办公楼等。

（二）建筑陶瓷

1. 墙地砖（彩釉砖、渗花砖等）

墙地砖（彩釉砖、渗花砖等）多属于炻质材料，多数上釉。孔隙率较低，吸水率1%~10%，强度较高、坚硬、耐磨性好，釉层具有多种颜色、花纹与图案。寒冷地区用于室外时吸水率须小于3%。主要应用于大中型商业建筑、纪念馆、博物馆、银行、宾馆、办公楼、餐厅、客厅、卫生间等。

2. 陶瓷锦砖（马赛克）

陶瓷锦砖（马赛克）多属于瓷质材料，不上釉。孔隙率低，吸水率小于1%，强度高、坚硬、耐磨性高，具有多种颜色与图案。主要应用于大中型商业建筑、纪念馆、博物馆、银行、宾馆、办公楼、餐厅、客厅、卫生间等。

3. 大型陶瓷饰面板

大型陶瓷饰面板多属于炻质材料，上釉或不上釉。孔隙率低、吸水率较小、强度高、坚硬、耐磨性高，尺寸大，具有多种颜色与图案。主要应用于大中型商业建筑、纪念馆、博物馆、银行、宾馆、办公楼、餐厅、客厅、卫生间等。

（三）装饰混凝土

装饰混凝土包括彩色混凝土、清水装饰混凝土、露骨料混凝土等。主要成分有水泥（普通或白色）、砂与石（普通或彩色）、耐碱矿物颜料、水等。性能与普通混凝土相同，但具有多种颜色或表面具有多种立体花纹与线条，或骨料外露。主要应用于大型建筑、围墙等。

（四）装饰砂浆

1. 水磨石板

水磨石板是由白色水泥、白色及彩色砂、耐碱矿物颜料、水等组成。强度较高、耐磨性较好、耐久性高，颜色多样（色砂外露）主要应用于普通办公楼、住宅楼、工业厂房等。

2. 石碴类装饰砂浆（斩假石、水刷石、干粘石等）

石碴类装饰砂浆是由白色水泥、白色及彩色砂、耐碱矿物颜料、水等组成。强度较高、耐久性较好、颜色多样（色砂外露），质感较好主要应用于普通办公楼、住宅楼、工业厂房等。

（五）玻璃

1. 彩色玻璃

彩色玻璃是普通玻璃中加入着色金属氧化物而得。具有红、蓝、灰、茶色等多种颜色。分有透明和不透明两种，不透明的又称饰面玻璃。主要应用于办公楼、宾馆、商店等。不透明玻璃仅用于墙面。

2. 吸热玻璃

吸热玻璃是普通玻璃中加入吸和着色金属氧化物而得。能阻挡太阳辐射热的15%～25%，光透射比为35%～55%。具有多种颜色，主要应用于商品陈列窗、炎热地区的各种建筑等。

3. 热反射玻璃

热反射玻璃是普通玻璃表面用特殊方式喷涂金、银、铜、铝等金属或金属氧化物而得。能反射太阳辐射热20%～40%，能减少热量向室内辐射，并具有单向透视性，即迎光面具有镜子的效果，而背光面具有透视性。具有银白色、茶色、灰、金色等多种颜色。主要应用于大型公用建筑的门窗、幕墙等。

4. 压花玻璃（普通压花玻璃、彩色镀膜压花玻璃等）

压花玻璃是由带花纹的辊筒压在红热的玻璃上而成。表面压花、透光不透视、光线柔和。镀膜压花玻璃和彩色镀膜压花玻璃立体感强，并具有一定的热反射能力，灯光下更显华贵和富丽堂皇。主要应用于宾馆、餐厅、酒吧、会客厅、办公室、卫生间等的门窗。

5. 夹丝玻璃（夹丝压花玻璃、夹丝磨光玻璃）

夹丝玻璃是将钢丝网压入软化后的红热玻璃中而成。破碎时不会四处飞溅而伤人，并具有较好的防火性，但抗折强度及耐温度剧变性较差。主要应用于防火门、楼梯间、天窗、电梯井等。

6. 夹层玻璃

夹层玻璃是两层或多层玻璃（普通、钢化、彩色、吸热、镀膜玻璃等）由透明树脂胶粘结而成。抗折强度及抗冲击强度高，玻璃碎时不裂成分离的碎片。主要应用于工业厂房的天窗以及银行等有防弹或有特殊安全要求的建筑的门窗等。

7. 中空玻璃

中空玻璃是两层或多层玻璃（普通、彩色、压花、镀膜、夹层等）与边框用橡胶材料粘结、密封而成。保温性好、节能效果好（20%～50%）、隔声性好（可降低30dB）、结露温度低。主要应用于大中型公用建筑，特别是保温节能要求高的建筑门窗等。

8. 光栅玻璃（镭射玻璃）

光栅玻璃（镭射玻璃）是玻璃经特殊处理，背面出现全息或其他光栅。在各种光线的照射下会出现艳丽的七色光，随光线的入射角和观察的角度不同会出现不同的色彩变化，华贵典雅、梦幻迷人。主要应用于宾馆、饭店、酒店、商业与娱乐建筑等。

9. 玻璃砖（实心砖、空心砖）

玻璃砖（实心砖、空心砖）是由两块玻璃热熔接而成，其内侧压有一定的花纹。玻璃空心砖的强度较高、绝热、隔声、光透射比高。主要应用于门厅、通道、体育馆、楼梯间、酒吧、饭店等的非承重墙。

10. 玻璃锦砖（玻璃马赛克）

玻璃锦砖（玻璃马赛克）是由碎玻璃或玻璃原料烧结而成。色调柔和、朴实、典雅，化学稳定性高，耐久性和易洁性好。主要应用于办公楼、教学楼、住宅楼等。

（六）金属装饰材料

1. 普通与彩色不锈钢制品（板、门窗、窗、花格）

普通不锈钢、彩色不锈钢经久耐用，在周围灯光或光钱的配合下，可取得与周围景物交相辉映的效果。主要应用于大中型建筑的门窗、幕墙、柱面、墙面、护栏、扶手、门窗护栏等。

2. 彩色涂层钢板、彩色压型钢板

彩色涂层钢板、彩色压型钢板是由冷轧钢板及特种涂料等构成。涂层附着力强，可长期保持新颖的色泽，装饰性好、施工方便。主要应用于大跨度的工业厂房、展览馆等的墙面、屋面等。

3. 不锈钢龙骨

不锈钢龙骨是由不锈钢构成，强度高、防火性好，主要应用于玻璃幕墙。

4. 铝合金花纹板

铝合金花纹板是花纹轧辊压而成，花纹美观、筋高适中、不易磨损、耐腐蚀。主要应用于外墙面、楼梯踏板等。

5. 铝合金波纹板

铝合金波纹板是铝合金板轧制而成。波纹及颜色多样，耐腐蚀，强度较高。主要应用于宾馆、饭店、商场等建筑。

6. 铝塑板

铝塑板由三层组成，表层与地层由2～5mm厚铝合金构成，中层由合成塑料构成。表层喷涂氟碳涂料或聚酯涂料。规格为：1220mm×2440mm。耐候性强，外墙保证十年的装饰效果。铝塑板耐酸碱、耐磨擦，耐清洗、典雅雍华、色彩丰富、规格齐全，成本低、自重轻、重量轻、防水、防火、防蛀虫，表面的花色图案变化也非常多，并且耐污染、好清洗，有隔声、隔热的良好性能，使用更为安全，弯折造型方便，效果佳。适合用于大型建筑墙装饰用玻璃幕组合装饰、室内墙体、商场门面的装修，大型广告、标语，车站、机场等公共场所的装修是室内外理想的装饰板材。

7. 铝合金门窗、花格

铝合金门窗、花格是由铝合金构成。颜色多样、耐腐蚀、坚固耐用。铝合金门窗的气密性、水密性及隔声性好，但框材的保温性差。主要应用于各类公用建筑与住宅的门窗与护栏。

8. 铝合金龙骨

铝合金龙骨是由铝合金构成。颜色多样、耐腐蚀，但刚度相对较小，常用于吊顶等。

9. 铜及铜合金制品（门窗、花格、管、板）

铜及铜合金制品（门窗、花格、管、板）是由铜及铜合金构成。坚固耐用、古朴华贵。主要应用于大型建筑的门窗、墙面、护栏、扶手、柱面、门窗的护栏。

（七）建筑塑料

1. 塑料门窗（全塑门窗、复合塑料门窗）

塑料门窗（全塑门窗、复合塑料门窗）是由改性硬质聚氯乙烯、金属型材等构成。外观平整美观、色泽鲜艳、经久不退，并具有良好的耐水性、耐腐蚀性、隔热保温性、气密性、水密性、隔声性、阻燃性等，应用于各类建筑。

2. 塑料护面板

塑料护面板是由改性硬质聚氯乙烯构成。外观美观、色泽鲜艳、经久不退，并具有良好的耐水性、耐腐蚀性。应用于各类建筑的墙面及阳台护面。

3. 玻璃钢装饰板

玻璃钢装饰板是由不饱和聚酯树脂、玻璃纤维等构成。轻质、抗拉强度与抗冲击强度高、耐腐蚀、透明或不透明，并具有多种颜色。应用于各类建筑的墙面及阳台护面。

4. 聚碳酸酯装饰板

聚碳酸酯装饰板是由聚碳酸酯构成。强度高、抗冲击、耐候性高、透明，并具有多种颜色。应用于各类室外通道的采光罩等。

（八）建筑装饰涂料

1. 丙烯酸系外墙涂料

丙烯酸系外墙涂料是由丙烯酸类树脂等构成。分为溶剂型和乳液型。具有良好的耐水性、耐候性和耐高低温性，色彩多样，属于中高档涂料。主要应用于办公楼、宾馆、商店等。

2. 聚氨酯系外墙涂料

聚氨酯系外墙涂料多由聚氨酯树脂类溶剂型材料构成。具有优良的耐水性、耐候性和耐高、低温性及一定的弹性和抗伸缩疲劳性，涂膜呈瓷质感、耐沾污性好，属于高档涂料。主要应用于宾馆、办公室、商店等。

3．合成树脂乳液砂壁状涂料

合成树脂乳液砂壁状涂料是由合成树脂乳液、彩色细骨料等构成。属于粗面厚质涂料，涂层具有丰富的色彩和质感，保色性和耐久性高，属于中高档涂料。主要应用于宾馆、办公室、商店、家庭等。

4．苯乙烯–丙烯酸酯乳液涂料

苯乙烯–丙烯酸酯乳液涂料是由苯乙烯–丙烯酸酯共聚乳液构成。具有优良的耐水性、耐碱性、耐候性、保色性、耐光性，属于中档涂料。主要应用于宾馆、办公室、商店、家庭等。

5．复层建筑涂料

复层建筑涂料，分为基层封闭涂料、主层涂料、罩面涂料三层。花纹多样、立体感强、庄重、豪华。主要应用于宾馆、办公室、商店、家庭等。

6．无机涂料

无机涂料是由水玻璃或硅溶胶等构成。耐水、耐酸碱、耐老化、渗透力强、不产生静电。主要应用于宾馆、办公室、商店、家庭等。

二、内墙装饰材料及其应用

常用内墙装饰材料的主要组成。

（一）天然石材

大理石普通板材、异型板材

大理石普通板材、异型板材是由方解石、白云石等构成。强度高、耐久性好，但硬度较小、耐磨性较差、耐酸性差。具有多种颜色、斑纹，装饰性好。一般均为镜面板材。主要应用于墙面、墙裙、柱面、台面，也可用于人流较少的地面。

（二）建筑陶瓷

1．釉面内墙砖（釉面砖）

釉面内墙砖（釉面砖）属于陶质材料，均上釉。坯体孔隙率较高，吸水率为10%～22%，强度较低，易清洗，釉层具有多种颜色、花纹与图案。主要应用于卫生间、厨房、实验室等，也可用于台面。

2．陶瓷壁画

陶瓷壁画是由陶质或炻质坯体上釉构成。表面具有各种图案，艺术性强。主要应用于会议厅、展览馆及其他公共场所。炻质的可用于室外。

3．大型陶瓷饰面板

大型陶瓷饰面板多属于炻质材料，上釉或不上釉。孔隙率低、吸水率较小、强度高、坚硬、耐磨性高、尺寸大，具有多种颜色与图案。主要应用于宾馆、候机楼、住宅等。

（三）石膏板

1．装饰石膏板（平板、孔板、浮雕板、防潮板）

装饰石膏板（平板、孔板、浮雕板、防潮板）是由建筑石膏、玻璃纤维等构成。轻质、保温隔热、防火性与吸声性好、抗折强度较高，图案花纹多样，质地细腻，颜色洁白。主要应用于礼堂、会议室、候机楼、影剧院、播音室等。防水型的可用于潮湿环境。

2．纸面石膏板（普通板、耐火板、耐水板）

纸面石膏板（普通板、耐火板、耐水板）是由建筑石膏、纸板等构成。轻质、保温隔热、防火性与吸声性好、抗折强度较高。主要应用于礼堂、会议室、候机楼、影剧院、播音室等。防水型的可用于潮湿环境。

3．吸声用穿孔石膏板

吸声用穿孔石膏板是由装饰石膏板、纸面板、矿物棉等构成。轻质、保温隔热、防火性与吸声性好。主要应用于礼堂、会议室、候机楼、影剧院、播音室等。防水型的可用于潮湿环境。

（四）矿物棉板与膨胀珍珠岩板

1．岩棉、玻璃棉装饰吸声板

岩棉/玻璃棉装饰吸声板是由岩棉/玻璃棉、酚醛树脂等构成。轻质、保温隔热、防火性与吸声性好、强度低。主要应用于礼堂、会议室、候机楼、影剧院、播音室等。防水型的可用于潮湿环境。

2. 膨胀珍珠岩装饰吸声板

膨胀珍珠岩装饰吸声板是由膨胀珍珠岩、水泥或水玻璃等构成。轻质、保温隔热、防火性与吸声性好、强度低。主要应用于礼堂、会议室、候机楼、影剧院、播音室等。防水型的可用于潮湿环境。

（五）装饰砂浆

1. 水磨石板

水磨石板是由白色水泥、白色及彩色砂、耐碱矿物颜料、水等构成。强度较高、耐磨性较好、耐久性高、颜色多样（色砂外露）。主要应用于普通建筑的墙面、柱面、台面。

2. 灰浆类装饰砂浆（拉毛、甩毛、扫毛、拉条）

灰浆类装饰砂浆（拉毛、甩毛、扫毛、拉条）是由白色水泥、耐碱矿物颜料、水等构成。强度较高、耐久性较好、颜色与表面形式（线条、纹理等）多样，但耐污染性、质感、色泽的持久性较石碴类装饰砂浆差。主要应用于普通公用建筑。

（六）玻璃

1. 磨砂玻璃（毛玻璃）

磨砂玻璃（毛玻璃）是由普通玻璃表面磨毛而成。表面磨毛、透光不透视、光线柔和。主要应用于宾馆、酒吧、卫生间、客厅、办公室等的门窗、隔断。

2. 彩色玻璃

彩色玻璃是由普通玻璃中加入着色金属氧化物而得。具有红、蓝、灰、茶色等多种颜色。分有透明和不透明两种，不透明的又称饰面玻璃。主要应用于宾馆、办公楼、商店及其他公用建筑。

3. 压花玻璃（普通压花玻璃、镀膜压花玻璃、彩色镀膜压花玻璃等）

压花玻璃（普通压花玻璃、镀膜压花玻璃、彩色镀膜压花玻璃等）是由带花纹的辊筒压在红热的玻璃上而成。表面压花、透光不透视、光线柔和。镀膜压花玻璃和彩色镀膜压花玻璃立体感强，并具有一定的热反射能力，灯光下更显华贵和富丽堂皇。主要应用于宾馆、饭店、餐厅、酒吧、会客厅、办公室、卫生间、浴室等的门窗与隔断。

4. 夹丝玻璃（夹丝压花玻璃、夹丝磨光玻璃）

夹丝玻璃（夹丝压花玻璃、夹丝磨光玻璃）是将钢丝网压入软化后的红热玻璃中而成。防火性好，破碎时不会四处飞溅伤人，但耐温度剧变性较差。主要应用于防火门、楼梯间、电梯井、天窗等。

5. 玻璃砖（实心砖、空心砖）

玻璃砖（实心砖、空心砖）是由两块玻璃热熔接而成，其内侧压有花纹。玻璃空心砖的强度较高、绝热、隔声、光透射比较高。主要应用于门厅、通道、体育馆、图书馆、楼梯间、浴室、酒吧、宾馆等的非承重墙或隔断等。

6. 光栅玻璃（镭射玻璃）

光栅玻璃（镭射玻璃）是由玻璃经特殊处理，背面出现全息或其他光栅而得。在各种光线的照射下会出现艳丽的七色光，且随光线的入射角和观察的角度不同会出现不同的色彩变化，华贵典雅、梦幻迷人。主要应用于宾馆、酒店、商业与娱乐建筑的内墙、屏风、隔断、桌面、灯饰等。

（七）金属装饰材料

1. 普通及彩色不锈钢制品（板、管、花格）

普通及彩色不锈钢制品（板、管、花格）是由普通不锈钢、彩色不锈钢构成。经久耐用，在周围灯光或光线的配合下，可取得与周围景物交相辉映的效果。主要应用于商店、娱乐建筑及其他公用建筑的柱面、扶手、护栏等。

2. 彩色涂层钢板、彩色压型钢板

彩色涂层钢板、彩色压型钢板是由冷轧钢板及特种涂料等构成。涂层附着力强，可长期保持新颖的色泽，装饰性好、施工方便、防火性较好。主要应用于大型建筑护壁板、吊顶。

3. 轻钢龙骨、不锈钢龙骨、烤漆龙骨

轻钢龙骨、不锈钢龙骨、烤漆龙骨是由镀锌钢带、薄钢板、不锈钢带、烤漆而得。强度高、防火性好。主要应用于隔断、吊顶。

4．铝合金花纹板

铝合金花纹板是由花纹轧辊压而成。花纹美观、筋高适中、不易磨损、耐腐蚀。主要应用于大型公用建筑的内墙面、楼梯踏板等。

5．铝合金波纹板

铝合金波纹板是由铝合金板轧制而成。波纹及颜色多样、耐腐蚀、强度较高。主要应用于宾馆、饭店、商场等建筑的墙面。

6．铝合金门窗、花格

铝合金门窗、花格是由铝合金构成。颜色多样、耐腐蚀、坚固耐用。铝合金门窗的气密性、水密性及隔声性好。主要应用于各类建筑。

7．铝合金龙骨

铝合金龙骨是由铝合金构成。颜色多样、耐腐蚀，但刚度相对较小，用于隔墙、吊顶等。

8．铜及铜合金制品（门窗、花格、管、板）

铜及铜合金制品（门窗、花格、管、板）是由铜及铜合金构成。坚固耐用、古朴华贵。主要应用于大型建筑的门窗、墙面、栏杆、扶手、柱面、楼梯护栏、隔断、屏风等。

（八）木装饰制品

1．护壁板、旋切微薄木板、木装饰线条

护壁板、旋切微薄木板、木装饰线条是由木材构成。花纹美丽、线条多变，特别是旋切微薄木具有花纹美丽动人、立体感强、自然等特点。主要应用于高级建筑等的墙面、墙裙、门等。

2．胶合板

胶合板是由木材、树脂构成。幅宽大、花纹美观、胀缩小。主要应用于各类建筑的内墙、隔断、台面、家具等。

3．纤维板（硬质、半硬质、软质）

纤维板（硬质、半硬质、软质）是由木材等的下脚料、树脂构成。各向同性、抗弯强度较高、不易胀缩、不腐朽。主要应用于各类建筑的内墙、隔断、台面、家具等。

4．木花格

木花格是由木材构成。花格多样、古朴华贵。主要应用于仿古建筑的花窗、隔断、屏风等。

5．塑料贴面板

塑料贴面板是由三聚氰胺甲醛树脂、胶合板构成。可仿制各种花纹图案，色调丰富、表面硬度大、耐烫、易清洗，分有镜面型和柔光型。主要应用于各类建筑的墙面、柱面、家具等。

6．不饱和聚酯树脂装饰胶合板

不饱和聚酯树脂装饰胶合板是由不饱和聚酯树脂、胶合板构成。表面光泽柔和、耐烫、耐磨、耐水，使用时无须修饰。主要应用于各类建筑的墙面、柱面、家具等。

（九）建筑塑料

1．塑料护面板

塑料护面板是由改性硬质或软质聚氯乙烯构成。外观美观、色泽鲜艳、经久不退，并具有良好的耐水性、耐腐蚀性。主要应用于各类建筑的墙面、柱面、顶棚等。

2．有机玻璃板

有机玻璃板主要由聚甲基丙烯酸甲酯构成。光透射比极高、强度较高，耐热性、耐候性、耐腐蚀性较好，但表面硬度小，易擦毛。主要应用于透明护栏、护板、装饰部件。

3．玻璃钢装饰板

玻璃钢装饰板是由不饱和聚酯树脂玻璃纤维等构成。轻质、抗拉强度与抗冲出强度高、耐腐蚀、不透明，并具有多种颜色。主要应用于隔墙板、装饰部件等。

（十）壁纸与装饰织物

1．塑料壁纸（有光、平光、印花、发泡等）

塑料壁纸（有光、平光、印花、发泡等）是由聚氯乙烯、纸或玻璃纤维布等构成。美观、耐用，可制成仿丝绸、仿织锦缎等，发泡壁纸还具有较好的吸声性。主要应用于各类公用与民用建筑。

2．纸基织物壁纸

纸基织物壁纸是由棉、麻、毛等天然纤维的织物粘合于基纸上。花纹多样、色彩柔和幽雅、吸声性好、耐日晒、无静电，且具有透气性。主要应用于计算机房、播音室及其他各类公用与民用建筑等。

3. 麻草壁纸

麻草壁纸是由麻草编织物在纸基上复合而成。具有吸声、阻燃，且具有自然、古朴、粗犷的自然原始美。主要应用于宾馆、饭店、影剧院、酒吧、舞厅等。

4. 无纺贴墙布

无纺贴墙布是由天然或人造纤维构成。挺括，富有弹性、色彩艳丽、可擦洗、透气较好、粘贴方便。主要应用于高级宾馆、住宅等。

5. 化纤装饰贴墙布

化纤装饰贴墙布是由化纤布为基材，处理后印花而成。透气、耐磨、不分层、花纹色彩多样。主要应用于宾馆、饭店、办公室、住宅等。

6. 高级墙面装饰织物（锦缎、丝绒等）

高级墙面装饰织物是由锦缎、丝绒等构成。锦缎纹理细腻、柔软绚丽、高雅华贵，但易变形、不能擦洗、遇水或潮湿会产生斑迹。丝绒质感厚实温暖、格调高雅。主要应用于高级宾馆、饭店、舞厅等的软隔断、窗帘或浮挂装饰等

（十一）建筑涂料

1. 聚乙烯醇水玻璃内墙涂料

聚乙烯醇水玻璃内墙涂料是由聚乙烯醇、水玻璃等构成。无毒、无味、耐燃、价格低廉，但耐水擦洗性差。广泛用于住宅、普通公用建筑等。

2. 聚醋酸乙烯乳液涂料

聚醋酸乙烯乳液涂料是由聚醋酸乙烯乳液等构成。无毒、涂膜细腻、色彩艳丽，装饰效果良好，价格适中，但耐水性、耐候性较差。主要应用于住宅、办公楼及其他普通建筑。

3. 醋酸乙烯丙烯酸酯有光乳液涂料

醋酸乙烯丙烯酸酯有光乳液涂料是由醋酸乙烯-丙烯酸酯乳液等构成。耐水性、耐候性及耐碱性较好，具有光泽，属于中高档内墙涂料。主要应用于住宅、办公室、会议室等。

4. 多彩涂料

多彩涂料是由两种以上的合成树脂构成。色彩丰富、图案多样、生动活泼，有良好的耐水性、耐油性、耐洗刷性，对基层适应性强，属于高档内墙涂料。主要应用于住宅、宾馆、饭店、商店、办公室、会议室等。

5. 仿瓷涂料

仿瓷涂料是由聚氨酯或环氧树脂、聚氨酯与丙烯酸构成。涂膜细腻、光亮、坚硬，酷似瓷釉，具有优异的耐水性、耐腐蚀性、粘附力。主要应用于厨房、卫生间等。

6. 幻彩涂料（梦幻涂料）

幻彩涂料（梦幻涂料）是由特种合成树脂乳液、珠光颜料等构成。涂膜光彩夺目、色泽高雅、图案变幻多姿、造型丰富，属于高档涂料。主要应用于宾馆、酒吧、商店、娱乐场所、住宅等。

7. 纤维状涂料

纤维状涂料是由各色天然与人造纤维、水溶性树脂等构成。色泽鲜艳、品种丰富、质地各异、不开裂、涂层柔软，富有弹性、吸声。主要应用于商业建筑、宾馆、歌舞厅、酒店等。

三、地面装饰材料及其应用

常用地面装饰材料的主要组成、特性与应用。

（一）天然石材

1. 花岗石、大理石普通板材、异型板材、料石

花岗石、大理石普通板材、异型板材、料石是由石英、长石、云母等构成。强度高、硬度大、耐磨性好、耐酸性及耐久性很高，但不耐火。具有多种颜色，装饰

性好。分有细面板材、镜面板材、粗面板材（机刨板、剁斧板、锤击板、烧毛板）等。主要应用于商业建筑、纪念馆、博物馆、银行、宾馆等。

（二）人造石材

1. 水磨石板

水磨石板是由白色水泥、白色及彩色砂、耐碱矿物颜料、水等构成。强度较高、耐磨性较好、耐久性高、颜色多样（色砂外露）。主要应用于办公室、教室、实验室及室外地面。

2. 水泥花砖

水泥花砖是由白色水泥、耐碱矿物颜料构成。强度较高、耐磨性较高，具有多种颜色和图案。主要应用于各类建筑室内地面。

（三）建筑陶瓷

1. 墙地砖（彩釉砖、劈离砖、渗花砖、无釉地砖等）

墙地砖（彩釉砖、劈离砖、渗花砖、无釉地砖等）多由炻质材料上釉或不上釉。孔隙率较低、强度较高、耐磨性好，釉层具有多种颜色、花纹与图案吸水率1%～10%。寒冷地区用于室外时吸水率需小于3%。主要应用于室外、室内的地面及楼梯踏步。

2. 大型陶瓷饰面砖

大型陶瓷饰面砖多属于瓷质材料，不上釉。孔隙率低、吸水率较小、强度高、坚硬、耐磨性高、尺寸大，具有多种颜色与图案。主要应用于卫生间、化验室、客厅、候车室等。

3. 陶瓷锦砖（马赛克）

陶瓷锦砖（马赛克）多属于瓷质材料，不上釉。孔隙率低、吸水率小于1%。强度高、坚硬、耐磨性高，具有多种颜色与图案。主要应用于卫生间、化验室、厨房等。

（四）木地板

1. 实木地板（条木、拼花）

实木地板（条木、拼花）是由木材构成。弹性好、脚感舒适、保温性好，拼花木地板还具有多种花纹图案。

主要应用于办公室、会议室、幼儿园、卧室等。

2. 实木复合地板：

采用两种以上的材料制成，既有实木地板的优点，又降低了成本。表层采用5mm厚实木如榉木、柚木、枫桦、水曲柳、柞木等。中层由多层胶合板或中密度板构成。底层为防潮平衡层经特制胶高温及高压处理而成。结构形式和拼花较多，具有不同的装饰效果。

3. 强化复合地板：

由三层材料组成，面层由一层三聚氰胺和合成树脂组成。具有防潮、耐火、耐磨等功能，耐磨起点一般为6000转至8000转。中间层为高密度纤维板。防潮湿，能确保地板外观平整性和尺寸稳定性。底层为涂漆层或纸板。有防潮、平衡拉力之功效。实木地板会随季节的转变而干缩湿涨，翘曲变形，有时裂开，地板之间的隙缝容易藏污纳垢。其天然色差也无法避免，安装烦琐。更需要定期为地板打磨和上油，保养复杂。近年来，强化复合地板的出现为上述所有问题提供了解决的办法，并且逐渐代替了实木地板。常见规格为：120×19.5×0.8cm。

（五）塑料地面材料

1. 塑料地板块、塑料地面卷材

塑料地板块、塑料地面卷材主要由聚氯乙烯构成。图案丰富、颜色多样、耐磨、尺寸稳定、价格较低，卷材还具有易于铺贴、整体性好的特点。主要应用于人流不大的办公室、家庭等。

2. 仿天然人造尼龙草坪

仿天然人造尼龙草坪，草丝柔软，与天然草极为相似，站在上面有如亲临真草地一般。又因其反射系数极低，所以不会造成眼睛之疲倦。无论风吹、日晒、雨淋，均不变脆收缩；密度高、弹性好，重压后的回复性佳、柔软耐磨。阳光直射下，能柔和建筑物的反射率，具耐暑抗热效果，可吸热约4℃。

仿天然人造尼龙草坪，具有多种规格可适用于曲棍球场、足球场、高尔夫球场、网球场、庭院、泳池边等各种场所。

（六）地毯

1. 纯毛地毯

纯毛地毯主要由羊毛构成。图案多样、富有弹性、光泽好、经久耐用，并具有良好的保温隔热、吸声隔声等性质，以手工地毯效果更佳。主要应用于宾馆、饭店、办公室、会客厅、住宅、会议室等。

2. 化纤地毯（簇绒地毯、针扎地毯、机织地毯）

化纤地毯（簇绒地毯、针扎地毯、机织地毯）是由丙纶或腈纶、尼龙、涤纶等构成。质轻、富有弹性、耐磨性好，价格远低于纯毛地毯。丙纶回弹差，腈纶耐磨性较差、易吸尘；涤纶，特别是尼龙性能优异，但价格相对较高。主要应用于宾馆、住宅、办公室、会客厅、餐厅、会议室等。

四、吊顶装饰材料及其应用

吊顶装饰材料的主要组成、特性与应用。

（一）石膏板

装饰石膏板（平板、孔板、浮雕板、防潮板）、纸面石膏板（普通板、耐火板、耐水板）、嵌装式装饰石膏板、吸声用穿孔石膏板（装饰板、纸面板）是由建筑石膏、玻璃纤维、纸板等构成。轻质、保温隔热、防火性与吸声性好、抗折强度较高，图案花纹多样，质地细腻，颜色洁白。主要应用于礼堂、影剧院、播音室、会议室等。

（二）矿物棉板

岩棉装饰吸声板、玻璃棉装饰吸声板是由岩棉、玻璃棉、酚醛树脂等构成。轻质、保温隔热、防火性与吸声性好、强度低。主要应用于礼堂、会议室、候机楼、影剧院、播音室等。防水型的可用于潮湿环境。

（三）膨胀珍珠岩板

膨胀珍珠岩装饰吸声板是由膨胀珍珠岩、水泥或水玻璃等构成。轻质、保温隔热、防火性与吸声性好、强度低。主要应用于礼堂、会议室、候机楼、影剧院、播音室等。防水型的可用于潮湿环境。

（四）金属装饰材料

1. 铝合金穿孔板、不锈钢穿孔板

铝合金穿孔板、不锈钢穿孔板是由圆孔、方孔构成。吸声性好，并具有耐腐蚀、防火、抗震、颜色多样、立体感强、装饰性好的特点。主要应用于装饰性、防火性、吸声性要求高的建筑。

2. 普通及彩色不锈钢制品（板、管、花格）

普通及彩色不锈钢制品（板、管、花格）是由普通不锈钢、彩色不锈钢构成。经久耐用，在周围灯光或光线的配合下，可取得与周围景物交相辉映的效果。主要应用于商店、娱乐建筑及其他公用建筑的柱面、扶手、护栏等。

3. 彩色涂层钢板、彩色压型钢板

彩色涂层钢板、彩色压型钢板是由冷轧钢板及特种涂料等构成。涂层附着力强，可长期保持新颖的色泽、装饰性好、施工方便、防火性较好。主要应用于大型建筑护壁板、吊顶。

（五）木制品

1. 护壁板、旋切微薄木板、木装饰线条

护壁板、旋切微薄木板、木装饰线条是由木材构成。花纹美丽、线条多变，特别是旋切微薄木具有花纹美丽动人、立体感强、自然等特点。主要应用于高级建筑等的墙面、墙裙、门等。

2. 胶合板

胶合板是由木材、树脂构成。幅宽大、花纹美观、胀缩小。主要应用于各类建筑的内墙、隔断、台面、家具。

3. 纤维板（硬质、半硬质、软质）

纤维板（硬质、半硬质、软质）是由木材等的下脚

料、树脂构成。各向同性、抗弯强度较高、不易胀缩、不腐朽。主要应用于各类建筑的内墙、隔断、台面、家具等。

4. 木花格

木花格是由木材构成。花格多样、古朴华贵。主要应用于仿古建筑的花窗、隔断、屏风等。

5. 塑料贴面板

塑料贴面板是由三聚氰胺甲醛树脂、胶合板构成。可仿制各种花纹图案、色调丰富、表面硬度大、耐烫、易清洗，分有镜面型和柔光型。主要应用于各类建筑的墙面、柱面、家具等。

6. 不饱和聚酯树脂装饰胶合板

不饱和聚酯树脂装饰胶合板是由不饱和聚酯树脂、胶合板构成。表面光泽柔和、耐烫、耐磨、耐水、使用时无须修饰。主要应用于各类建筑的墙面、柱面、家具等。

（六）壁纸与装饰织物

1. 塑料壁纸（有光、平光、印花、发泡等）

塑料壁纸（有光、平光、印花、发泡等）是由聚氯乙烯、纸或玻璃纤维布等构成。美观、耐用，可制成仿丝绸、仿织锦缎等，发泡壁纸还具有较好的吸声性。主要应用于各类公用与民用建筑。

2. 纸基织物壁纸

纸基织物壁纸是由棉、麻、毛等天然纤维的织物粘合于基纸上。花纹多样、色彩柔和幽雅、吸声性好、耐日晒、无静电，且具有透气性。主要应用于计算机房、播音室及其他各类公用与民用建筑等。

3. 麻草壁纸

麻草壁纸是由麻草编织物于纸基复合而成。具有吸声、阻燃，且具有自然、古朴、粗犷的自然原始美。主要应用于宾馆、饭店、影剧院、酒吧、舞厅等。

4. 无纺贴墙布

无纺贴墙布是由天然或人造纤维构成。挺括，富有弹性、色彩艳丽、可擦洗、透气较好、粘贴方便。主要

应用于高级宾馆、住宅等。

5. 化纤装饰贴墙布

化纤装饰贴墙布是由化纤布为基材，处理后印花而成。透气、耐磨、不分层、花纹色彩多样。主要应用于宾馆、饭店、办公室、住宅等。

6. 高级墙面装饰织物（锦缎、丝绒等）

高级墙面装饰织物是由锦缎、丝绒等构成。锦缎纹理细腻、柔软绚丽、高雅华贵，但易变形、不能擦洗、遇水或潮湿会产生斑迹。丝绒质感厚实温暖、格调高雅。主要应用于高级宾馆、饭店、舞厅等的软隔断、窗帘或浮挂装饰等。

（七）建筑涂料

1. 聚乙烯醇水玻璃内墙涂料

聚乙烯醇水玻璃内墙涂料是由聚乙烯醇、水玻璃等构成。无毒、无味、耐燃、价格低廉，但耐水擦洗性差。广泛用于住宅、普通公用建筑等。

2. 聚醋酸乙烯乳液涂料

聚醋酸乙烯乳液涂料是由聚醋酸乙烯乳液等构成。无毒、涂膜细腻、色彩艳丽、装饰效果良好、价格适中，但耐水性、耐候性较差。主要应用于住宅、办公楼及其他普通建筑。

3. 醋酸乙烯丙烯酸酯有光乳液涂料

醋酸乙烯丙烯酸酯有光乳液涂料是由醋酸乙烯-丙烯酸酯乳液等构成。耐水性、耐候性及耐碱性较好，具有光泽，属于中高档内墙涂料。主要应用于住宅、办公室、会议室等。

4. 多彩涂料

多彩涂料是由两种以上的合成树脂等构成。色彩丰富、图案多样、生动活泼，具有良好的耐水性、耐油性、耐洗刷性，对基层适应性强，属于高档内墙涂料。主要应用于住宅、宾馆、饭店、商店、办公室、会议室等。

5. 仿瓷涂料

仿瓷涂料是由聚氨酯或环氧树脂、聚氨酯与丙烯酸构

成。涂膜细腻、光亮、坚硬，酷似瓷釉，具有优异的耐水性、耐腐蚀性、粘附力。主要应用于厨房、卫生间等。

6. 幻彩涂料（梦幻涂料）

幻彩涂料（梦幻涂料）是由特种合成树脂乳液、珠光颜料等构成。涂膜光彩夺目、色泽高雅、图案变幻多姿、造型丰富，属于高档涂料。主要应用于宾馆、酒吧、商店、娱乐场所、住宅等。

7. 纤维状涂料

纤维状涂料是由各色天然与人造纤维、水溶性树脂等成分构成。色泽鲜艳、品种丰富、质地各异，不开裂，涂层柔软，富有弹性，吸声。主要应用于商业建筑、宾馆、歌舞厅、酒店等。

第十七章　材料的装饰用法

在室内装饰中，仅把握较为客观的材料技术特性，以及材料本身的装饰特性，尚不足以解决室内装饰中的用材问题。为了获得更好的装饰效果，还必须了解和掌握材料的组合与协调的法则。下述就是室内装饰中材料运用的一些基本方法，可供参考。

一、材料组合的基本理论

材料是设计的基础，离开了材料谈设计，就等于纸上谈兵。随着科学技术的不断发展，新型材料不断涌现，作为设计师应掌握现代材料的应用规律，从技术和艺术的层面推动设计的发展，使室内装饰跃上一个新的台阶。

了解材料本身并不困难，难的是设计中材料之间的相互组合搭配。因为材料自身不同的特性、形态、质地、色彩、肌理光泽等都会对室内空间和空间界面产生不同的影响，因而也会形成相对不同的视觉效果和空间风格。以下是材料组合的几个基本原则。

（一）要有秩序

这一法则的要义，是通过在所用材料之间建立起一定的秩序而求得和谐。而建立秩序的最简单的方法，就是使所用的各种材料按一定的方向或一定的顺序成等差或等比的排列。当然，必须要注意的是，为了明确地表示出等差关系，至少应采用3种以上的材料；而为了明确地显示等比序列，则至少应采用4种以上的材料。这种对材料品种的数量要求是形成秩序感的必要条件。

需要特别强调指出的是：虽然从理论上来说，材料装饰特性中的各项内容均可用以表示这种组合上的秩序感，但是，实际上只有质地（即材料表面的粗糙程序）和底色能够比较容易地表示出上述的关系。而用底色来表示这种关系时，实际上已成为配色问题。故从材料的角度来看，适宜表示秩序感的，就只有质地一项了。而其他各项装饰特性，一般不易表现出这种序列关系。

（二）要有习惯性

人们对于群体关系的认知过程中，有一种非常有趣的现象，即人们对于看习惯了的组合关系，就会认为其是协调的，而对不习惯的组合关系，则很可能会认为其不协调。换句话说，习惯性可以促成人们对协调的认同。从这种意义上来说，按照"要有秩序"这一法则构成的，具有完全相同秩序的材料组合，即有被认同的可能，也有被认为是不协调的可能。因此，在建筑装饰中，习惯性这一点具有十分重要的意义。在选用材料的过程中，应尽可能使材料间的组合关系符合人们以往的习惯，从而避免被认为这些材料在一起使用是不适宜的。

（三）要有共性

当数种不同的材料组合在一起使用时，如果这些材料在任何一点上具有共性，则有助于使人们认同它的协调性。这种共性，可以通过相同的材料类属来表现，也可以通过质地、质感、光泽等装饰特性相同的材料来表现。但应该指出的是，在这种共性关系的构成中，材料各项特性的影响程度并不是均衡的。例如，相同的材料类属，能够十分明确地表示出这种具有共同属性的关系。而在材料的装饰特性方面，质地的相同，也能明确地表示出这是属性的相同；质感的相同，在多数情况下也可以表示出材料间的这种内在的联系；光泽的相同，在一般情况下也有可能建立起这种共性的关系。至于其他几项性能，虽然从理论上来说可行，但实际上却难以表示出这种联系。

（四）要有明显性

明显性意味着强调对比。因此这一法则的含义，是要使材料之间的差异显得清清楚楚，毫不含糊。当然，这种对差异的强调，并不意味着必须构成如钢铁与丝绸之间这样鲜明的对比关系。而是说当将几种材料组合在一起使用时，应采用那些装饰特性被认为明显不同的材料。需要说明的是，这一法则的要义是通过对比求和谐，或说这一法则的目的是创造一种动态的平衡。

二、材料组合的基本类型

利用材料组合理论，固然可以用于指导材料的选择和使用。但是，由于材料的品种很多，其组合用法就更是不计其数。因此，了解和掌握一些材料组合的基本类型，可以更快、更直接地掌握材料协调技术。

下面所述的，是从材料的类别、材料在使用时对装饰效果强调与否、材料组合时群体间的构成关系这三个方面，对材料作进一步的考察，然后提出的材料组合的基本类型。虽然，这些组合类型主要是在一些极端情况下来分析和讨论材料的协调问题，以及材料组合后对装饰效果可能产生的影响。但我们也应认识到，这种极端情况下的协调技术的掌握，对于处理两极间的种种过渡问题，也是有助益的。

（一）强质组合

材料的装饰特性中，质地、质感、光泽这三项对装饰效果的影响，要比纹样和底色这两项大。因此，我们将具有质地、质感、光泽这三项特性中任意一项的材料，称为强质材料。强质材料的特点在于，它除了底色、纹样之外，尚可以其他的材质内容来丰富装饰效果。例如当我们要获取木装修效果时，如果使用天然木材，则在取得木材的纹理与色泽效果之外，还能得到木材所提供的触感和木本质的视感，进一步丰富了装饰效果。

在进行室内装饰时，如果我们纯粹使用强质材料，那么这种材料组合显然是协调的。因为这是一种具有"强质"这一共性的组合，所以被接受。材料进行强质组合时的一个颇为有趣，而且也十分重要的特点是，我们可以在同一室内空间中只使用单一的色彩。这是因为在此种情况下，材料本身的装饰性是富于变化的，室内所用的种种材料可以从不同的侧面对装饰效果予以强调，所以一般不会出现"单调"的问题。

（二）弱质组合

和强质的状况相反，如果一种材料不具备质地、质感、光泽这三项特性中的任何一项，则将这种材料称为弱质材料。这种强弱的区分，从上述的底色、纹样对装饰效果的影响较小，应能体会其含义。底色和纹样特性对装饰效果不产生强调或抑制的作用。

换句话说，底色和纹样虽可因其提供的色彩、色面大小，纹理图案等视觉因素对装饰效果产生影响，但是，仅凭底色和纹样，一般不足以使人们对材料的品种作出判断，更不足以使人们建立起秩序感、共性感等联想。

从这种认识出发，弱质材料的真正意义在于，它除了能提供表相的底色、纹样之外，不能够再以其他的材质内容去进一步丰富装饰效果。例如，可以通过木纹纸来替代木材的装饰效果。但是，木纹纸除了能提供它所模仿的木材的纹理与色彩效果外，并不能提供木材的触感及木本质的视感，即便是通过照相制版印刷技术所制成的木纹纸，也是如此。若要作进一步的解释，弱质材料是指那些既无质地又无光泽，而其所表现的质感又与它本身所具有的质感不相符的材料。或更简单地说，弱质材料是指那些与强质材料相比，所提供的装饰性材质内容较少的材料。

作为一种材料间的组合方式，在室内装饰中，单纯用弱质材料也极容易获得材料的协调。因为这时材料间的关系是具有弱质的共性。但必须注意的是，由于弱质材料不能从任何一个侧面对装饰效果产生强调作用，即材料本身在装饰性方面的变化较少，此时最好配合一些色彩方面的变化。仅靠改变材料的品种，一般会使室内的整体效果趋于单调、平淡和乏味。

（三）天然材料组合

这种材料组合的要点，是以天然材料为基本素材来完成室内装饰。因此，在进行室内装饰设计与施工时，应严格地限定必须全部或绝大部分采用木材、天然石材、藤、竹、皮毛等天然材料，并尽可能地发挥和表现天然材料本身所具有的特殊品质。当然，由于天然材料的品种毕竟有限，且其中的很多材料往往带有地方性，故在某一特定地区进行室内装饰时，可供采用的天然材料是非常有限的。

因此，在不影响表现天然材料材质特色这一宗旨的前提下，可以考虑采用一部分人造材料。

事实上，许多室内装饰实例表明，在天然材料组合中搭配使用一部分人造材料，不仅无损于这种用材方法的原有趣味，甚至有助于天然材料材质特色和性格的表现。至少，可以减小这种材料组合方法在选材时的困难。关于尽可能地发挥和表现天然材料的特殊品质这一要求，近年来也有所放松。虽然在原则上仍然强调直接表现天然材料的原貌这一基本条件，但在做法上，接受了在不破坏天然材料原貌的（指肌理、色泽等）基础上，对材料的表面进行各种人为的处理。这种变化的出现，从技术角度来说，与天然材料的表面常常需要作一些防护处理有关，久而久之，就促成了原有观念的这种过渡性、妥协性的转变。但另一方面我们也应认识到，当加工方式适当时，人为的加工不但不会破坏天然材料的特色，甚至有可能对其特色予以强化。例如，通过斩凿加工可以使石材显得更为粗犷；通过研磨加工，则可以使玉石更具莹润的性格，通过腐蚀、擦拭等处理，可以使木材的纹理显得更为清晰、细致、明朗等。

（四）人造材料组合

与天然材料组合相反，这种材料组合方式所强调的是，在室内装饰设计与施工的过程中，要完全以人造材料作为基本的装饰素材。从室内装饰的角度来看，人造材料组合比天然材料组合更具实用意义。换句话说，对于室内的种种实际需要（无论是功能方面的，还是形式表现方面的），通过人造材料的组合，一般都能比较容易地得到完满的解决。这主要是因为人造材料的种类浩若烟海，而且人造材料的性能、规格可以根据室内的实际需要来确定。同时，人造材料的选色范围远远大于天然材料。所有这一切，都使得人们在选择材料、决定造型与色彩、确定施工方法等时，更富于选择性，更具有弹性，更为自由和富于变化。

当然，在采用人造材料组合方式时，也有一些需要注意的问题。首先，人造材料中既有强质材料，亦有弱质材料。我们无法确定将人造材料相组合时，是否是和谐的。这里没有了前述组合方式中那种"共性"的和谐保证。在实选用材料时，应注意处理好材料间的协调问题。其次，对于那些以天然材料为基材经适当加工后制成的人造材料，由于它们具有（或保留了一部分）天然材质特性，即它们具有"强质"的属性，故在实际中，既可以将它们用作为人造材料，又可以将它们用作为天然材料。最后，从装饰的角度来看，许多人造材料多多少少会给人以单薄、生硬、不够充实等的感觉。在装饰处理上必须注意这一点，当对整体效果有影响时，应设法加以克服。

（五）自然组合

从理论上来说，自然组合是一种感性的处理材料组合问题的方法。其核心思想是，在不影响室内功能的前提下，将天然材料的种种特点发挥至最大限度。显然，这种材料组合方式提出了最大限度地保持天然材料自然风貌的问题。换句话说，它要求人们能够根据材料的原始形态，匠心独运地因物塑形、随机赋彩。与这种要求同样明显的是，这种组织材料的方法是相当有难度的，非有一定的艺术素养而不能掌握。但其特点是能够在室内空间中掺入浓厚的、具有浪漫色彩的、生动的情感成分。

（六）理性组合

显然，这是与上述感性的自然组合方式相对的一种材料组合方式。其要义是在不影响材料材质特色的原则之下，尽可能地将材料加工成具有某种规律的单位，充分利用材料在规格方面的特性，并用极为理性的处理方式来加以组织，从而使材料间的组合呈现出一种十分规整的形式。有必要说明的是，在这种组合方法的运用中，必须十分注重材料和谐的法则。因为这一组合方法本身并没有提供这方面的保证，而对材料的选择又没有什么限制。其次，虽然这一方法除了要求材料应具有尽可能规整的形式外，对选材的范围、数量均无限制，但仍应注意不宜使材料的品种过多、过杂，即要注意不应将各色各样的材料作样品间式或仓库式的生硬的组合，以避免杂乱和过于浓厚的陈列味。

虽然这一方式使材料间的组合突出表现出一种规整的形式，但除了要求在材料规格方面必须具有某种规律外，在材料的组合方面，并没有限定必须采取完全规律的方式。因此，在实际装饰中，应充分地利用这一自由度，以使通过材料间的恰当组合，从极为理性的整体秩序中，求得一定的变化。当然，这种变化应是适度的。即是说，虽然允许采用一些带有随意性的、自然的形态，但这些形态仍应能体现理性组织的旨趣。换句话说，我们所能取的，应是相当随意和自然的形态。如此，既能通过这种变化丰富装饰效果，又能通过各个部分（或各种材料）的理性组织的痕迹，求得整体的统一、协调。

（七）综合式处理

正如大家所看到的，上述的材料组合方法都是在一些极端情况所作的讨论。然而，一般的室内装饰却更多地采用了一种综合式的处理方法。即根据室内装饰的实际需要，分别采取不同的，但却是适宜的材料，并以恰当的方式加以组合。即是说，我们可以将强质材料与弱质材料、

天然材料与人造材料搭配起来使用，并可将感性的自然组合方式与严谨的理性组合方式结合起来运用。事实上，这样做不仅更符合强化装饰效果这一最终目的，同时也更有利于材料的选择与表现。

但必须说明的是，那种以天然材料为主，仅配用极少部分人造材料，或是那种几乎全部采用强质材料，仅仅引入一两种弱质材料，或是其他与此类似的方法，不属于综合式处理方法所讨论的范畴。这些方法虽然采用了另一大类的材料，但仍属于天然材料组合法、强质材料组合法，或其他的突出某一类材料的组合方法。因为其基本的旨趣和处理原则并没有发生变化，而且所引入的极少量的另一类材料，其作用往往是强化了原主要材料的表现效果，如前述突显衬托了天然材料、强质材料等。

另须注意的是，当采用综合式材料组合方法时，明显性这一材料组合与协调的法则具有十分重要的意义。应在所用的不同类别的材料间形成鲜明的对比，而避免采用那些具有过渡意味的材料，以避免使材料间的组合关系出现暧昧不清的问题。

三、室内设计中的几种主要装饰材料应用

材料自身的特性，材料质地的视觉美感，材料中承载的各种人文、地域因素，是设计师在运用现代装饰材料时较为关注的问题。现代装饰材料倾向于展现材料质地美和形态美。表层装饰材料多采用科技含量高、耐腐蚀、抗撞击力、抗压力、环保型的装饰材料。当然，对材料的合理应用，基于设计师对各种材料的性能、属性及表现力的了解和认识。设计师在充分表达材料表面肌理时，应善于利用现代材料营造富有秩序感、韵律感、节奏感的空间效果，体现出材料的力学特性、肌理特征和精湛的材料加工工艺。

（一）肌理纹样

不同的材料呈现出不同的质地纹理，材料面肌理不

同构成了复杂而奇特的纹样质地：水平的、垂直的、斜纹的、交错的、曲折的等。各种自然与人工纹理，极大地丰富了室内环境的视觉感受。合理地组合运用可以使环境丰富多变、华丽精巧。在材料的设计运用中要大胆创新，追求对比变化，在变化中达到室内装饰风格的和谐与统一。

（二）细腻与粗糙

在装饰材料中，表面光滑细腻的材料众多，如大理石、花岗石、瓷砖、木地板、金属、玻璃、涂料油漆等，其使用范围也较广。人们对光滑的材料特别偏爱，认为这类材料象征着洁净、豪华、高档。表面粗糙的材料如：毛石、文化石、粗砖、原木、磨砂玻璃、长毛织物等，它们

一般被用于局部的装饰，与整体的大面积的光滑材料形成强烈的视觉对比。

（三）硬与软

材料在视觉及触觉上具有硬与软的区分。如：石材、金属、玻璃的坚硬、冰冷感；纤维的柔软、温暖、亲近感。

（四）冷与暖

各类装饰材料在视觉上有明显的冷暖色彩倾向，在触觉上也具有冷暖特征。坚硬光滑的材料触觉冰凉，柔软粗糙的织物、毛石等材料具有温暖感，木材在视觉及触觉上都有温暖感。掌握材料质地的冷暖特征，对材料在环境中的具体运用有重要的指导作用。

（五）光泽与透明

大量经过加工的材料都具有很好的光泽，如：华丽、高贵、光泽的大理石、花岗石，明洁、透亮的有机玻璃。冷峻、光洁、优雅的金属使室内空间感扩大，同时映出光怪陆离的色调；具有透明与半透明的玻璃、丝绸等材料可以使环境空间开敞神秘。

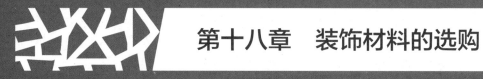

第十八章　装饰材料的选购

一、装饰材料的选购

选择装饰材料的总的原则，是结合建筑物的特点、环境条件、装饰性三个方面来考虑，并要求装饰材料能长期保持其特征。此外，还要求装饰材料应具有多种功能，以满足使用中的种种实际需要。但是，当使用环境、部位等条件不同时，对装饰材料的要求也常常并不完全相同。下面，就室内装饰材料选择的一般原则，作一些简要的讨论。

（一）注意地域性

建筑所在地区的气象条件，尤其是温湿度的变化情况，对室内装饰选材的影响极大。例如，当用织锦缎装饰墙面时，在四川、广东等地常会出现发霉的问题。再如，由于地理位置的不同会造成太阳高度角的变化，而这种变化会影响到室内色彩的选择。同时，在另一方面，绝大多数材料都有着一定的适用范围。如果限定必须选择某种材料，就有可能在这方面产生矛盾。又如，加气混凝土砌块是一种比较理想的用于间隔墙体的轻质材料，但用于东北地区时，则常出现耐久性方面的问题。

（二）注意部位性

显而易见，像墙面与地面、墙面与顶棚、卧室与卫生间、起居室与厨房、大墙面与门窗洞等不同的部位，对装饰材料的要求及对施工方法的影响是不同的。在进行室内装饰时，应根据使用部位的不同而选择不同的装饰材料，并确定相应的施工方法。当然，这种部位性要求除了技术性的一面，尚须考虑到非技术性的一面，即需要考虑人的视平线、视角、视距的影响。对于不同的部位，理应在对材料的精细程度及施工精度要求方面，提出不同的要求或标准。那种强求一致的做法是不妥的。

（三）注意使用环境

通常谈到环境的影响时，多是指由地点及大气条件所造成的影响。这里所说的使用环境，是一种"微环境"，即材料使用场合的特定条件及其可能对材料的寿命和功能产生的影响。一般来说，我们必须根据材料使用时的环境条件，分别选用不同的装饰材料及不同的施工做法，否则，就有可能出现种种问题。例如，在一些住宅中，过厅（或过道）与卫生间有共用的墙面，此时，对于过厅（或过道）的装饰，就不宜采用油漆墙裙这一做法。虽然在砖墙上做油漆墙面是可行的，且油漆墙裙也是极为普遍的，但此时却会发生鼓泡、剥落等问题。在严寒地区，甚至可能对墙体的寿命产生影响。这是因为当以油漆涂饰这部分墙面（相当于用油漆涂饰卫生间墙体的外侧面）后，所形成的漆膜妨碍了墙体中的水分向外挥发，而这部分墙体的含水率又注定是比较高的。

（四）注意季节性

许多装饰材料对施工时的气候条件是有一定限制的。例如，各种涂料都对最低成膜温度有明确的规定；而水泥砂浆类材料的施工温度，一般也应在0℃以上；高级装饰抹灰，甚至要求施工时的温度不得低于5℃。因此，按照施工季节的不同而分别选择合适的材料是很重要的。这不仅对保证施工质量有益，也有助于延长可施工时间，甚至可能在冬季继续进行装饰施工。当没有在各方面均符合要求的材料可供选择，而又不得不在不恰当的季节施工时，则必须采用有效的季节性措施，以保证施工条件和工程质量。例如，根据气候特点调整装饰部位和工序，采取保护措施等。

（五）注意质量等级

室内装饰，抛开设计因素和建筑标准不谈，仍可从所用材料及施工质量两个方面，划分装饰的档次，或说质量等级。因此，根据装修质量等级的不同而分别选用不同的材料，并确定相应的施工质量标准，是显而易见的要求。例如，同是油漆饰面，少的只涂饰2~3遍，多的则须涂饰十几遍到三十几遍，这种高低档涂饰面的工艺要求差异是十分明显的。又如，同为在墙面上安装镜子，有的直接固定在墙上，而另一些做法，则须在玻璃镜后加设胶合板、毡垫、油毡（或油纸）防潮层等。

由此可见，即使使用同一种材料，装饰的结果（即质量等级）也可因施工而划分为不同的档次。对于根据质量等级的不同而选用不同的材料这一点，人们是比较容易接受的。但往往却忽略了或说不易接受这一问题的另一个方面，即同一种材料也有着不同的质量等级。但这却是事实。例如，同是大理石，因表面的光洁度、纹理、颜色等的不同，也有着优劣之分。因此，在装修中，应注意所选的材料、材料本身的质量、施工质量标准这三个方面，与室内装饰的总的质量标准相吻合。

（六）要明确目的

建筑装饰的基本作用，包括保护主体材料、满足（或提供）一定的使用功能要求、装饰美化等这三个方面。但这三方面的作用并不是均衡的。例如，可以是以保护主体结构为主，兼顾装饰与功能方面；也可以是以功能方面为主，兼顾保护和装饰作用；亦可能是以装饰作用为主，兼顾保护作用与功能方面的要求。此外，正如我们上面所谈到的，装饰材料的选择和装饰施工方法的确定，还要考虑地点、使用部位、使用环境、施工季节、质量等级等因素的影响。显然，如果要求人们选材时必须对这些作用与因素作同等重要的考虑，不仅是不可能的，也是不明智的。一般地说，在选材及确定施工方法之前，我们必须首先明确材料的使用目的（指最主要的、影响最大的一项或几项内容）。在这些主要目的优先被满足的前提下，再尽可能地兼顾其他方面的要求。如此，才能做到在选材和确定施工方法时，不出现有违初衷的问题。换句话说，了解和明确材料的使用目的，是选择材料的前提，同时也是影响确定施工方法的重要因素。

（七）注意机具条件

室内装饰除了离不开装饰材料，也同样离不开装饰施工机具。从某种意义上来说，装饰施工机具方面的条件，不仅是装饰工程质量与工效的保证，而且很大程度限制了装饰材料和装饰做法的选择。例如，当没有冲击钻、型材切割机等设备时，要想顺利地完成铝合金门窗安装、轻钢龙骨吊顶等是不可能的，甚至连吸顶灯具等设施的安装都

十分困难。又如，在没有电动磨石子机的情况下，现制水磨石地面也几乎是不能实现的。

（八）考察基层材料

这项要求的含义是要充分注意基层材质对装饰材料的选择及使用的影响，根据基层材料的不同特性而分别选择合适的装饰材料。当然，应该说明的是，这一要求并不是所有的装饰材料都须考虑的，但对相当一部分装饰材料来说，这一要求是非常重要的。例如，对用于混凝土、水泥砂浆等基层的涂料来说，具有良好的耐碱性是最为基本的要求。又如，当欲直接在混凝土楼板上制作木地面时，薄木地板是最为适宜的，硬木拼花地板也可采用，而条板地面则不宜用于混凝土、水泥砂浆等基层。

（九）重视产品配套性

从配套性角度来考察材料选用问题时，一般包括两个方面。首先是主材与各种配件之间的配套问题。我们应该认识到，各种各样的装饰配件都是从配套性角度出发，结合主材的特点和使用要求而专门开发的一类材料。选用恰当的装饰配件，不仅使施工更为容易，也给装饰处理带来了种种可能。而装饰配件选用不当，则会带来种种不便。第二个方面，是指各构造层次间所用材料的配套问题。这一问题在各种湿抹灰做法和涂料做法中，是需要特别加以留意的。例如，在湿抹灰做法中，如果各抹灰层强度等级之间的关系处理不当，则必然会因体积收缩不一致的问题，导致空鼓等质量问题的出现。对涂料来说，这种配套性要求主要反映在下述四个方面：1. 涂料和被涂材料表面的配套；2. 各涂层间的配套；3. 所选涂料和施工方法之间的配套；4. 涂料和辅助材料的配套。而在这四个方面中，最为重要且影响最大的，是涂层间的配套。要尽一切可能加强各涂层之间的结合力，并尽可能地避免出现"咬底"现象。

（十）注意供应情况

在明确目的性要求之后，在正式确定材料之前，还应对目前市场上各种装饰材料（包括不同规格的同种材料）的供应情况进行充分的了解。当欲选用市场上严重紧缺的

材料时，应特别慎重。此外，当欲选用一些易损材料时，还应仔细考察运输距离和运输条件。因为当运输距离较大，而又缺乏可靠的保护措施时，势必会使这些材料的损耗率增大，造成不必要的经济损失。

（十一）注意价格

价格问题是一个值得认真对待的问题。在这方面，首先要克服的是那种认为价高即效果好的观念。事实上，材料的价格不但与其装饰效果有关，而且更多地受资源情况、供货能力等因素的影响。同时，室内的装饰效果也不单单取决于选用什么材料，还与做法及材料间的组合关系有关。其次，虽然"量体裁衣"，这一经济法则是必要的，但仍应在这一基础考虑如何少花钱，多办事，并且办好事。在这方面，那种一味追求高档材料的做法固然是不可取的，而那种不顾整体水平，片面孤立地强调使用某种昂贵材料的做法，更是一种经济上的不智之举。最后，必须认识到，不应孤立地考虑材料价格问题，而应将材料的价格、装饰效果、耐久性等因素综合起来考虑，以便从众多因素的平衡中，求得最佳的解决。

二、购置材料时的注意事项

（一）批量问题

我们在购置任何材料之前，首先应精确地计算出各种材料所需的面积或数量，以减少不必要的浪费。但问题是，这一指导思想常常被人们歪曲成了"宁缺毋滥"，这样的意思。认为在购买材料时宁可买少了以后再追补，也不应多买。殊不知，这样做必然会带来一系列的问题。首先，材料的用量是由多项因素构成的。一般可用下式来表示：

即材料的总用量=材料的实际需用量+自然损耗率×实际需用量+施工损耗量+附加用料量。

当然，除了材料的实际需用量比较确定之外，公式中的其余各项，对于不同的材料，取值也不一样（施工损耗量还与操作技术水平的高低有关），而且还可以缺项。例如，附加用料量实际上是为日后进行局部修补所储备的少量材料，因此，对于一些基本上不须考虑修补、更换等问题的材料，或是那些虽可能产生破坏，但却无法修复的材料，均可不考虑此项材料用量。显然，如何确定材料的总用量，涉及很多问题，并不能简单地根据使用面积来确定。

其次，像壁纸、涂料、瓷砖、纺织物等材料，均属于容易因制造因素而产生色彩偏差的材料。换句话说，对于这一类材料，当产品的生产批号不同时，在同色的产品之间存在一定的色彩差异是十分正常的。因此，当购买这些材料时，如果不一次将所需数量全部买足，将无法保证所购材料在色彩上的一致性。将上述的两个方面综合起来看，无论购买什么材料，在精确计算出的材料用量之外补充一定的余量，一次将全部用量买足，是一个比较好的处理批量问题的方法。

（二）用量估算

估算室内装饰中各种装饰材料的用料量，虽然并不复杂，但却有很多人不会计算。往往对各种材料的用料量只能作大致的估计，结果不是不够，就是造成浪费。为此，我们在下面将通过一些例子，对估算材料用量的方法作一些说明。

例如，对于涂料的用量，人们往往感到最难估计。但事实上，计算涂料的用量是很简单的，只需用房间的面积（指室内需涂饰部分的面积）除以涂料的涂布能力即可。

涂料的涂布能力，一般以单位容量（或单位质量）的涂料在涂饰时所能覆盖的被涂表面面积来表示，也可以在平滑表面上按标准涂膜厚度（0.08～0.10mm）涂刷一遍（俗称一度）时的涂料耗用量来表示。但涂料的涂布能力并不是固定的，而是非常敏感地受到许多因素影响的。首先，涂料的类型会对涂布能力产生影响。当涂料的种类不同时，涂布能力也常常不同。如聚乙烯醇水玻璃内墙涂料的涂布能力为0.15~0.20kg/m²·度，而塑胶水玻璃内墙涂料的涂布能力为0.30~0.40kg/m²·度。其次，如果涂刷的方法不同，则涂料的涂布能力也不相同。如各色丙烯酸酯乳胶涂料的涂布能力一般为4~6m²/kg，而当将这些乳胶涂料改作厚浆涂刷（即制成各种乳液厚涂料涂刷）时，则其涂布能力一般只有0.3~0.5m²/kg。此外，涂料的涂布能力还与被涂表面的孔隙状况有关。一般来说，即使是同一种涂料，在不同的被涂表面上，也具有不同的涂布能力。例如，与木材表面的涂饰相比，当在砖的表面进行涂刷时，同种涂料的涂布能力会下降20%左右。

至于涂饰面积的计算，就更简单了。以室内满刷涂料为例：

实际涂刷面积=室内墙壁面积+顶棚面积-门窗面积-踢脚板面积。

其中，室内墙壁面积=房间周长×室内净高（应包括踢脚高度）；

顶棚的面积=房间的长×宽；

门窗的面积，可按每个门2m²，每个窗1.5m²计算；踢脚板的面积，可按长度每米折合0.15m²计算。

在得到实际涂刷面积和涂料的涂布能力（标准涂布能力可从使用说明书中查到，如果需要，再做一些折算即可得实际涂布能力）后，要计算所需涂料用量，就十分简单了。

又如，欲确定壁纸的用量，实际上也只需要确定两个参数，即单卷壁纸的裱糊面积和实际裱糊面积，就可很容易地算出。

实际裱糊面积的计算，与涂料实际涂刷面积的计算十分相似。现在我们以一个室内做有吊平顶，吊顶上满贴顶纸（一种花型较大的壁纸）的房间为例，结出其计算方法：实际裱糊面积=室内墙壁面积+吊顶表面面积（等于顶棚面积）-门窗面积-踢脚板面积。

在此式中，室内墙壁面积应按下式计算，即：

室内墙壁面积=房间周长×（室内净高-吊顶悬吊高度）。

至于其余各项，均可按前述计算办法处理。

单卷壁纸的裱糊面积，一般可按如下方法计算，即：

单卷壁纸裱糊面积=（壁纸门幅宽度-两侧裁切余量）×（每卷长度-纵向裁切余量）。

由于目前市售的壁纸多数已采用国际标准，即规格为530mm×10.05m，扣除重叠裁切拼缝时两侧的裁切宽度各15mm，长度方向余量0.05m，则每卷裱糊面积实际为5m²。

在上述两个参数定下来之后，只需用壁纸的实际裱糊面积÷单卷壁纸裱糊面积，就可求出实际所需的壁纸卷数。

再如，当欲在室内铺贴半硬质塑料地板砖、陶瓷地板砖、缸砖之类铺地材料时，可按下述方法计算所需地板砖的数量。首先，计算出实际铺贴面积：

实际铺贴面积=房间面积+门洞面积。

房间面积可按房间的进深（长）乘以开间（宽）计算。开洞尺寸可按每个0.2m²计算。其次，求出每平方米地面所需地板砖数量。通常，是将地板砖的边长在1m长度上加以折数，即求出：

1m=n·地板砖边长+地板砖边长/m。

如此，就可很容易地确定每平方米所需地板砖数量。例如，对于300mm×300mm的塑料地板，则每平方米地面所需地板砖数量大约为11块。在有了上述数据之后，则所需地板砖数量就等于实际铺贴面积乘以每平方米所需地板砖数量。

当然，应该说明的是，在实际装修中，用料估算常常采用的是一些更为简单的近似计算方法。例如，对于壁纸的用量，是按所需壁纸卷数=壁纸裱糊面的长度/单卷壁纸裱糊宽度这一公式计算的。如前所述，由于壁纸的整卷长度为10.05m，则对于一般的住宅来说，每卷壁纸实际上只能裁出三个整幅，而除掉裁切余量，壁纸的实际门幅宽度为500mm；因此有，单卷壁纸的裱糊宽度为1.5m。壁纸裱糊面的长度，可按顶棚的长度+房间周长-门窗宽度计算。其中，门的宽度一般可取为

1~0.9m；窗的宽度一般可取为1.2~1.5m。这样计算要简单快捷的多，但计算的结果却与上述方法的计算结果相差无几。例如，对于一个长为4.5m，宽3.3m，净高3m的房间来说，当整个墙面上满贴壁纸时，壁纸的需用量按前述方法计算为8.7卷，按近似方法计算时为9卷。类似这样的近似算法很多。例如，由于地面的尺寸比较好测量，则常常根据地面的面积来推算其它装饰面的面积。如：墙面面积=3×地面面积；室内实际裱糊面积（含顶）=3×地面面积；室内的实际涂刷面积（含顶）=4.15×地面面积等。

上面，以涂料、壁纸、塑料地板砖为例，简单地介绍了材料用量的估算方法。对于其他的材料与做法，可以参照上述的方法来确定材料用量。一般来说，只要确定了被装饰面的面积、单位面积上所消耗的材料数量或每单位规格（如长度、卷、块等）的材料所能覆盖的被饰面面积，则估算材料的用量是并不难的。但应注意的是，在上述的用料估算中，都只涉及了主材的用量，而未提到各种辅助材料的用量估算问题。虽然有些辅材可以根据产品说明书中所提供的技术数据，套用上述方法加以计算，但也有许多辅材的用量是难以计算清楚的，而需借助"经验"，来处理。为了帮助大家对辅材的用量有所了解，同时也进一步体会在实际工程中各种主材的实际耗用量。

（三）价格问题

材料的价格，是在购置材料时所碰到的另一个十分敏感而实际的问题。许多人面对品种繁多的材料及其变幻莫测的价格常常会感到束手无策。

应该说明的是，我们这里所给出的价格也仅仅是一种参考价，而材料的实际市场价格，是会有相当幅度的波动的。这首先是因为国家近年对绝大多数建筑材料，尤其是装饰材料逐步取消了国家计划价，而改由市场调节执行市场价。如此，材料的价格在不同地区、不同商店中出现差异；或是不同厂家生产的同一种产品存在差价；甚至在同一地区、同一商店、同一厂家生产的同一产品在不同的时间出现不同的价格，都是情理之中的事。例如，同一产品在不同的商店中，由于进货渠道、批发层次等的不同，具有不同的价格是理所当然的。再如，由于原材料成本和生产工艺的差异，必然导致生产同一产品的生产成本存在差异，则不同厂家生产的同一产品存在不同的价格，也就不足为奇了。

造成材料价格波动的另一个原因，是其价格本身就是受多种因素所影响的，诸如材料的类型、档次、性能、质量，等等。因此，那些同类但不同档，或同类同档但具有不同性能的材料，以及那些质量等级不同的材料，也理应具有不同的价格。例如，同为陶瓷釉面地砖，防滑砖就比普通地砖价格稍高。这种由于具有附加性能而增加附加价的情况，在装饰、装修材料中是十分常见的。希望人家能予以注意。

三、材料选择的误区

（一）"价格决定一切，洋货优于国产"

应当说，材料的价格与材料的档次存在一定关系，但未必价格高的材料其装饰效果就好；同样，进口材料也未必一定比国产材料好。关键要看材料的运用与特定空间环境的结合问题。如果对材料的选择和组合搭配没有进行很好的处理，即使使用再昂贵的进口材料，其所形成的空间效果也是杂乱无序的。

（二）盲目追求高档，漠视整体效果

当前，随着我国经济的快速发展，装饰装修行业一直势头不减。伴随着良好的发展机遇，设计方面却有些把握不住心态，出现了漠视整体效果、炒作设计理念、盲目追求高档的不健康现象，装饰高档似乎就算与国际接轨了，尤以材料选择为甚机械地以为高档次的装修必须使用高档次的材料，流行什么材料就使用什么材料，不分场合、不

加分析地将所谓"高档""时尚"的材料充斥于空间环境中，不知不觉陷入了材料选择的误区。

由此可以发现，我们对"高档""豪华"的概念的认识有些问题。离开了特定的建筑形式、空间布局、使用功能以及所处的人文环境，任何对时尚的追逐都缺乏理论上的注解，对材料的选择也缺乏准确的定位。

（三）重视饰面材料，忽视骨架材料

在对材料的选择中，我们不仅仅应仅重视对饰面材料的选择，还应关注骨架材料对设计和施工内在质量的影响。如果仅仅关注装修的视觉效果，而对其隐蔽工程所使用的材料敷衍了事、淡漠处之，所造成的不良后果可能要远远超出我们的想象。

（四）天然材料未必优于人造材料

我们在设计时常喜欢使用天然材料，认为其天然的特性和自然的纹理能较好地体现视觉效果，又能体现一定的自然气息。此观点有一定道理，但决不能将其绝对化、概念化。例如许多人造材料无论在物理性能方面还是在装饰效果方面，都具有天然材料所不具备的特点和优势。还是以石材为例，其实某些天然石材未必就比人造石材好，人造石材的色差小、机械强度高、可组合图案、制作成型后无缝隙等特性都是天然石材不可相比的。除此之外，人造石材种类繁多，可供选择的余地很大，可谓既节省了大量的自然资源，又具有一定的环保意义。

主要参考文献

1. 王福川，俞英明. 现代建筑装修材料及其施工（第二版）. 北京：中国建筑工业出版社，1992.

2. 符芳. 建筑装饰材料. 南京：东南大学出版社，1994.

3. 葛勇，张宝生. 建筑材料. 北京：中国建材工业出版社，1996.

4. 张宝生，葛勇. 建筑材料学概要：思考题与习题题解. 北京：中国建材工业出版社，1994.

5. 祝永年，顾国芳. 新型装修材料及其应用. 北京：中国建筑工业出版社，1989.

6. 王朝熙. 装饰材料手册. 北京：中国建筑工业出版社，1991.

7. 向才旺. 新型建筑装饰材料使用手册. 北京：中国建筑工业出版社，1992.

8. 中国新型建材公司等. 新型建筑材料实用手册. 北京：中国建筑工业出版社，1987.

9. 庞雨霖. 墙面和顶棚材料. 北京：中国建筑工业出版社，1992.

10. 陆亨荣. 建筑涂料的生产与施工. 北京：中国建筑工业出版社，1988.

11. 葛勇. 建筑装饰材料. 北京：中国建材工业出版社，1998.

12. 郑曙旸，房志通等. 现代家庭实用装修. 北京：中国建筑工业出版社，1992.

13. 张绮曼，郑曙旸. 室内设计资料集. 北京：中国建筑工业出版社，1991.

14. 王海平，董少峰. 室内装饰工程手册. 北京：中国建筑工业出版社，1992.

15.（美）欧内斯特·伯登. 世界典型建筑细部设计. 张国忠译. 北京：中国建筑工业出版社，1997.

16. 梁锋. 绿色建材—硅纤陶板的特性及新技术的应用. 上海建设科技，2006（4）：61-62.

图片来源

图1-1　COMMERCIAL SPACE. Francisco Asensio Cerver.

图1-2　镜面元素在室内艺术设计中的运用. http://www.sohu.com/a/147651470_669418

图1-3（a）　艺术家. 台北市艺术家出版社, 1995.

图1-3（c）、（e）　百通集团. 餐饮空间设计. 北京出版社, 1999.

图1-3（d）　章迎尔，徐亮等. 西方古典建筑与近现代建筑. 天津大学出版社, 2000.

图1-5　写字楼玻璃幕墙图片. http://www.taopic.com/tuku/201412/627786.htm

图2-2（右下）　拉德芳斯区新凯旋门. http://scenery.nihaowang.com/scenery3389.html

图2-3（a）　装饰-室内装饰米黄色调.

　　　　　　http://www.photophoto.cn/shejituku/zhuangshi/shineizhuangshi/0110110136.htm

图2-3（b）　《故宫100》第三集: 有容乃大. http://www.china.com.cn/v/cul/2012-06/05/content_25567748.htm

图2-3（c）　在国外修建纪念碑最多的一个国家.

　　　　　　http://xuefengshi2000.blog.163.com/blog/static/665895201123185033262/

图2-9　家庭娱乐室. 上海远东出版社, 外文出版社, 2000.

图2-13　假山叠石艺术在园林景观中的应用. http://yl.zhulong.com/

图2-19　坐便器特写角度图片. http://www.nipic.com/show/5130760.html

图2-20　网络图片

图2-25（左1）　建筑创作 2003, 01.

图2-26　建筑创作. 2003, 01.

图3-2-1　网络图片: 现代主义大师勒柯布西耶诞辰128年经典作品回顾

图3-3　水磨石的回归. http://mp.weixin.qq.com/s/WijdiiotTyP08V4HTuhsHQ

图3-5　网络图片: 建筑风格

图3-11（a）　古罗马美术. http://bbs.tiexue.net/post_3060660_1.html

图3-11（b）　网络图片: 罗马万神庙

图4-10　40个卫生间设计案例. http://mp.weixin.qq.com/s/QT9W7tO7jJBVPi_5OH08xw

图4-14　各种会议室的设计风格，哪一种更适合你?. http://mp.weixin.qq.com/s/ntEg17hhKVRPPEVIGyHB2g

图4-15　轻装修、重装饰，石膏线造型引导最新时尚潮流. http://mp.weixin.qq.com/s/G_YrLEZQNu_Nhf4436oDRQ

图4-16　SOM. The Images Publishing Group Pty Ltd., 1995.

图4-17　章迎尔，徐亮等. 西方古典建筑与近现代建筑. 天津大学出版社, 2000.

图4-19　洛可可奢华风，重温贵族情调，生而精致见证非凡实力. http://mp.weixin.qq.com/s/2rqtkB7pXTrDo7DDYizkMQ

图4-20　洛可可的极致奢华，曾经的法式优雅，开出现代的浪漫之花.
　　　　http://mp.weixin.qq.com/s/_O9SxgXLB36HFbks-84wDQ

图5-2　故宫神武门. http://www.ivsky.com/tupian/tese_gugong_v5199/pic_169035.html

图5-6　木饰面永远是搭配美宅的利器. http://mp.weixin.qq.com/s/cdzTi0yA1d9AU48i25W-sA

图5-37　木饰面永远是搭配美宅的利器. http://mp.weixin.qq.com/s/cdzTi0yA1d9AU48i25W-sA

图5-40　扎哈事务所首次使用竹材料，CityLife 商业综合体对望米兰大教堂.
　　　　https://mp.weixin.qq.com/s/GbzWwqQS1ywFfomQvgXxpQ

图5-41（右）　MALAYSIAN DESIGN TRENDS. Volume 14 No.10 Trends Publishing Singapore Office.

图6-6　看多了白色玻璃，这些彩色的简直美爆了. https://mp.weixin.qq.com/s/KOxK35zgXge9q8a6H4R2SA

图6-9　SOM. The Images Publishing Group Pty Ltd., 1995.

图6-20　新物种! 窑变玻璃马赛克. http://mp.weixin.qq.com/s/dcoeN7HdmKdePVhAzu8j0g

图6-21　饭店空间设计. 中国轻工业出版社, 2000.

图6-33　世界建筑导报, 1997.

图7-5　家居设计 | 家用陶瓷制品，让生活慢下来. http://mp.weixin.qq.com/s/qY-JVyKv-OC4bKtNhQCVZA

图7-8　素三彩，康熙釉上彩的新风格. http://mp.weixin.qq.com/s/JqE1zw-Wg2wzYSb13RyeHg

图7-9~图7-13　褚毅. 中国古代陶瓷色釉瓷图典. 新疆美术摄影出版社, 1997.

图7-14　室内ID+C. 2002, 03.

图7-16　魅力·东鹏 | 2017年东鹏釉面砖系列选材手册. http://mp.weixin.qq.com/s/zp7HUYEYt1FqzaK3oiAQSQ

图7-18、图7-19 （澳）澳大利亚Images出版公司. 世界建筑大师优秀作品集锦 RTKL. 艾灵, 王英译. 中国建筑工业出版社, 1999.

图7-20 百通集团. 餐饮空间设计. 北京出版社, 1999.

图7-27~图7-29、图7-33 马炳坚. 北京四合院. 北京美术摄影出版社, 1997.

图7-36、图7-38 章迎尔, 徐亮等. 西方古典建筑与近现代建筑. 天津大学出版社, 2000.

图8-42 慕尼黑奥林匹克公园·2014秋. http://bbs.zol.com.cn/dcbbs/d167_358273_0.html

图9-23 MALAYSIAN DESIGN TRENDS. Volume 14 No.10 Trends Publishing Singapore Office.

图9-13、图9-37 （澳）澳大利亚Images出版公司. 世界建筑大师优秀作品集锦 RTKL. 艾灵, 王英译. 中国建筑工业出版社, 1999.

图9-50 埃菲尔铁塔近照图片. http://www.nipic.com/show/1/48/5989569k5eb51a0f.html

图9-51 世界建筑导报, 99, 01, 02

图10-6 COMMERCIAL SPACE. Francisco Asensio Cerver.

图10-12 餐饮空间设计. 百通集团. 北京出版社, 1999.

图10-21、图10-24、图10-42 百通集团. 大师足迹. 中国建筑工业出版社, 1998.

图10-37 聚氨酯防水涂料的最新屋面应用案例. http://mp.weixin.qq.com/s/PrZzEMNT_iDDQunBltxn3A

图11-1、图11-12 柔软又温暖的地毯该怎么选?. https://mp.weixin.qq.com/s/2UY_sp54CsgcaFxJLc34Hw

图11-13 谈谈四种常见地毯的优缺点. https://mp.weixin.qq.com/s/K-f9fFPtmHHvfR5WDNP59Q

图11-19 用布条和钩针钩地毯的思路和款式欣赏, 这是小编最喜欢的钩毯子的方式!.
http://mp.weixin.qq.com/s/yXWkYfd_eMNc0VJI7m7ksA

图11-20、图11-21（b） 地毯竟然可以装饰得这么美, 每款都想打满分.
http://mp.weixin.qq.com/s/zTrGwrDQx8u0HtCOW_PVTg

图11-24 美学|北欧编织挂毯. http://mp.weixin.qq.com/s/YN-1A1mddRpbBeK53MI7BA